现代

无线通信系统

冀保峰◎著

内 容 提 要

本书共分为8章，具体内容如下：无线通信的概论、无线通信系统的基础、无线通信中的数字调制、无线通信中的抗衰落与组网技术、无线通信系统、无线局域网WLAN与蓝牙技术、无线通信新技术及无线接入技术。

本书语言生动、流畅，结构严谨，注重实用性和先进性，可供物联网应用技术、电子信息工程、通信技术等专业的工程技术人员参考应用。

图书在版编目(CIP)数据

现代无线通信系统/冀保峰著. --北京：中国水利水电出版社，2016.6（2022.9重印）

ISBN 978-7-5170-4362-1

Ⅰ.①现… Ⅱ.①冀… Ⅲ.①无线电通信—通信系统 Ⅳ.①TN92

中国版本图书馆CIP数据核字(2016)第110331号

策划编辑：杨庆川　责任编辑：陈　洁　封面设计：崔　蕾

书　名	现代无线通信系统
作　者	冀保峰　著
出版发行	中国水利水电出版社 (北京市海淀区玉渊潭南路1号D座 100038) 网址：www.waterpub.com.cn E-mail：mchannel@263.net(万水) sales@mwr.gov.cn 电话：(010)68545888(营销中心)、82562819（万水）
经　售	北京科水图书销售有限公司 电话：(010)63202643、68545874 全国各地新华书店和相关出版物销售网点
排　版	北京厚诚则铭印刷科技有限公司
印　刷	天津光之彩印刷有限公司
规　格	170mm×240mm　16开本　18.5印张　240千字
版　次	2016年7月第1版　2022年9月第2次印刷
印　数	2001-3001册
定　价	56.00元

前　言

人类社会建立在信息交流的基础上，通信是推动人类社会文明、进步与发展的巨大动力。在当今信息化社会中，通信技术已成为生产力中最为活跃的技术因素，渗透到社会生活的方方面面，极大地改变了人类社会的运行模式及人们的日常生活方式。特别是在近20年，通信技术和通信产业取得了突飞猛进的发展，其中无线通信技术的发展尤其令人瞩目。

当前，无线通信在世界各地都得到了快速发展，并已成为全球通信和IT界共同关注的热门领域，无线通信涉及的技术内容非常广泛，尤其随着物联网建设的全面铺开，无线通信的基础技术不断完善和发展变化，各种不同类型的无线通信系统和无线通信新技术更是不断涌现。

自20世纪90年代中期以来，我国在无线通信产业和科研方面的发展也大大加速。从开发生产第二代数字蜂窝系统产品到独立提出3G系统国际标准TD-SCDMA，再到TD-SCDMA开始大规模商用，充分说明我国在无线通信领域的发展令人瞩目。在这种形势下，无线通信已经成为通信工程及其相关专业的一门重要课程。

全书分为8章，内容包括无线通信的概论、无线通信系统的基础、无线通信中的数字调制、无线通信中的抗衰落与组网技术、无线通信系统、无线局域网WLAN与蓝牙技术、无线通信新技术和无线接入技术。

本书内容丰富、概念清楚、取材新颖、系统性强，充分反映了国际上近年来先进无线通信技术领域的新理论、新技术和新方法。全书内容由浅入深，定性分析与定量分析并举，以适应不同层次的读者需求。

本书在撰写过程中，作者参阅近年国内外同类书籍，汲取精华，并得到了相关部门及单位的大力支持与帮助，在此谨致以深切的谢意。

本书获以下项目资助：国家自然科学基金（U1404615）；毫米波国家重点实验室开放课题经费（K201504）；中国博士后基金资助（2015M571637）；江苏省基础研究计划青年基金（BK20140875）；河南科技大学青年基金（2014QN030）。

鉴于作者水平与学识所限，时间仓促，加之无线通信发展快速，本书中错误、缺点在所难免，敬请广大读者批评指正。

作　者

2016 年 3 月

目　录

第1章　无线通信的概论

无线通信技术已经成为当今社会不可缺少的信息交流技术手段，是当今发展最快的工程技术之一。

无线通信系统的基本构成如图1-1所示。

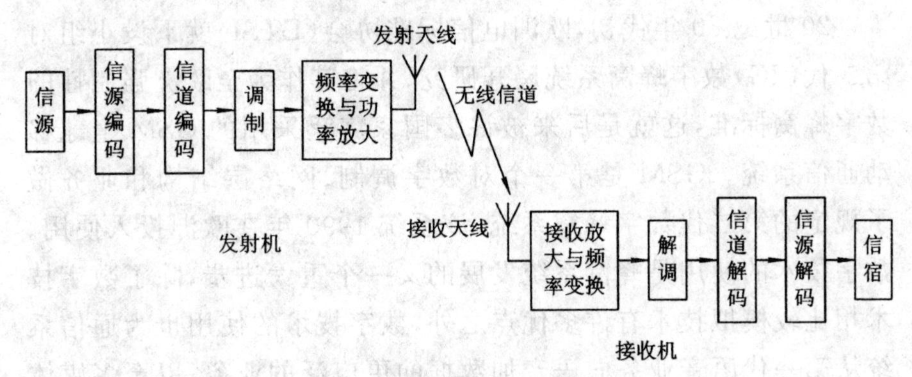

图1-1　无线通信系统的基本构成

1.1　无线通信的发展概况

无线通信是通过电磁波在自由空间传播以实现信息传输为目的的通信。无线通信的通信双方至少有一方以无线方式进行信息的交换和传输。无线通信可用来传输电报、电话、传真、图像数据和广播电视等通信业务。与有线通信相比，无线通信无须架设传输线路、不受通信距离限制、机动性能好、建立迅速。

1916年，美国遇到暴风雪袭击，有线电报线路中断，从此开始无线电报逐渐应用于火车调度。各种类型的电台也如雨后春笋般蓬勃发展起来，并被广泛地用于传递商品行情、军事情报、气象消息和新闻等。后来,无线电通信逐渐又被用于战争。在第一次和第二次世界大战中,无线通信都发挥了很大的威力,以致有人将第二次世界大战称为“无线电战争”。

1920 年美国无线电专家康拉德在匹兹堡建立了世界上第一家商业无线电广播电台,从此广播事业在世界各地蓬勃发展,收音机成为人们了解时事新闻的方便途径。1924 年,第一条短波通信线路在瑙恩和布宜诺斯艾利斯之间建立。1933 年,法国人克拉维尔建立了英法之间的第一个商用微波无线电线路,推动了无线通信技术的进一步发展。

20 世纪 80 年代初,欧洲电信标准协会(ETSI)就下设小组对第二代(2G)数字蜂窝系统展开研究,并将其作为全欧洲强制性的数字蜂窝标准,这就是后来被许多国家广泛采用的 GSM 全球移动通信系统。GSM 是第一个对数字调制、网络层结构和业务做了规定的第二代数字蜂窝系统,该系统 1990 年在欧洲投入使用。数字技术的使用是蜂窝系统发展的又一个重大进步,除了数字技术相比较模拟技术有许多优点之外,数字技术的使用也为通信系统从第一代语音业务向语音加数据的更广泛的业务,以至多媒体业务发展提供了更好的条件。在这个发展过程中,先是 GSM 提供了短数据业务(SMS),而后发展到称为 2.5G 的 GPRS,进而再向 3G 发展。与 GSM 对应但发展稍晚的另一个标准——CDMA 也经历着相似的发展演进过程。

无线通信系统从 2G 发展到 3G,在技术上并没有本质的变化,主要是在系统带宽和数据传输速率方面进一步提高,业务功能进一步增强。但是,2G 面向语音服务,而 3G 主要面向数据特有的特性。在 3G 系统中,除了要求更高的传输速率外,数据应用区别于语音的特点主要有两个:一是数据传输大多都是突发的,用户可能很长时间不发送数据,一旦发送又会要求非常高的速率,语音传输的速率要求则是长期不变的;二是语音传输对实时性有很严格的要求,数据的传输对实时性要求因数据的类型而不同,非常宽泛,如视频图像传输对实时性的要求高于语音数据传输,而文件传输对实时性的要求则要宽松得多。

3G不仅具有之前无线通信系统的语音和数据等业务功能,还可以传输图像与实时视频信号,是支持语音、数据和多媒体业务的先进的、智能化的移动通信网,基本实现了个人通信的理想。3G移动通信网络包括卫星移动通信网络和陆地移动通信网络两大部分,将形成一个对全球无缝覆盖的立体通信网络,同时满足城市和偏远地区各种用户密度的通信。

国际上,3G地面移动通信系统的主流标准有三个:WCDMA、CDMA2000 和 TD-SCDMA(Time Division-Synchronous Code Division Multiple Access)。其中,前两种系统已经开始商用,TD-SCDMA也已经具备商用条件。

目前,超3G(B3G)技术和4G技术也已经开始研究,3G数据速率可以达到2Mb/s,B3G数据速率则可以达到1Gb/s以上。

伴随着世界移动通信的发展,中国的移动通信技术研究及应用均获得了快速发展。在第一代模拟移动通信的发展中,中国基本上全部采用了国外进口设备。从第二代数字移动通信系统技术开始,中国逐步实现了自主开发与制造,并在此基础上自主地进行核心技术的创新,技术水平得到快速提高。在发展第三代移动通信技术的过程中,中国在1998年提出了自主知识产权的系统标准TD-SCDMA,并为国际电信联盟(International Telecommunications Union,ITU)接纳,成为国际上三个主流的3G通信标准之一。TD-SCDMA是中国在通信领域第一次系统性地提出的国际标准,在移动通信技术上的这一重大进步标志着从第三代移动通信开始,中国的移动通信技术已经发展到具备直接参与国际竞争的能力。2008年,TD-SCDMA系统产品在技术上逐渐成熟,并在产业化方面取得重大进展,开始大规模试商用。

到2008年7月底,全球移动用户数已经超过30亿,中国移动用户数已经超过6亿,中国已经成为世界第一大移动通信市场。

图1-2为现代无线通信网的组织结构示例,它应用现代无线

通信技术实现了各种网络的接入和互联。从无线局域网、无线个域网、无线城域网到无线广域网，从移动 Ad hoc 网络到无线传感网络、无线 Mesh 网络、从 WiFi 到 WiMedia、WiMAX，从 IEEE 802.11、IEEE 802.15、IEEE 802.16 到 IEEE 802.20，从 GSM、GPRS、CDMA 到 3G、超 3G、4G 等，多种网络融合在一起，使之相互取长补短，发挥每一种网络的长处，从而逐步实现与完善符合未来个人通信需求的综合性通信网络。

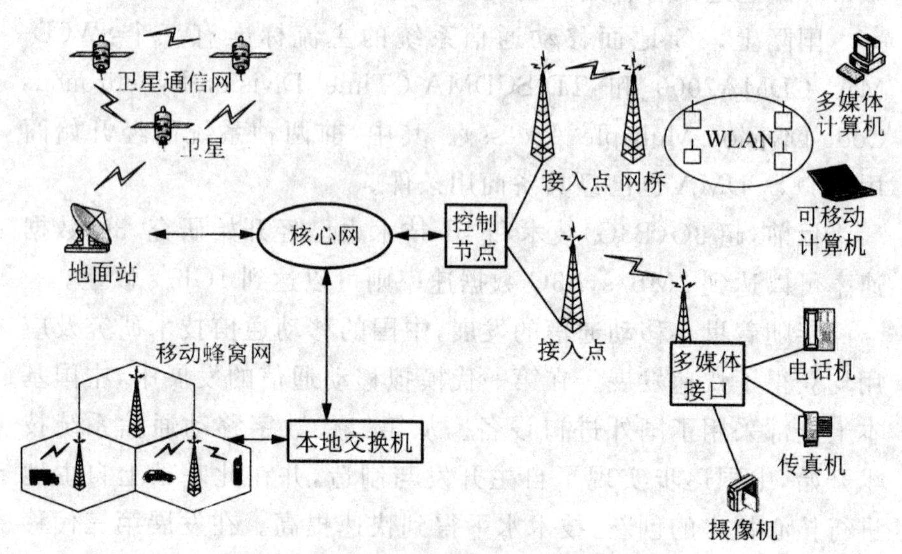

图 1-2　现代无线通信网的组织结构示例

1.2　现代无线通信系统组成

不同的无线通信系统，虽然它们具体的设备组成和复杂度差异较大，但基本组成都是一样的，图 1-3 给出了无线通信系统的基本组成框图，包括信源、发送设备、无线信道、噪声与干扰、接收设备、信宿这六大基本组成部分。

信源是发出信息的基本设备，它的主要作用是将待发送的原始信息变换为电信号，这种电信号也称为基带信号。例如，话筒将声音变为电信号，还有如摄像机、电传机和计算机等设备都可以看作信源。

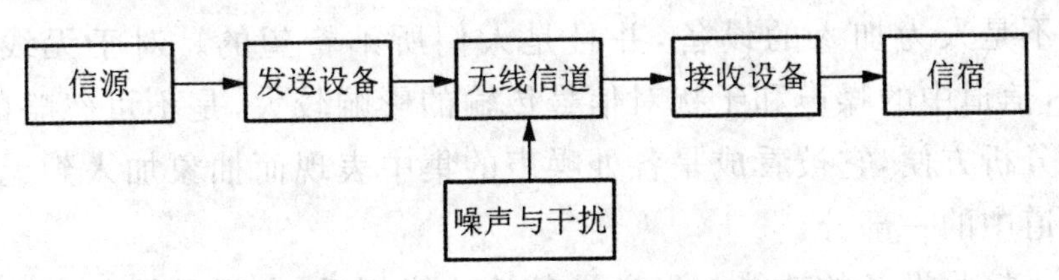

图 1-3　无线通信系统的基本组成

发送设备是将信源产生的电信号转换成适合在无线信道中传输的电磁波信号，并将此电磁波信号送入无线传播信道，从而将信源和无线信道匹配起来。发送设备一般包括两方面的功能，即调制和放大。放大包括电压放大和功率放大，放大的主要目的是提高发送信号的功率。在需要频谱搬移的场合，调制是最常见的变换方式。调制将低频信号加载到高频载波中，从而实现信号的远距离、多路、低损耗的快速传输。调制可以通过使高频载波信号随基带信号的变化而改变载波的幅度、频率或相位来实现。调制方式可分为模拟调制与数字调制两大类，第一代无线通信系统采用模拟调制，目前的无线通信系统都采用数字调制。常用的数字调制方式有 ASK、FSK、PSK、MSK、GMSK、QPSK、8PSK、16QAM、64QAM 等。对数字无线通信系统来说，发送设备还包括信源编码和信道编码。信源编码将来自信源的连续消息变换为数字信号，并对其进行适当的压缩处理以提高传输效率。信道编码使数字信号与无线传输信道相匹配，通过在被传输数据中引入冗余来避免数据在传输过程中出现误码，目的是提高传输的可靠性和有效性。用于检测错误的信道编码称为检错编码，既可检错又可纠错的信道编码称为纠错编码。常见的信道编码方式有分组码、卷积码、Turbo 码、循环码等。

无线信道是电磁波传输的通道，对于无线通信来说，无线信道主要是指自由空间。对于电磁波而言，它在发送端与接收端之间的无线信道中传输时，并没有一个有形的连接，其传播路径也往往不止一条，因此电磁波在传输过程中必然会受到多种干扰的影响而产生各种衰落，从而造成系统通信质量的下降。

噪声与干扰是无线通信系统中各种设备及信道中所固有的，它不是人为加入的设备，并且是人们所不希望的。对于无线通信，信道中的噪声和干扰对信号传输的影响较大，是不可忽略的，为分析方便，它被看成是各处噪声的集中表现而抽象加入到无线信道中的一部分。

接收设备的功能与发送设备的功能相反，主要是接收自由空间中传输过来的电磁波，从带有干扰的接收信号中正确还原出相应的原始基带信号。接收设备具体包括解调、译码、解码等功能。此外，在发送设备和接收设备中需要安装天线来完成电磁波的发送和接收。

信宿是信息传输的归宿点，其作用是将还原的原始基带信号转换成相应的原始信息。

1.3 现代无线通信标准化简介

1.3.1 标准化的意义

标准化是指通信和网络的技术体系、网络结构、系统组件和接口遵循开放性和标准化的要求，采用全球、全行业或全国统一的技术标准、规范或建议。其主要意义在于以下几个方面。

①通信和网络的标准化，可以方便地实现各种通信设备之间的互操作。

②有利于设备采购、互联互通、系统维护以及与其他用户或系统的接口。

③可以降低互联互通的成本以及生产、销售等环节的成本。

1.3.2 主要标准化组织

1. 国际电信联盟(ITU)

国际电信联盟(International Telecommunication Unit,ITU)是电信界最权威的标准制定机构,成立于1865年5月17日,1947年10月15日成为联合国的一个专门机构,总部设在瑞士日内瓦。

电信标准部(iTU-T)由原国际电报电话咨询委员会(CCITT)和国际无线电咨询委员会(CCIR)从事标准化工作的部门合并而成,是国际电信联盟下设的制定电信标准的专门机构。其主要职责是完成电联有关电信标准方面的目标,即研究电信技术、操作和资费等问题,出版建议书,目的是在世界范围内实现电信标准化,包括在公共电信网上无线电系统互联和为实现互联所应具备的性能。

国际电信联盟电信标准部长期以来做了大量的通信标准化工作,例如,电话调制器技术标准,从早期的CCITT.24到后来的ITU-T V.92。

2. 国际标准化组织(ISO)

国际标准化组织(International Organization for Standardization,ISO)正式成立于1947年2月23日,总部设在瑞士日内瓦。国际标准化组织是一个在国际标准化领域中十分重要的全球性的非政府组织。ISO的任务是促进全球范围内的标准化及其有关活动,以利于国家间产品与服务的交流,以及在知识、科学、技术和经济活动中发展国家间的相互合作。其标准化工作涉及各个行业,通信技术的标准化只是其中一小部分。

国际标准化组织长期致力于国际标准化工作,例如,ISO产品质量保证体系ISO9001以及Medium Access Control(MAC) Security Enhancements:ISO/IEC 8802-11:2005。

3. 电气和电子工程师协会(IEEE)

电气和电子工程师协会(Institute of Electrical and Electronics Engineers,IEEE)的前身 AIEE(美国电气工程师协会)和 IRE(无线电工程师协会)成立于 1884 年。1963 年 1 月 1 日,AIEE 和 IRE 正式合并为 IEEE。自成立以来,IEEE 一直致力于推动电工技术在理论方面的发展和应用方面的进步。作为科技革新的催化剂,IEEE 通过在广泛领域的活动规划和服务来满足其成员的需要。

IEEE 是一个非盈利性科技学会,拥有全球近 175 个国家 36 万多会员。透过多元化的会员,该组织在太空、计算机、电信、生物医学、电力及消费性电子产品等领域中都是主要的权威。在电气及电子工程、计算机及控制技术领域中,IEEE 发表的文献占了全球将近 30%,IEEE 每年也会主办或协办 300 多项技术会议。IEEE 长期以来为通信领域制定了大量的技术标准,如 IEEE 802.3 系列局域网标准。

4. 美国通信工业协会 TIA

美国通信工业协会(Telecommunications Industry Association,TIA)是 1988 年由 EIA(美国电气工业联盟)中独立出来的,总部位于华盛顿阿林顿 EIA 总部大楼。EIA 会员包括从半导体、元器件到家用电器的广泛厂家。TIA 也是经过 ANSI 认可的指定标准的组织,但其属于行会性质,除了标准工作外,其职责还包括为保护和促进会员厂家利益而影响政策、促进市场和组织交流(包括展览和提供信息),主要的作用是影响有关政策,组织制定业内标准,发展和创造市场(机会),为会员介绍市场并沟通会员与市场的关系。

TIA 长期以来制定了大量的工业标准,如计算机上常见的串行通信接口标准:EIA RS-232C。

5. 美国国家标准化协会 ANSI

美国国家标准协会 ANSI(American National Standards Institute)最早起源于1918年——由数百个科技学会、协会组织和团体组织成立的一个专门的标准化机构美国工程标准委员会(AESC),制定统一的通用标准。美国工程标准委员会于1928年改组为美国标准协会(ASA),1966年8月又改组为美利坚合众国标准学会(USASI),1969年10月6日改为现名。

6. 欧洲电信标准协会 ETSI

欧洲电信标准协会(European Telecommunications Standards Institute,ETSI)是欧洲地区性标准化组织,GSM就是ESTI为第二代蜂窝移动通信系统制定的技术标准。

7. 因特网工程任务组 IETF

因特网工程任务组(The Internet Engineering Task Force,IETF)成立于1985年年底,主要任务是负责因特网相关技术规范的研发和制定。

第2章　无线通信系统的基础

无线通信系统是指利用电磁波在空间传播完成信息传输的系统。最基本的无线通信系统由发射器、接收器和无线信道组成，如图2-1所示。在发射器中完成信息的调制，即将基带信号搬移到射频上并放大到足够的功率，射频信号通过发射天线变成电磁波在无线信道上传输；在接收端，空间传播的电磁波通过接收天线转变为射频信号进入接收器，接收器对信号进行解调，恢复出原始信息。

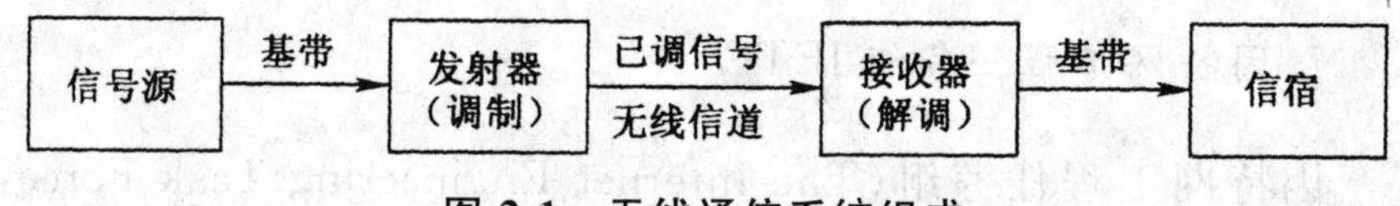

图2-1　无线通信系统组成

信息有时也叫做情报、调制信号或基带信号。理想的通信系统应能够在接收器中准确地恢复信息，但由于传输过程中无线信道会引起信号的失真，产生噪声，因此在接收解调过程中需要有相应的措施保证信息的正确性。

2.1　无线通信系统的基本结构

当无线用户之间可以直接进行通信时，我们称这种方式为点对点通信方式，根据用户之间信息传送的方向，可以分为单工通信与双工通信。若无线用户之间由于距离或其他原因，不能直接进行信息传输而必须通过中继方式进行时，我们称之为无线网络通信方式。

1. 单工与双工通信

图 2-1 所示的就是单工通信系统，通信只有从发射器到接收器一个方向，即消息只能单方向传输。传统的广播电视系统与寻呼系统就是典型的单工通信系统，只不过它们的每个发射器可对应多个接收器。

通常所说的通信系统多数是双向通信，即消息可以在两个方向上进行传输称双工通信。双工通信又可分为全双工通信与半双工通信。

全双工通信是指在通信的任意时刻，线路上存在着双向的信号传输，即通信的双方可以同时发送和接收数据。全双工通信允许信息同时在两个方向上传输，又称为双向同时通信。

普通的电话即是全双工通信的例子，当两个人通话时，它们可以同时说话和聆听对方说话。如图 2-2 所示的是全双工通信方式，在全双工方式下，通信系统的每一端都设置了发送器和接收器，共需要两个发射器、两个接收器以及通常情况下的两个信道。

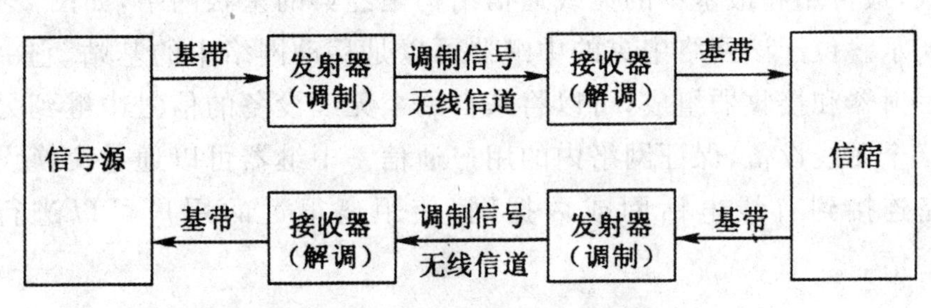

图 2-2　全双工通信系统组成

半双工通信介于单工通信与全双工通信之间，信息可以进行两个方向上的传输，但同一时刻只允许一个方向上的信息传输，因此可以看作是一种可切换方向的单工通信。典型的半双工通信的例子就是通常所用的无线对讲机，对讲机不能同时发射与接收，平时处于接收状态，说话时需要操作员按下按钮，此时电台能发射但不能同时接收，因此说和听无法同时进行。半双工系统由于使用同一信道进行双向通信，因此节省了带宽。半双工系统中一些电路既用于接收也用于发射，因此可以节省设备费用。不过，它牺牲了全双工通信所体现出的一些自然性。图 2-3 所示的就是半双工通信系统。

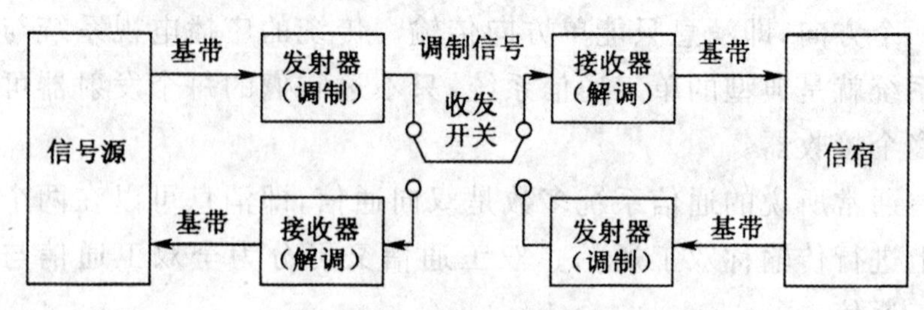

图 2-3　半双工通信系统组成

2. 无线网络

全双工和半双工的通信系统通常用于两个用户之间直接进行的通信。当用户数增加或两个用户之间不能直接通信时，就需要其他形式的网络。

目前存在的无线网络有两种：第一种是基于网络基础设施的网络，这种网络的典型应用为移动通信网。网络可以有多种形式，最常用和最基本的无线通信结构是经典的星状网络，如图 2-4 所示。位于该网络中央的中继器可以是移动网络中的基站，它由发射器和接收器组成，可以将来自一个无线设备的信号中继到另一个无线设备，保证网络内的用户通信。中继器可以通过交换设备连接到有线电话网或数据网，使距离很远的用户可以进行通信。

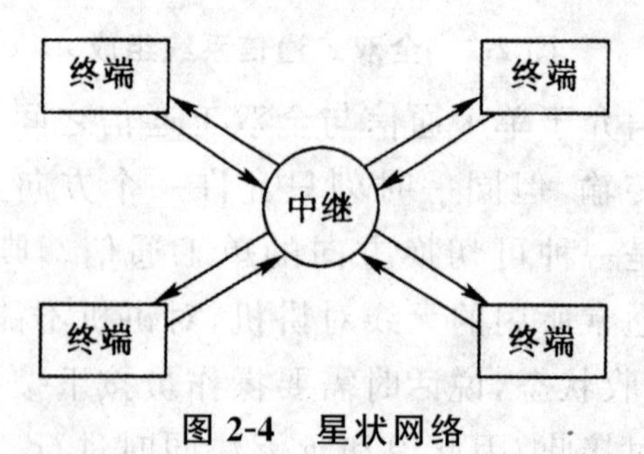

图 2-4　星状网络

2.2　无线信道的传播特性

无线通信系统的性能主要受到无线信道的制约,无线信道的传输特性直接影响到无线通信的质量。无线信道传输特性的研究主要针对以下三个问题:①某个特定频段和某种特定环境中,电磁波传播和接收信号的物理机制是什么;②从发射机到接收机,信号功率的路径损耗是多少;③接收信号的幅度、相位、多径分量到达的时间和功率是怎样分布的,统计特性如何。这样可以针对信号衰落特性,研究相应的抗衰落技术。

2.2.1　传播路径与信号衰落

在移动信道中,由于受到无线传播环境的影响,当电波传输到移动台的天线时,信号不是从单一路径到达的,而是从许多路径到达的多个信号的叠加,图 2-5 所示是陆地移动信道典型传播路径的示意图。图中,h_b 为基站天线高度;h_m 为移动台天线高度。直射波的传播距离为 d ,地面反射波的传播距离为 d_1 ,散射波的传播距离为 d_2 。为分析简便,假设反射系数 $R=-1$(镜面反射),则合成场强 E 为

$$E = E_0(1 - \alpha_1 e^{-j\frac{2\pi}{\lambda}\Delta d_1} - \alpha_2 e^{-j\frac{2\pi}{\lambda}\Delta d_2}) \qquad (2\text{-}1)$$

式中,E_0 是直射波场强;λ 是工作波长;α_1 和 α_2 分别是地面反射波和散射波相对于直射波的衰减系数,而

$$\Delta d_1 = d_1 - d$$

$$\Delta d_2 = d_2 - d$$

分别为反射路径和散射路径相对于直达路径的路径差。

陆地移动信道的主要特征是多径传播。在接收地点形成干涉场,有时同相叠加而增强,有时反相叠加而削弱,使接收信号幅度急剧变化,产生深度且快速的衰落,如图 2-6 所示。图中,横坐

标是时间或距离（$d = vt$，v 为车速），纵坐标是相对信号电平（以dB计），信号电平的变动范围约为20～40dB。图中，虚线表示的是信号的局部中值，其含义是在局部时间（或地点）内，信号电平大于或小于它的时间（或地点）各为50％。

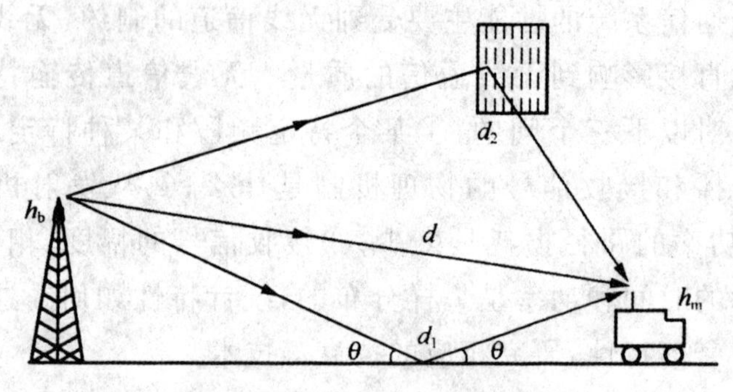

图 2-5　移动信道的传播路径

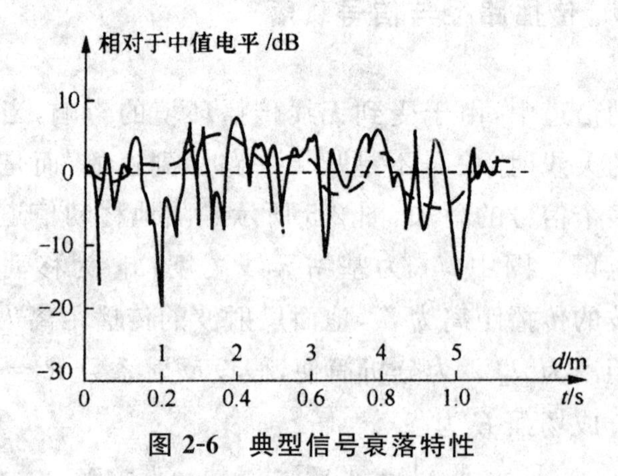

图 2-6　典型信号衰落特性

与路径损耗或阴影效应不同，衰落不是因为传输距离远或遇到障碍而引起的大尺度衰减现象，而是由多径传播的同一信号的接收所产生的。根据这些到达信号相位的不同，合成信号相消或者相长（图 2-7），从而导致即使只经过很短的距离，观测到的接收信号的幅值也会有非常大的不同。换言之，只将发射器或接收器移动非常小的距离，就会对接收幅值产生重大的影响，哪怕此时路径损耗和阴影效应可能几乎完全不变，因此称其为小尺度衰落。

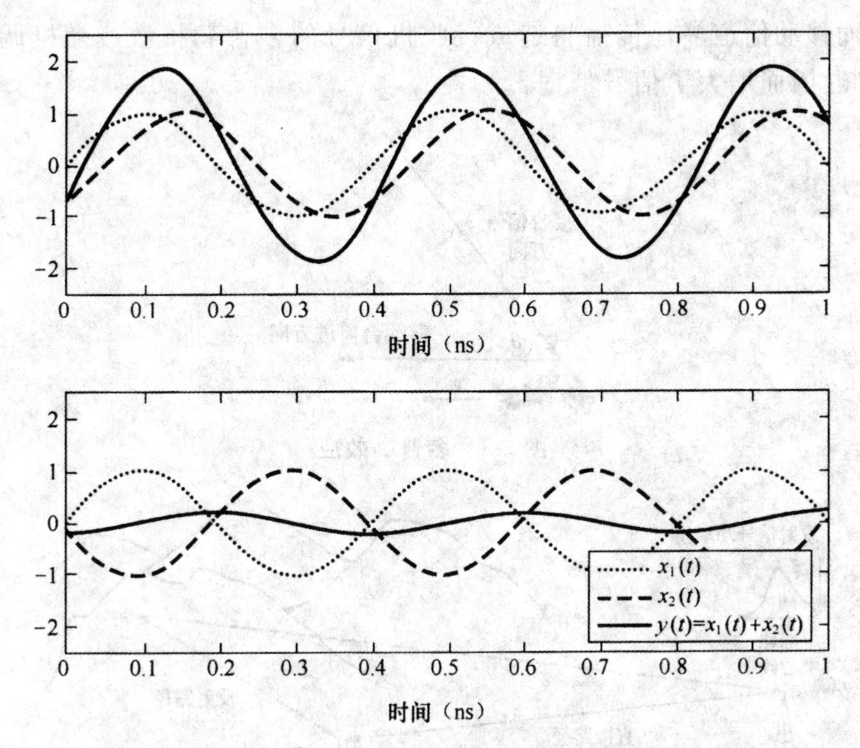

图 2-7　$f_c=2.5$GHz 时相长干扰（上图）和相消干扰（下图）的相位差变化不到 0.1ns，相应的距离约 3cm

2.2.2　多普勒效应

由于移动台的高速移动而产生的传播信号频率的扩散称为多普勒效应，如图 2-8 所示。多普勒效应引起的多普勒频移可表示为

$$f_d = \frac{v}{\lambda}\cos\theta \tag{2-2}$$

式中，v 为移动速度；λ 为波长；θ 为入射波与移动台移动方向之间的夹角。

当移动台运动方向与入射波一致时，多普勒频移达到最大值 $f_m = v/\lambda$。由此可看出，多普勒频移与移动台运动速度、运动方向与电波入射方向的夹角以及工作频率有关，如图 2-9 所示。因而移动信道多径传播将造成接收机信号的多普勒扩散或随机调频,因而增大了信号带宽。

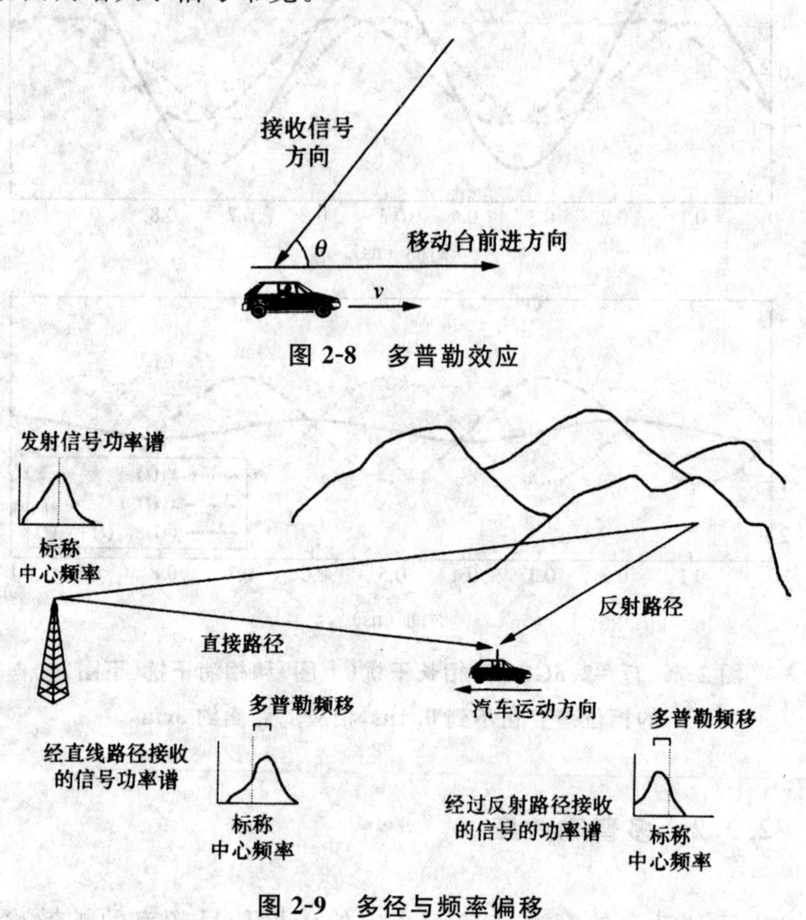

图 2-8 多普勒效应

图 2-9 多径与频率偏移

2.2.3 多径效应

1. 多径信道的主要参数

移动信道由于多径传播和移动台运动等因素的影响,导致传输信号在时间、频率和角度上的色散。通常用接收信号功率在时间、频率和角度上的分布来描述这种色散。常用一些参数来定量表征这些色散。

(1)时间色散参数和相关带宽

①多径时散。多径效应在时域上将导致接收信号波形被展宽。设基站发送一极短的探测脉冲，由于多径传播，移动台将收到一串脉冲，结果使脉冲宽度被展宽了，这种由多径传播造成信号时间扩散的现象称为多径时散，如图 2-10 所示。而且由于传播环境的变化，不同探测试验，接收到的脉冲串中脉冲的数目、各脉冲的幅度以及脉冲间的间隔都会发生变化，如图 2-11 所示。

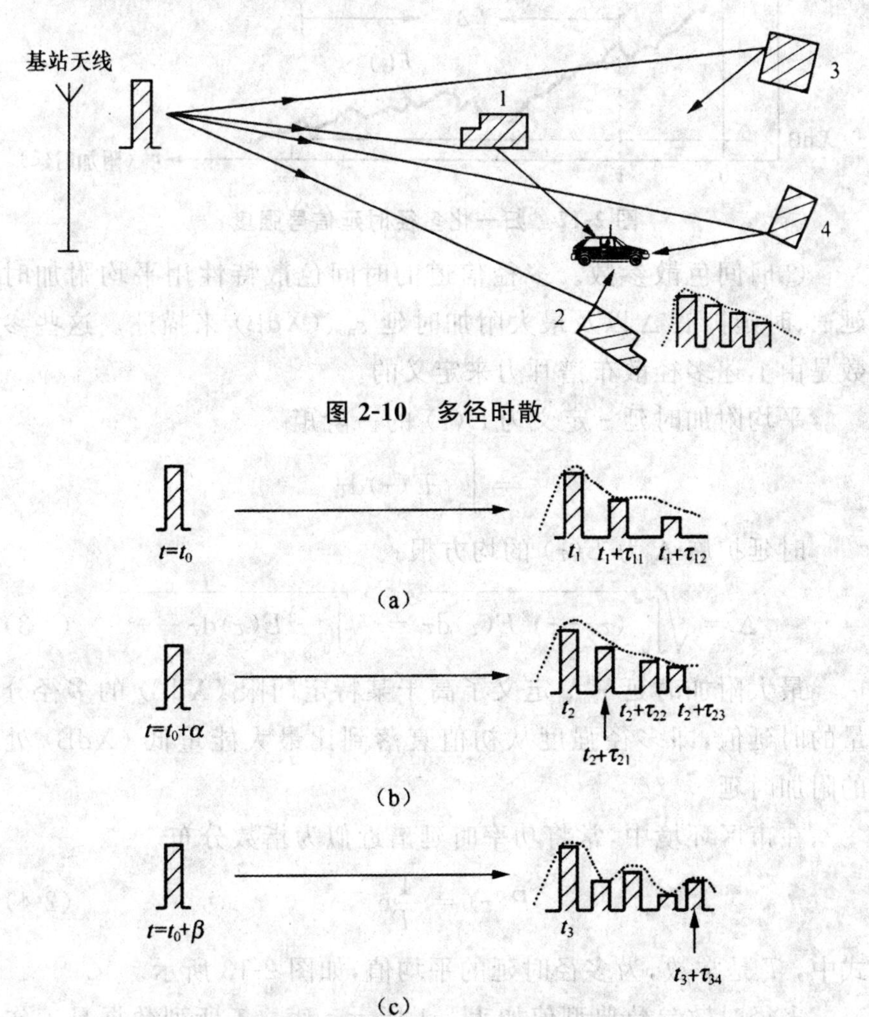

图 2-10　多径时散

图 2-11　时变多径信道响应示例

通常在多径丰富的情况下，所接收的一串离散脉冲甚至会变成相互交叠的连续信号脉冲。根据统计测试结果，移动信道中接收到的多径时延信号强度大致如图 2-12 所示。图中横轴为附加时延值，纵轴为不同时延信号强度构成的时延谱，也称为多径散布谱或功率时延谱。图中 $\tau=0$，表示 $E(\tau)$ 的前沿，即最先到达接收端的多径信号的时刻。

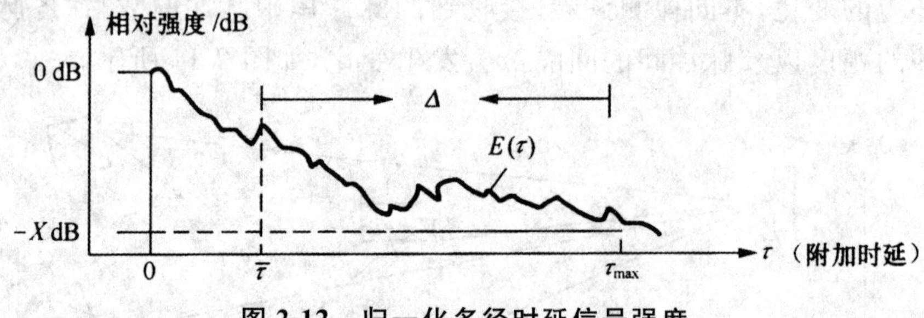

图 2-12　归一化多径时延信号强度

②时间色散参数。多径信道的时间色散特性用平均附加时延 $\bar{\tau}$、时延扩展 Δ 以及最大附加时延 τ_{max}(XdB) 来描述。这些参数是由上述多径散布谱耳力来定义的。

平均附加时延 τ 定义为 $E(\tau)$ 的一阶矩

$$\bar{\tau}=\int_0^{\infty}\tau E(\tau)\mathrm{d}\tau$$

时延扩展 Δ 为 $E(\tau)$ 的均方根

$$\Delta=\sqrt{\int_0^{\infty}(\tau-\bar{\tau})^2E(\tau)\mathrm{d}\tau}=\sqrt{\int_0^{\infty}\tau^2E(\tau)\mathrm{d}\tau-\bar{\tau}^2} \tag{2-3}$$

最大附加时延 τ_{max} 定义了高于某特定门限 (XdB) 的多径分量的时延值，即多径强度从初值衰落到比最大能量低 (XdB) 处的附加时延。

在市区环境中，常将功率时延谱近似为指数分布。

$$P(\tau)=\frac{1}{T}\mathrm{e}^{-\frac{\tau}{T}} \tag{2-4}$$

式中，T 是常数，为多径时延的平均值，如图 2-13 所示。

多径时散参数典型值如表 2-1 所示。表 2-1 所列数据是工作频段为 450MHz 测得的典型值，它也适合于 900MHz 频段。

一般情况下，市区的时延要比郊区大。为了避免码间干扰，如无扰多径措施，则要求信号的传输速率必须比 1M 低很多。

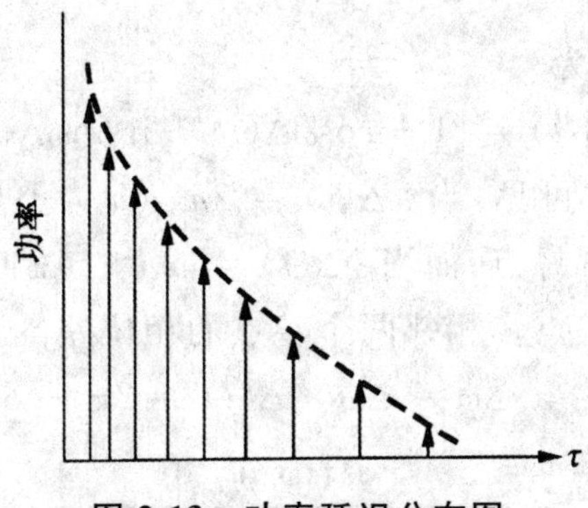

图 2-13　功率延迟分布图

表 2-1　多径时散参数典型值

参数	市区	郊区
平均附加时延 $i/\mu s$ 对应路径距离差/m	1.5～2.5 450～750	0.1～2.0 30～600
时延扩展 $\Delta/\mu s$	1.0～3.0	0.2～2.0
最大附加时延 $\tau_{max}/\mu s$	5.0～12	3.0～12

③相关带宽。移动信道中的反射和散射传播自然导致时延扩展，相干带宽是与时延扩展有确定关系的另一个重要概念，描述不同频率分量通过多径衰落信道后所受到的衰落是否相关。在频率间隔 $\Delta f < B_c$ 的范围内，两频率分量有很强的幅度相关性，而频率间隔 $\Delta f > B_c$ 的两频率分量，受信道的影响大不相同或近似独立，因此称 B_c 为“相干”(Coherence)或“相关”(Correlation)带宽。

下面以两径信道为例，来说明这一概念。如图 2-14 所示为两条路径的模型。第一条路径信号为 $x_i(t)$，第二条路径信号为 $rx_i(t)e^{j\omega\Delta(t)}$，其中 r 为比例常数，$\Delta(t)$ 为两径时延差。

接收信号为

$$r_0(t) = x_i(t)(1 + re^{j\omega\Delta(t)})$$

两路径信道的等效网络传递函数为

$$H_c(j\omega,t)=\frac{r_0(t)}{x_i(t)}=1+re^{j\omega\Delta(t)}$$

信道的幅频特性为

$$A(\omega,t)=\left|1+\cos\omega\Delta(t)+\mathrm{j}r\sin\omega\Delta(t)\right|$$

如图 2-15 所示。可见，当 $\omega\Delta(t)=2n\pi$（n 为整数），两径信号同相叠加，信号出现峰点；而当 $\omega\Delta(t)=(2n+1)\pi$ 时，双径信号反相相减，信号出现谷点。相邻两个谷点的相位差

$$\Delta\varphi=\Delta\omega\times\Delta(t)=2\pi$$

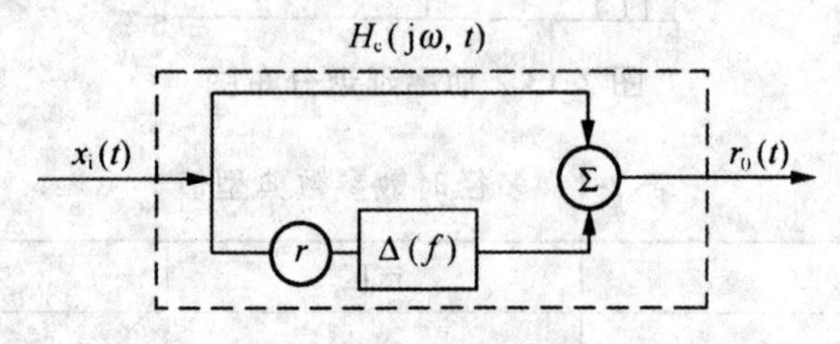

图 2-14　两条路径信道模型

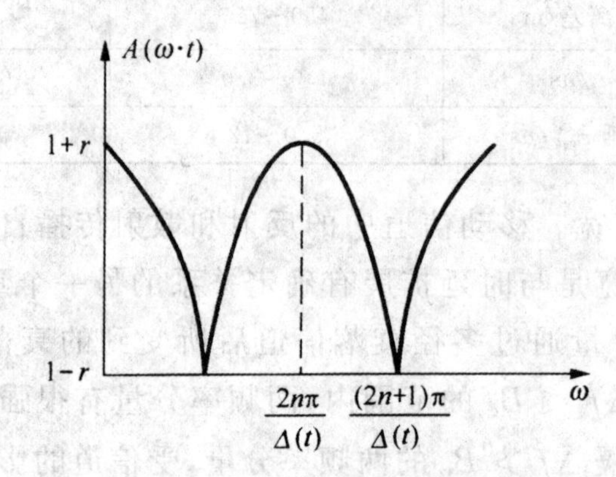

图 2-15　两径信道的幅频特性

因而

$$\Delta\omega=\frac{2\pi}{\Delta(t)}$$

或
$$B_c=\frac{\Delta\omega}{2\pi}=\frac{1}{\Delta(t)}$$

两相邻谷点（即场强最小）的频率间隔是与两径时延 $\Delta(t)$ 成反比的。

作为一般多径情况时粗略的估计，如果相干带宽定义为频率

相关函数大于 0.9 时所对应的带宽,则相干带宽近似为

$$B_c \approx \frac{1}{50\Delta}$$

如果将定义放宽到相关函数值大于 0.5,则相关带宽近似为

$$B_c \approx \frac{1}{5\Delta}$$

(2)频率色散参数和相干时间

①频率色散。由于发射机和接收机之间的相对移动或信道内物体的移动会造成传播路径的改变,因而移动信道是典型的时变信道。如果传送的是连续波形信号,这种时变性会使接收信号的幅度和相位发生变化,图 2-16 所示为一单频正弦波经移动信道传输后的接收波形示意图。

图 2-16　正弦波经时变信道传输后接收端的波形示意图

时变性引起的信号波形幅度和相位的变化将会导致信号频谱被展宽,进一步频谱展宽的程度与移动速度(或信道的衰落速率)紧密相关。时变信道对所传连续波形的作用可用数字键控调制(如幅移键控)来比拟。信道状态的改变与数字开关信号类似,使信号"断断续续"。图 2-17 应用这种比拟说明时变(衰落)信道导致信号频谱扩展的原理。这里连续正弦波信号 $\cos 2\pi f_c t(-\infty < t < \infty)$ 在频域中为处于 $\pm f_c$ 处的冲激。在时域上,键控的作用可看作图 2-17(b)中理想矩形开关函数与图 2-17(a)中正弦波的

乘积,而矩形开关函数的傅里叶变换为 sincft 。图 2-17(c)左边给出了键控(即相乘)后持续时间受限(等于开关函数宽度)的信号波形,根据傅里叶变换的卷积定理,其频谱应为图 2-17(a)中的冲激项与图 2-17(b)中 sincft 的卷积,结果如图 2-17(c)的右图所示。显然,键控使信号频谱被展宽了。进一步,如果键控脉冲的持续时间变短,如图 2-17(d)所示,则键控后信号的频谱如图 2-17(e)的右图所示,频谱被扩展得更宽。

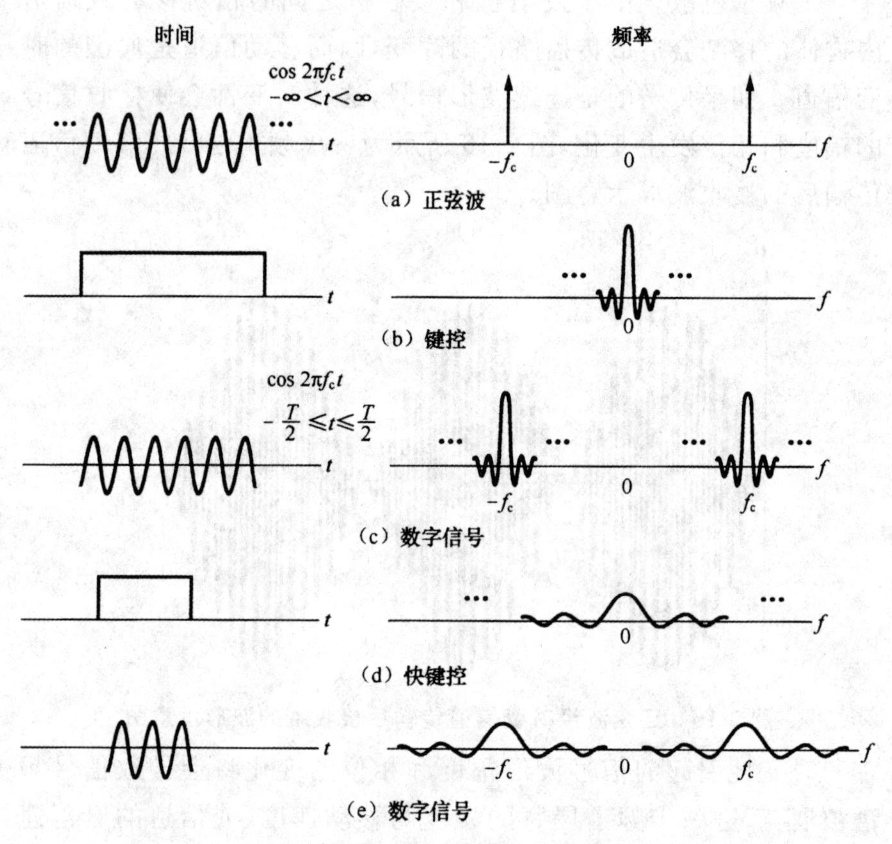

图 2-17 时变(衰落)信道与数字键控频谱扩展的相似性

尽管上述比拟并不非常确切(如信号的断续可能会引起相位的跳变,而在典型的多径环境下相位是连续的),但它可以很好地帮助我们理解时变信道(类似于数字键控)对所传信号的影响。

②多普勒扩展。多普勒扩展用来度量移动信道时变(或移动和多径传播)所引起的频谱展宽。下面讨论多普勒频移的功

率谱。

设 T 点为发射机，R 点为接收机，以 T、R 为焦点构成大小不同的椭球，如图 2-18 所示，在前面讨论菲涅尔区时我们遇到过这些椭球，从 T 发出经同一椭球上不同点反射而到达 R 的波由于附加路径长度相等，因而经历相同的时延，但与移动台移动方向的夹角却各不相同。椭球越大，时延也就越大。设移动台速度恒定，这样图中路径 TAR 和 TBR 的时延相同，但多普勒频移不同；而路径 TAR 和 TCR 的时延不同，多普勒频移相同。

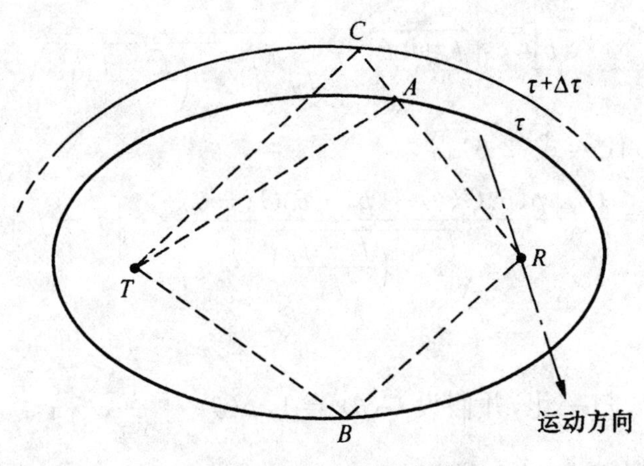

图 2-18　多径与多普勒频移

设发射载频为 f_c，电波到达接收机的入射角为 θ，则接收信号瞬时频率为

$$f(\theta) = f_c + \frac{v}{\lambda}\cos\theta = f_c + f_m\cos\theta \tag{2-5}$$

式中，f_m 为最大多普勒频移。注意 $f(\theta)$ 是 θ 的偶函数，即来自 θ 和 $-\theta$ 确度的波引起相同的多普勒频移。

多普勒频移是入射角的函数，当入射角由 θ 变为 $\theta + d\theta$ 时，对应的接收信号频率从 f 变为 $f + df$，用 $s(f)$ 表示接收信号的功率谱，$p(\theta)$ 表示接收功率沿入射角的密度函数，$G(\theta)$ 为接收天线增益，P_{av} 表示接收信号的平均功率，则

$$s(f)\,|df| = P_{av}\,|p(\theta)G(\theta) + p(-\theta)G(-\theta)| \cdot |d\theta|, 0 \leqslant \theta \leqslant \pi$$

从而

$$s(f)=P_{av}\left|p(\theta)G(\theta)+p(-\theta)G(-\theta)\right|\cdot\left|\frac{d\theta}{df}\right|,0\leqslant\theta\leqslant\pi \tag{2-6}$$

由式(2-5)可得

$$|df|=|-f_m\sin\theta d\theta|=f_m|\sin\theta||d\theta| \tag{2-7}$$

又

$$\sin\theta=\sqrt{1-\cos^2\theta}=\sqrt{1-\left(\frac{f-f_c}{f_m}\right)^2} \tag{2-8}$$

由式(2-7)和式(2-8)得

$$\left|\frac{d\theta}{df}\right|=\left|\frac{1}{f_m\sin\theta}\right|=\frac{1}{f_m\sqrt{1-\left(\frac{f-f_c}{f_m}\right)^2}} \tag{2-9}$$

将式(2-9)代入式(2-6)得

$$s(f)=\frac{P_{av}\left|p(\theta)G(\theta)+p(-\theta)G(-\theta)\right|}{f_m\sqrt{1-\left(\frac{f-f_c}{f_m}\right)^2}}\cdot|f-f_c|<f_m \tag{2-10}$$

对 P_{av} 归一化,并假设 $G(\theta)=1,p(\theta)=\frac{1}{2\pi},-\pi\leqslant\theta<\pi$,得到典型的多普勒功率谱为

$$s(f)=\frac{1}{\pi\sqrt{f_m^2-(f-f_c)^2}}\cdot|f-f_c|<f_m \tag{2-11}$$

如图 2-19 所示,发射信号为单频载波信号,接收电波的功率谱却扩展到了 $(f_c-f_m)\sim(f_c+f_m)$ 范围。出现多普勒功率谱的原因是电波从不同方向随机到达接收机,产生互不相同的多普勒频移,这也可以等效视为单频电波在经过多径移动信道时受到随机调频。接收信号功率谱的宽度即为多普勒扩展,用 B_d 表示。

③相干时间。在表征信道的时散特性时,相干带宽 B_c 对应的时域参数与时延扩展 Δ 一样,表征信道时变特性时,多普勒扩展 B_d 在时域的对应参数为相干时间 T_c。

相干时间 T_c 与多普勒扩展 B_d 成倒数关系(它们的乘积为常数),两者的关系可近似为

$$T_c \approx \frac{1}{B_d} \tag{2-12}$$

因此，可将多普勒扩展 B_d 视作信道的典型衰落率。与讨论相关带宽的方法类似，如果将相关时间定义为信号包络相关度为 0.5 时对应的时间间隔，则相干时间近似为

$$T_c \approx \frac{9}{16\pi B_d} \tag{2-13}$$

一种常用的经验法则是将 T_c 定义为式(2-12)和式(2-13)的几何平均，即

$$T_c \approx \sqrt{\frac{9}{16\pi B_d^2}} = \frac{0.423}{B_d}$$

由相干时间的定义可知，时间间隔大于 T_c 的两个到达信号受到信道的影响各不相同。例如，移动台的移动速度为 30m/s，信道的载频为 2GHz，则相干时间为 1ms。所以要保证信号经过信道不会在时间轴上产生失真，就必须保证传输的符号速率大于 1kbit/s。

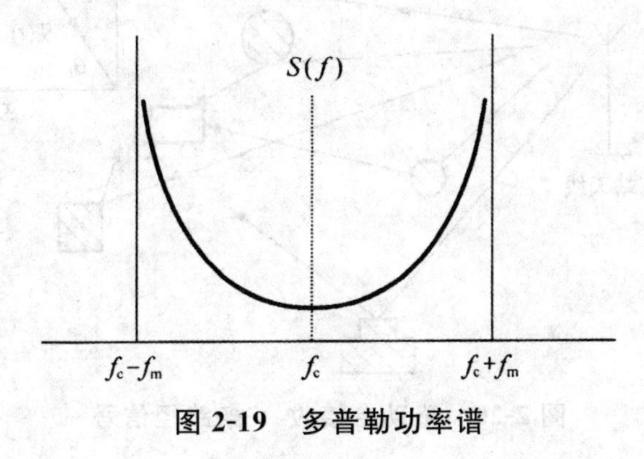

图 2-19 多普勒功率谱

2. 多径接收信号统计特性

如前所述，移动无线信道接收端的信号是来自不同传播路径信号之和，由于移动信道是典型的随参信道，这样接收信号将不是确定和可预见的，而是具有很强的随机性，属于时变信号。对于这样的信号，需采用统计方法加以分析。分析表明，依据不同的无线环境，接收信号的包络服从瑞利和莱斯分布。

(1)瑞利分布

设陆地移动通信的传输场景如图 2-20 所示,基站发射的信号为

$$S_0(t) = \alpha_0 \exp[\mathrm{j}(2\pi f_0 t + \varphi_0)] \tag{2-14}$$

式中,f_0 为载波频率;φ_0 为载波初相。经反射(或散射)到达接收天线的第 i 个信号为 $S_i(t)$,其振幅为 α_i,相移为 φ_i。假设 $S_i(t)$ 与移动台运动方向之间的夹角为 θ_i,则其多普勒频移为

$$f_i = \frac{v}{\lambda}\cos\theta_i = f_\mathrm{m}\cos\theta_i \tag{2-15}$$

式中,v 为车速;λ 为波长;f_m 为最大多普勒频移,因此 $S_i(t)$ 可写成

$$S_i(t) = \alpha_i \exp\left[\mathrm{j}\left(\frac{2\pi}{\lambda} vt\cos\theta_i + \varphi_i\right)\right]\exp[\mathrm{j}(2\pi f_0 t + \varphi_0)] \tag{2-16}$$

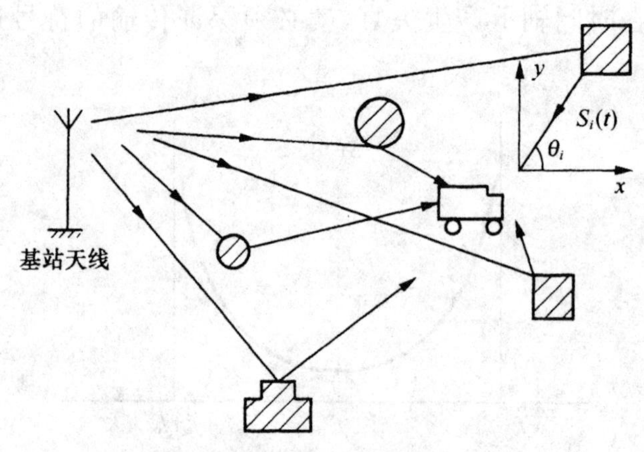

图 2-20 移动台接收 N 条路径信号

假设信号经 N 条路径到达接收端,且各条路径信号的幅值和到达接收天线的方位角是随机的且满足统计独立,则接收信号为

$$S(t) = \sum_{i=1}^{N} S_i(t)$$

令

$$\psi_i = \varphi_i + \frac{2\pi}{\lambda} vt\cos\theta_i$$

$$x = \sum_{i=1}^{N} \alpha_i \cos\psi_i = \sum_{i=1}^{N} x_i$$

$$y = \sum_{i=1}^{N} \alpha_i \sin\psi_i = \sum_{i=1}^{N} y_i$$

则接收信号 $S(t)$ 可写成

$$S(t) = (x + yi)\exp[\mathrm{j}(2\pi f_0 t + \varphi_0)]$$

由于 x 和 y 都是独立随机变量之和，且各分量都不占据主导，因而根据概率论中心极限定理，大量独立随机变量之和的分布趋向正态分布，即有概率密度函数

$$p(x) = \frac{1}{\sqrt{2\pi}\sigma_x}\mathrm{e}^{-\frac{x^2}{2\sigma_x^2}}$$

$$p(x) = \frac{1}{\sqrt{2\pi}\sigma_y}\mathrm{e}^{-\frac{y^2}{2\sigma_y^2}}$$

式中，σ_x、σ_y 分别为随机变量 x 和 y 的标准偏差。

假设 $\sigma_x^2 = \sigma_y^2 = \sigma^2$，由于 x 和 y 相互独立，因而其联合概率密度函数 $p(x,y)$ 可写为

$$p(x,y) = p(x)p(y) = \frac{1}{2\pi\sigma^2}\mathrm{e}^{\frac{x^2+y^2}{2\sigma^2}}$$

将其变换到极坐标系 (r,θ)，这里 r 为接收天线处的信号振幅，θ 为相位。相应的变换公式为

$$r^2 = x^2 + y^2$$

$$\theta = \arctan\frac{y}{x}$$

从而 $x = r\cos\theta, y = r\sin\theta$，相应的雅克比行列式为

$$J = \frac{\partial(x,y)}{\partial(r,\theta)}\begin{vmatrix} \cos\theta & -r\sin\theta \\ \sin\theta & \cos\theta \end{vmatrix} = r$$

所以

$$p(r,\theta) = p(x,y)\cdot|J| = \frac{r}{2\pi\sigma^2}\mathrm{e}^{-\frac{r^2}{2\sigma^2}}$$

对 θ 积分，可求得包络概率密度函数 $p(r)$ 为

$$p(r) = \frac{1}{2\pi\sigma^2}\int_0^{2\pi} r\mathrm{e}^{-\frac{r^2}{2\sigma^2}}\mathrm{d}\theta = \frac{r}{\sigma^2}\mathrm{e}^{-\frac{r^2}{2\sigma^2}}, r \geqslant 0 \qquad (2\text{-}17)$$

同理，对 r 积分可求得相位概率密度函数 $p(\theta)$ 为

$$p(\theta)=\frac{1}{2\pi\sigma^2}\int_0^{2\pi} r\mathrm{e}^{-\frac{r^2}{2\sigma^2}}\mathrm{d}r=\frac{1}{2\pi}, 0\leqslant\theta\leqslant 2\pi \tag{2-18}$$

由式(2-17)和式(2-18)可知,多径衰落信号的包络服从瑞利分布,故把这种多径衰落称为瑞利衰落。相位服从 $0\sim 2\pi$ 间的均匀分布。

瑞利衰落信号有如下一些特征。

均值 $m=E(r)=\int_0^{\infty} rp(r)\mathrm{d}r=\sqrt{\frac{\pi}{2}}\sigma=1.253\sigma$

均方值 $E(r^2)=\int_0^{\infty} r^2 p(r)\mathrm{d}r=2\sigma^2$

瑞利分布的概率密度函数 $p(r)$ 与 r 的关系如图 2-21 所示。当 $r=\sigma$ 时,$p(r)$ 为最大值,表示 r 在 σ 值出现的可能性最大。由此可得

$$p(\sigma)=\frac{1}{\sigma}\exp\left(-\frac{1}{2}\right)$$

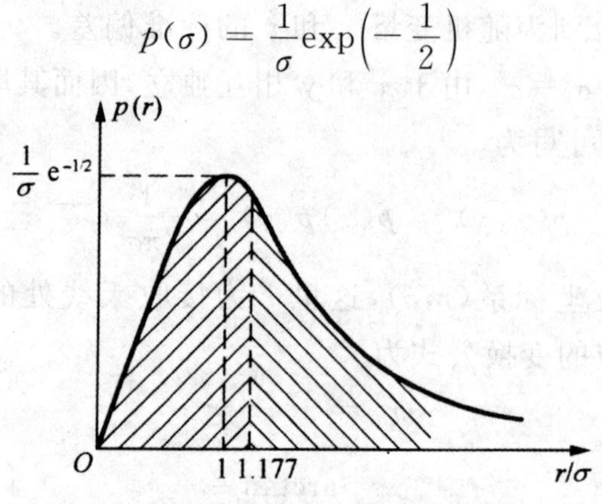

图 2-21 瑞利分布的概率密度

当 $r=\sqrt{2\ln 2}\sigma\approx 1.177\sigma$ 时,有

$$\int_0^{1.77\sigma} p(r)\mathrm{d}r=1-\mathrm{e}^{-\frac{1}{2}}=0.39$$

上式表明,衰落信号的包络有 50% 概率大于 1.177σ。这里的概率即是指任意一个足够长的观察时间内,有 50% 时间信号包络大于 1.177σ。因此 1.177σ 即为信号包络 r 的中值,记作 r_{mid}。

信号包络低于 σ 的概率为

$$\int_0^{\sigma} p(r)\mathrm{d}r=1-\mathrm{e}^{-\frac{1}{2}}=0.39$$

同理，信号包络 r 低于某一指定值 $k\sigma$ 的概率为

$$\int_0^{k\sigma} p(r)\,\mathrm{d}r = 1 - \mathrm{e}^{-\frac{k^2}{2}}$$

据此，可计算出包络 r 小于（或大于）指定电平，r_0 的概率，即包络的累积分布，结果如图 2-22 所示。图中，横坐标是以 r_{mid} 进行归一化，并以分贝表示的电平值，即 $20\lg r_0/r_{\mathrm{mid}}$ 。

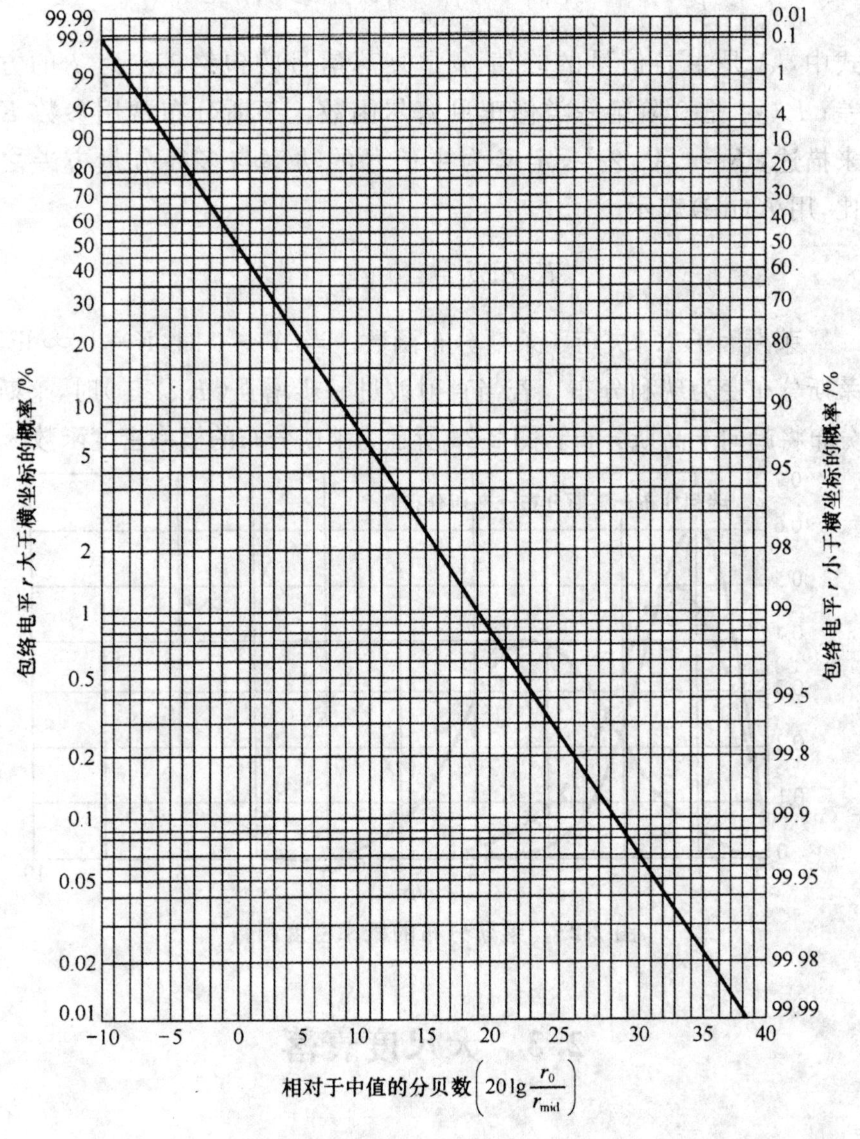

图 2-22　瑞利衰落的累积分布

(2)莱斯分布

当接收信号中有主导信号分量时,视距信号将成为接收信号中的主导分量,而其他不同角度到达的多径分量将叠加在这个主导信号分量上,接收信号将服从莱斯分布。

莱斯分布的概率密度函数为

$$p(r)=\frac{r}{\sigma^2}\mathrm{e}^{-\frac{(r^2+A^2)}{2\sigma}}I_0\left(\frac{A^2}{\sigma^2}\right),(A\geqslant 0,r\geqslant 0) \tag{2-19}$$

式中,A 是主导信号的峰值;r 是衰落信号的包络;σ^2 为 f 的方差;$I_0(\cdot)$ 是 0 阶第一类修正贝塞尔函数。莱斯分布常用参数 K 来描述,$K=A^2/2\sigma^2$,定义为主信号的功率与多径分量方差之比,用 K(dB)表示

$$K(\mathrm{dB})=10\lg\frac{A^2}{2\sigma^2}$$

莱斯因子 K ,决定了莱斯分布函数。当 $A\to 0$ 时,$K\to -\infty$dB,莱斯分布变为瑞利分布。若当直射波进一步增强($K\gg 1$)时,莱斯分布将趋向于高斯分布。图 2-23 所示为莱斯分布的概率密度函数。

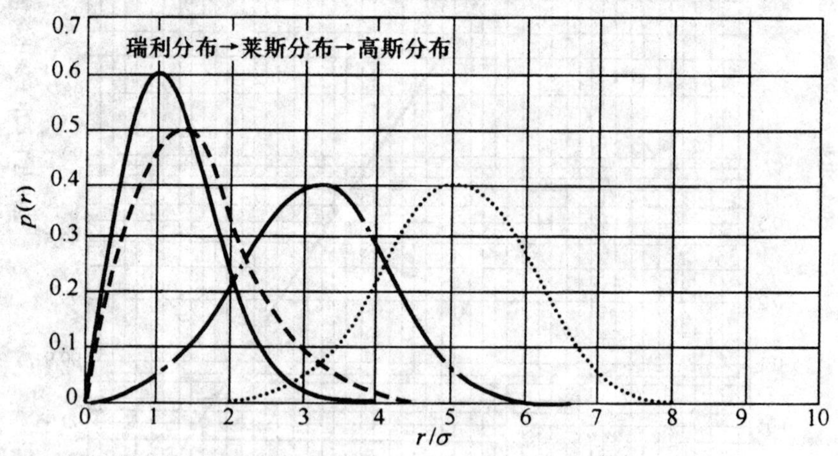

图 2-23　莱斯分布的概率密度函数

2.3　大尺度衰落

大尺度衰落描述了长距离(几百米甚至更长)内接收信号的

强度的缓慢变化。大尺度衰落可以由天线分集和功率控制得到补偿，因此掌握大尺度衰落对于无线通信传输技术和接收设备的选择有很大的意义。

2.3.1　自由空间传播损耗

自由空间传播是指从发射机到接收机之间没有任何影响传播路径的阻碍物体、反射物体和吸收物体的情形，介质是各向同性而且均匀的。电磁波的自由空间传播是发射机与接收机之间最简单的电磁波传播方式。自由空间传播损耗主要指电磁波在理想的、均匀的各向同性的介质中传播，由于传播路径中没有阻挡，所以电磁波能量不会被障碍物吸收，也不会产生反射和折射现象，电磁波只存在能量扩散引起的传播损耗。

在自由空间传播方式下，由发射机发出的电磁波以球面波的形式在各向同性的介质（空气）中向四面八方传播。当发射机和接收机的距离较远时，到达接收机的电磁波可以近似为平面波。设发射天线的辐射功率为 P_t，将发射天线看作各向同性自由空间中的一个点，接收天线到发射天线的距离为 d，则接收天线的功率

$$P_r(d) = P_t G_r G_t \frac{\lambda^2}{(4\pi d)^2 L} \tag{2-20}$$

式中，G_t 为发射天线增益，其含义是电磁波传播方向上单位面积的电磁波功率相对于全向均匀传播时的单位面积的功率之比；G_r 为接收天线增益，其含义与 G_t 类似，表示电磁波到来的方向上单位面积的电磁波功率相对于全向均匀传播时的单位面积的功率之比；d 为接收天线与发射天线之间的直线距离，单位为 m；L 为与传播无关的系统损耗因子（$L \geqslant 1$），通常 L 取决于传输线衰减、滤波损耗和天线损耗，$L = 1$ 则表明系统中无硬件损耗。设 A_r 是接收天线的有效面积，它与天线的物理尺寸和结构形式有关，也与波长有关，一般的 A_r 表示为

$$A_r = \frac{\lambda^2}{4\pi} \tag{2-21}$$

式中，λ 为电磁波的波长，单位为 m，与频率有关。

$$\lambda = \frac{c}{f} = \frac{2\pi c}{\omega_c} \tag{2-22}$$

式中，f 为工作频率，单位为 Hz；ω_c 为角频率，单位为 rad/s；c 为光速，单位 m/s。

自由空间传播路径损耗表示信号能量的衰减，通常以分贝(dB)的形式表示，PL 为有效发射功率与接收功率之间的差值，单位为 dB 的正值，其定义式为

$$PL(\text{dB}) = 10\lg\frac{P_t}{P_r} = 10\lg\left[\frac{(4\pi d)^2 L}{G_t G_r \lambda^2}\right] \tag{2-23}$$

当发射天线增益和接收天线增益都等于 1 时，即 $G_t = G_r = 1$，且 $L = 1$，则式(2-23)可简化为

$$PL(\text{dB}) = 10\lg\frac{P_t}{P_r} = 10\lg\left[\frac{(4\pi d)^2 L}{\lambda^2}\right] \tag{2-24}$$

考虑到 $\lambda = c/f$，改用频率替代波长，并且 $c = 3\times10^8$ m/s，则有

$$PL(\text{dB}) = 20\lg\frac{4\pi d}{\lambda} = 20\lg\frac{4\pi df}{c} = 32.44 + 20\lg d + 20\lg f \tag{2-25}$$

式中，d 为接收天线与发射天线之间的直线距离，单位为 km；f 为工作频率，单位为 MHz。

例 2-1 设发射天线增益和接收天线增益均为 1，工作频率相同，传播距离 d_1、d_2 满足 $d_2 = 2d_1$，则这两种情况下传播损耗相差多少?

解：根据式(2-25)，传播距离 d_1、d_2 对应的传播损耗分别为

$$PL(\text{dB}) = 20\lg\frac{4\pi d}{\lambda} = 32.44 + 20\lg d_1 + 20\lg f$$

$$PL(\text{dB}) = 20\lg\frac{4\pi d}{\lambda} = 32.44 + 20\lg d_2 + 20\lg f$$

则两者的传播损耗差为

$$PL_2 - PL_1 = 20\lg d_2 - 20\lg d_1$$

$$= 20\lg(d_2/d_1) = 20\lg 2$$
$$= 6.02\text{dB}$$

可见，传播距离增加一倍，传播损耗会增加约 6dB。

同理，由例 2-1 可以看出，若传播距离相同而工作频率增加一倍，则传播损耗增加约 6dB。此外，若 $d_2 = 10d_1$，则两者的传输损耗差为

$$PL_2 - PL_1 = 20\lg(d_2/d_1) = 20\lg 10 = 20\text{dB}$$

即传播距离增加到 10 倍时，传播路径损耗差为 20dB。图 2-24 给出了无线信道中自由空间传播损耗与频率和距离的关系。

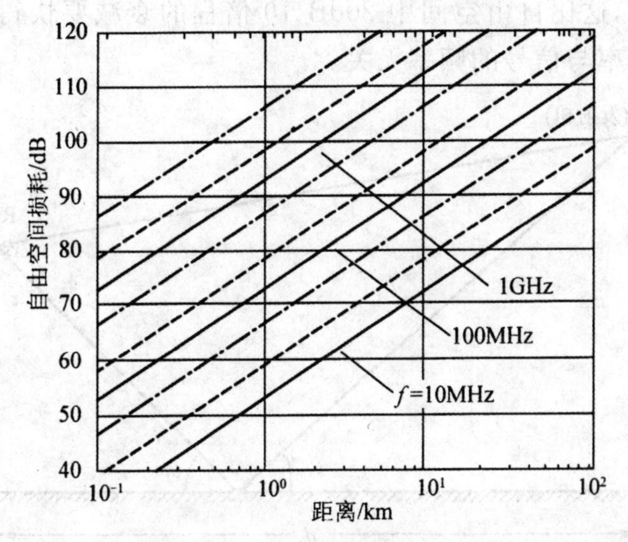

图 2-24　无线信道自由空间传播损耗与频率和距离的关系

2.3.2　地面反射（双线）模型

在无线信道中，一般会出现多径传播的现象。下面将讨论最简单的两条路径传播的模型，该模型在预测几千米范围内的大尺度信号是非常准确的。主要考虑了空间的直射传播路径和地面的反射路径，分析模型如图 2-25 所示。

假设发射机高度为 h_t，接收机高度为 h_r，发射机与接收机之间的水平距离为 d，可以得到与发射机水平距离为 d 处的接收机

的接收功率为

$$P_r(d) = P_t G_t G_r \frac{h_t^2 h_r^2}{d^4} \tag{2-26}$$

这里只给出公式，具体推导分析过程可见相关参考书，路径损耗计算公式为

$$PL(\text{dB}) = 40\lg d - 10\lg G_t - 10\lg G_r - 20\lg h_t - 20\lg h_r \tag{2-27}$$

由式(2-26)和路径损耗公式(2-27)可见，当发射机与接收机之间距离很大时，接收机的接收功率随距离成4次方衰减，即40dB/10倍程距离，这比自由空间中20dB/10倍程的衰减要快得多，且此时接收功率与信号的频率无关。

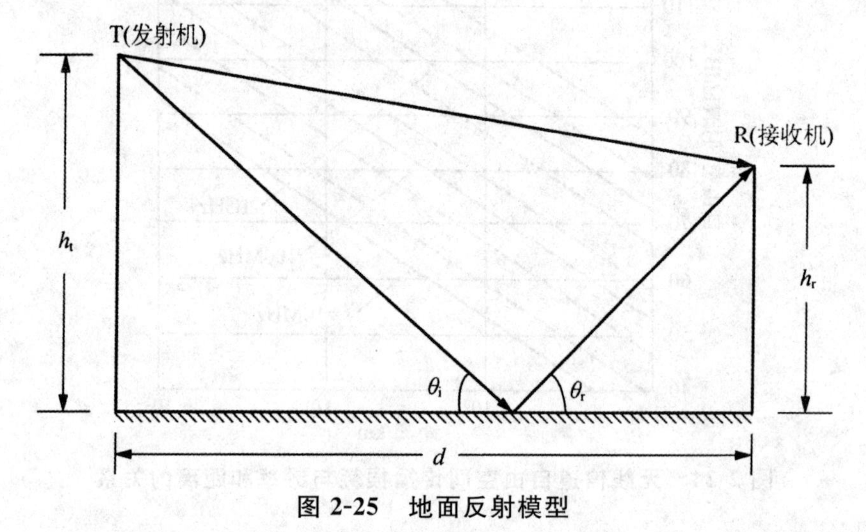

图 2-25　地面反射模型

例 2-2　GSM系统的工作频率为900MHz，基站天线高度为50m，基站天线增益为1，一个GSM移动台距离基站5km，接收天线高度为1.5m，接收天线增益为1。试求：①自由空间传播路径损耗；②使用双线地面反射模型的情况下的传播路径损耗。

解：已知 $P_t = 50\text{W}, G_t = G_r = 1, d = 5\text{km}, h_r = 1.5\text{m}, f = 900\text{MHz}$，则自由空间传播路径损耗为

$$\begin{aligned} PL(\text{dB}) &= 32.44 + 20\lg d + 20\lg f \\ &= 32.44 + 20\lg 5 + 20\lg 900 \\ &= 105.52\text{dB} \end{aligned}$$

若使用双线地面反射模型，则由双线地面反射模型路径损耗计算公式得传播路径损耗为

$$
\begin{aligned}
PL(\mathrm{dB}) &= 40\lg d - 10\lg G_t - 10\lg G_r - 20\lg h_t - 20\lg h_r \\
&= 40\lg(5 \times 10^3) - 20\lg 50 - 20\lg 1.5 \\
&= 110.46\mathrm{dB}
\end{aligned}
$$

2.3.3　室内大尺度路径损耗

由于室内场景在陆地移动通信系统中的重要地位和室内传播环境的多样性，室内场景下的信道建模受到了广泛的关注。许多通信标准化组织、研究机构以及高等院校都致力于研究室内场景的信道传播特性。国际电信联盟无线部(ITU-R)、3GPP 和 IEEE 802.11n 等国际标准化组织都建立了适用于室内环境的大尺度衰落模型。其他的研究组织如 WINNER 和 COST231 也针对室内场景建立了大尺度衰落信道模型，用于链路级和系统级的仿真，以及网络规划和优化。

1. ITU-R M.2135 信道模型

ITU-R M.2135 标准是针对 IMT-A 系统候选的无线空口技术(RIT)进行评估的纲领性文档。其为候选无线空口技术定义了一系列的测试环境和部署场景。针对室内，ITU-R M.2135 主要采用了由中国建议的，基于北京邮电大学实地信道测量结果而提出的室内热点场景和模型。如图 2-26 所示，此场景下实际测量环境是一个 120m 长、45m 宽的空旷室内空间。实地测量的中心频点为 2.35GHz 和 5.25GHz，包括视距和非视距两种传播条件，分别如图 2-26 中的 Grid A 和 Grid B 所示。结合其他国家的建议模型，ITU-R M.2135 最终确定了如表 2-2 所示的室内热点场景下的路径损耗模型。此外，通过此次实地测量得到的信道的时延以及空间特性也被 ITU-R M.2135 采纳。

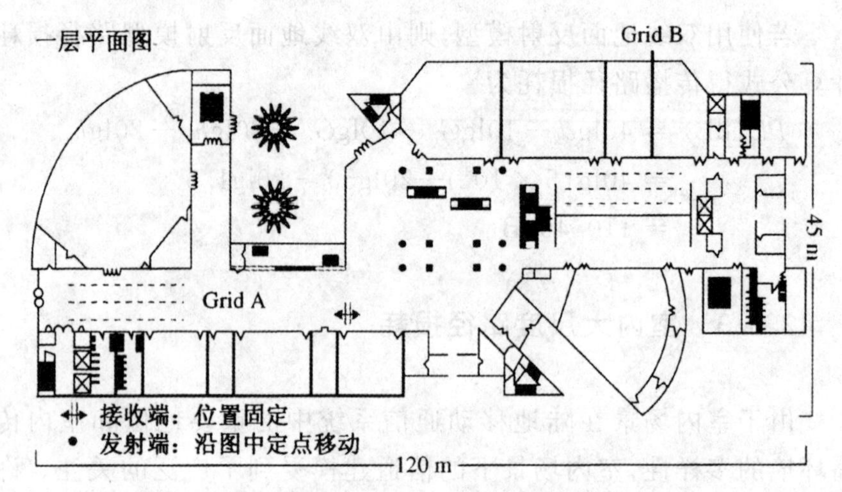

图 2-26　室内热点测量环境图

表 2-2　ITU-R M. 2135 室内路损模型

室内热点场景	路损(dB) f_c 以 GHz 为单位，d 以 m 为单位	阴影衰影(dB)	适用距离范围
视距条件	$PL = 16.9\lg(d) + 32.8 + 20\lg(f_c)$	$\sigma = 3$	$3\text{m} < d < 100\text{m}$
非视距条件	$PL = 43.3\lg(d) + 11.5 + 20\lg(f_c)$	$\sigma = 4$	$10\text{m} < d < 150\text{m}$

2. 3GPP TR36. 814

室内家用基站首先由标准化组织 3GPP 正式提出，为后来家用基站标准铺平了道路。3GPP TR36. 814 给出了家用基站的仿真场景以及相应的信道模型。仿真场景的平面图如图 2-27 所示，

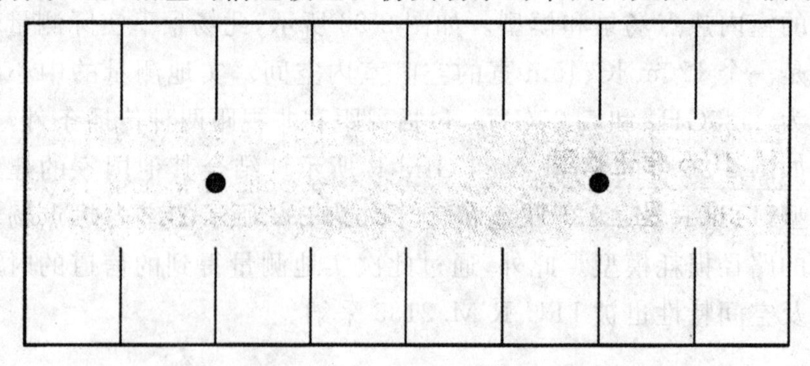

图 2-27　3GPP TR 36. 814 室内家用基站仿真场景图

其与 ITU-R M.2135 中定义的室内热点场景平面图是相同的。楼层高度为 6m，由 16 个 15m×15m 的房间以及 120m×20m 的大厅组成。两个基站分别位于大厅中部，距离平面图左侧的 30m 和 90m 处。

3. IEEE 802.11n

IEEE 802.11n 针对六类不同的室内环境分别定义了路损模型，分别用 A～F 六个字母标识。所定义的室内场景包括居住环境、小办公室、典型办公室和空旷空间等。针对每个室内场景分别对视距和非视距传播条件进行区分建模。这些室内场景主要是基于均方根时延扩展进行区分和定义的。而这六类场景的路径损耗模型则主要是基于多斜率模型中的特例双斜率模型建立的。表 2-3 给出了不同场景下的路损模型的参数，而图 2-28 则描绘了这六类场景下的路损模型。

表 2-3　IEEE 802.11n 路损模型参数

场景	d_{BP} (m)	d_{BP}前的路损斜率	d_{BP}后的路损斜率	视距条件下，d_{BP}前的斜率阴影	非视距条件下，d_{BP}后的斜率阴影(dB)	时延扩展(ns)
A	5	2	3.5	3	4	0
B	5	2	3.5	3	4	15
C	5	2	3.5	3	5	30
D	10	2	3.5	3	5	50
E	20	2	3.5	3	6	100
F	30	2	3.5	3	6	150

注：模型 A 不能用于系统性能仿真的比较。

4. WIM2 模型

WIM2 过渡期模型在 WINNER 组织发布的 D1.1.1 文档中有所介绍。最终的 WIM2 模型则于 2007 年，发布在 D1.1.2 文档中。其中的路损模型以及信道特性参数均是基于在 2GHz 和 5GHz 的信道下测量得到的。然而，该模型的频率适用范围则是将测量的结果扩展到了 2～6GHz。其针对室内，主要分为两个场

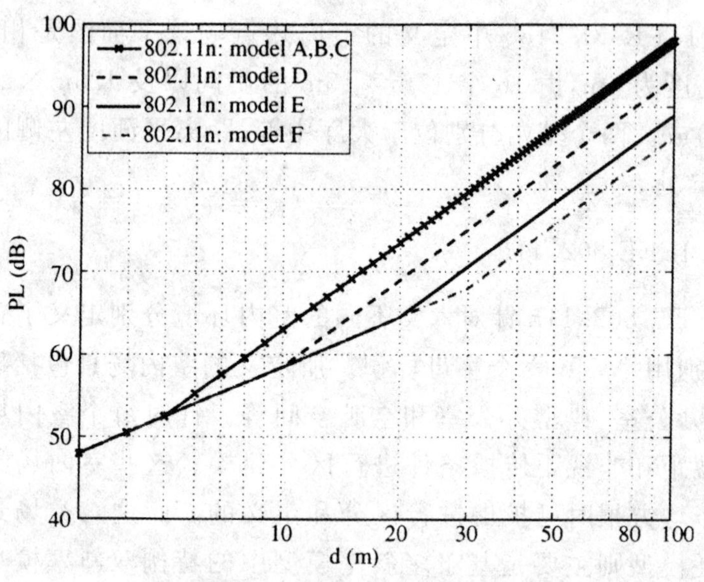

图 2-28　IEEE 802.11n 路损模型

景:室内办公室和室内热点。针对室内办公室场景,模型对于视距和非视距均进行了建模,其建议仿真的场景平面图如图 2-29 所示。在图 2-29 中,当基站(无线接入点)位于走廊中时,走廊到走廊的传播属于视距传播。而其他与走廊相邻的房间到位于走廊的基站的传播则属于非视距传播。而远离走廊基站的房间(多层墙壁会阻挡信号),由墙壁引起的损耗将会加入到路损模型中。另外,楼层与楼层之间的损耗也纳入了路损的建模。每个楼层的损耗被假设为各自独立的。相隔同样垂直距离的楼层损耗被建模成一个常数,因此楼层损耗会随着楼层的增加而线性增加。

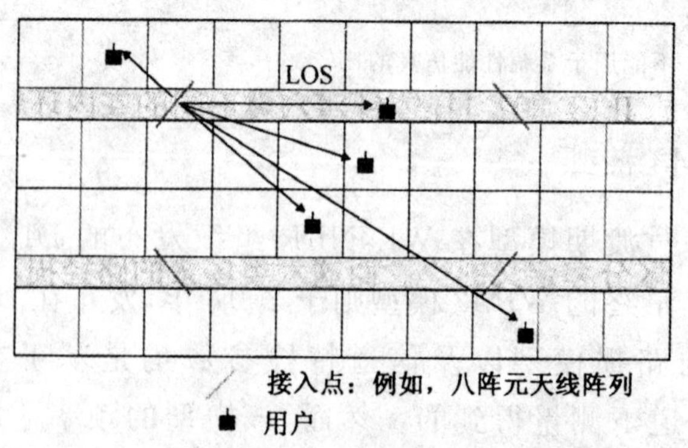

图 2-29　WIM2 模型室内场景的平面图

WIM2 模型中的室内热点场景被定义为一个开阔的空间。这个空间的长宽可以从 20m 变化到 100m，最高的高度为 20m。针对此场景，同样视距和非视距的传播条件都被考虑在内。在表 2-4 中，我们详细地给出了 WIM2 模型中室内办公室和室内热点的路径损耗模型。

表 2-4　WINNER D1.1.2 中的模型参数

场景		PL(dB)	SF(dB)	备注
室内办公室	视距	$PL = 18.7\lg(d) + 46.8 + 20\lg(f_c)$	$\sigma = 3c$	3m<d<100m
室内办公室	非视距	$PL = 36.8\lg(d) + 43.8 + 20\lg(f_c)$	$\sigma = 4$	3m<d<100m
室内办公室	墙损	薄墙：$A_{wall} = 5(n_w - 1)$ n_w 是墙的数量 厚墙：$A_{wall} = 12(n_w - 1)$ n_w 是墙的数量	—	PL_{bass} 应被考虑
室内办公室	楼层损耗	$A_{floor} = 17(n_f - 1)$，n_f 是楼层数	—	PL_{bass} 应被考虑
室内热点	视距	$PL = 13.9\lg(d) + 64.4 + 20\lg(f_c)$	$\sigma = 3c$	5m<d<100m
室内热点	非视距	$PL = 37.8\lg(d) + 36.5 + 23\lg(f_c)$	$\sigma = 4$	5m<d<100m

5. 室内信道模型的对比

为了能够更加清晰地分析以上提到的不同标准化组织以及研究团体建立的路损模型之间的差异，本书对这些模型进行了比较分析，结果如图 2-30 和图 2-31 所示。

从图 2-30 中可以看出，收发端距离 d 为 10m 处，IEEE 802.11n 在 2GHz 频段的 B 和 C 模型的预测路损，比 COST 231 Hata 模型在 1.8GHz 频段密集环境的预测路损高 10dB，但比其在走廊环境的预测路损低 9.8dB。从图 2-31 中可以发现，在非视距传播条件下，当收发端距离 d 大于 50m 时，WIM2 和 ITU-RM.2135 的路损模型基本上相差不大，但却比 IEEE 802.11n 在 5.25GHz 频段的 B 和 C 模型恶劣至少 5.8dB。此外，在视距传播条件下，WIM2 的室内路损模型，在 3～100m 距离范围内，要比

ITU-R M. 2135 的室内路损模型恶劣至少 11. 6dB。

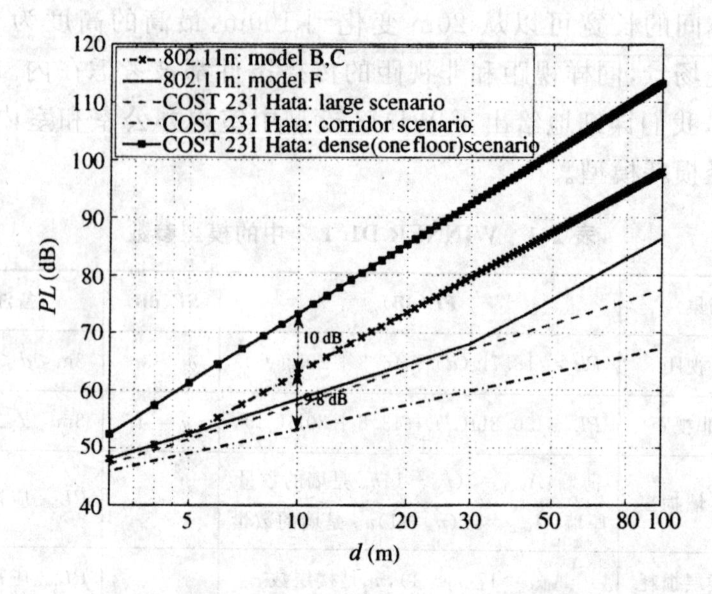

图 2-30　IEEE 802. 11n 和 COST 231 Hata 室内路损模型比较

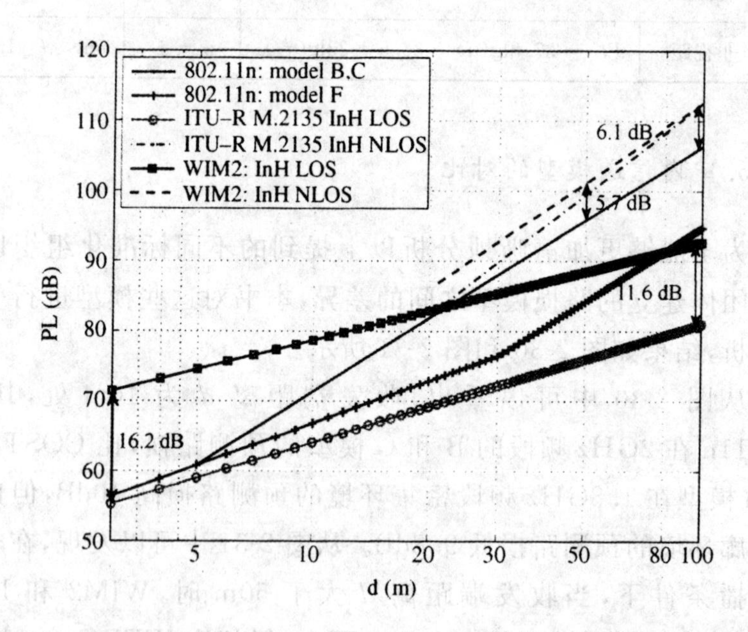

图 2-31　WIM2、ITU-R M. 2135 和 COST 231 Hata 室内路损模型比较

2.3.4 室外传播路径损耗

移动通信系统中的无线电一般是在不规则的地形情况下进行传播。所有这些模型的目标是预测特定点或特定区域（小区）的信号强度，但在方法、复杂性和精确性方面差异很大。现在讨论一些最常用的室外传播模型。

1. Okumura 模型

Okumura 模型是 Okumura 根据日本大量测试数据统计出的以曲线图表示的传播模型。应用 Okumura 模型计算路径损耗时，先要确定自由空间路径损耗，然后从所给曲线中读出中值损耗值，并加入代表地形的修正因子，Okumura 模型路径损耗的计算公式为

$$PL_{50}(\mathrm{dB}) = PL_{\mathrm{F}} + A_{\mathrm{mu}}(f,d) - G(h_{\mathrm{te}}) - G(h_{\mathrm{re}}) - G_{\mathrm{AREA}}$$

式中，PL_{50} 为传播路径损耗 50％处的值；PL_{F} 是自由空间传播损耗；$G(h_{\mathrm{te}})$ 是基站天线高度增益因子；$G(h_{\mathrm{re}})$ 是移动台天线高度增益因子；G_{AREA} 是环境增益；A_{mu} 和 G_{AREA} 均是频率的函数。

Okumura 模型已经给出了曲线，可以直接使用。图 2-32 和图 2-33 分别显示了 A_{mu} 和 G_{AREA} 的值。

$G(h_{\mathrm{te}})$ 和 $G(h_{\mathrm{re}})$ 也有相应的公式

$$G(h_{\mathrm{te}}) = 20LG\left(\frac{h_{\mathrm{te}}}{200}\right), 30\mathrm{m} < h_{\mathrm{te}} < 1000\mathrm{m} \tag{2-28}$$

$$G(h_{\mathrm{re}}) = \begin{cases} 10\lg\left(\dfrac{h_{\mathrm{re}}}{3}\right), h_{\mathrm{re}} \leqslant 3\mathrm{m} \\ 20\lg\left(\dfrac{h_{\mathrm{re}}}{3}\right), 3\mathrm{m} < h_{\mathrm{re}} < 10\mathrm{m} \end{cases} \tag{2-29}$$

$G(h_{\mathrm{te}})$ 和 $G(h_{\mathrm{re}})$ 随 h_{te} 和 h_{re} 变化的关系分别如图 2-34(a)和图 2-34(b)所示。

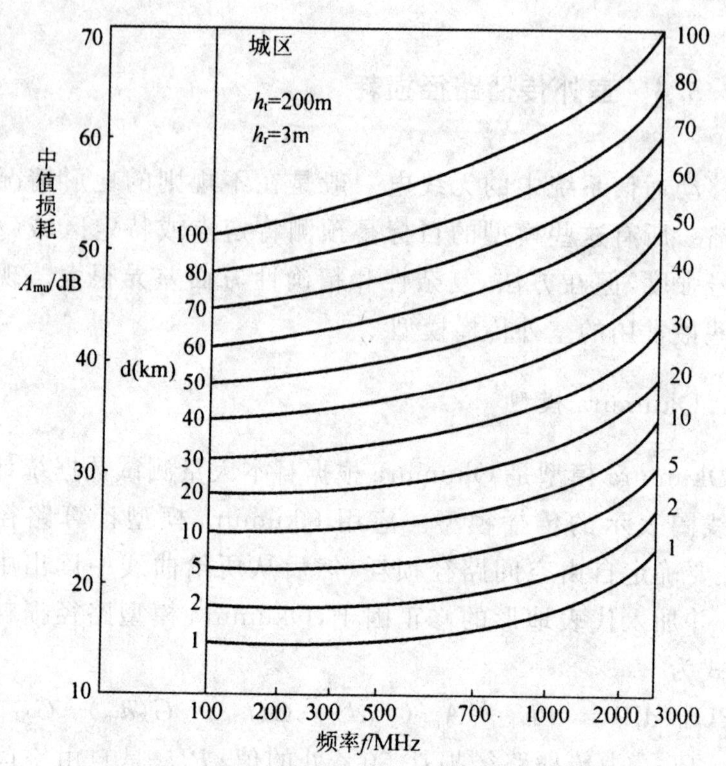

图 2-32 在准平滑地域上的自由空间中值损耗

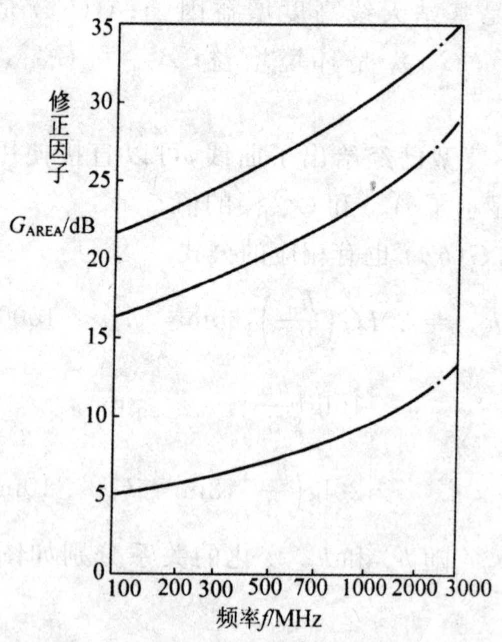

图 2-33 不同地形的修正因子 G_{AREA}

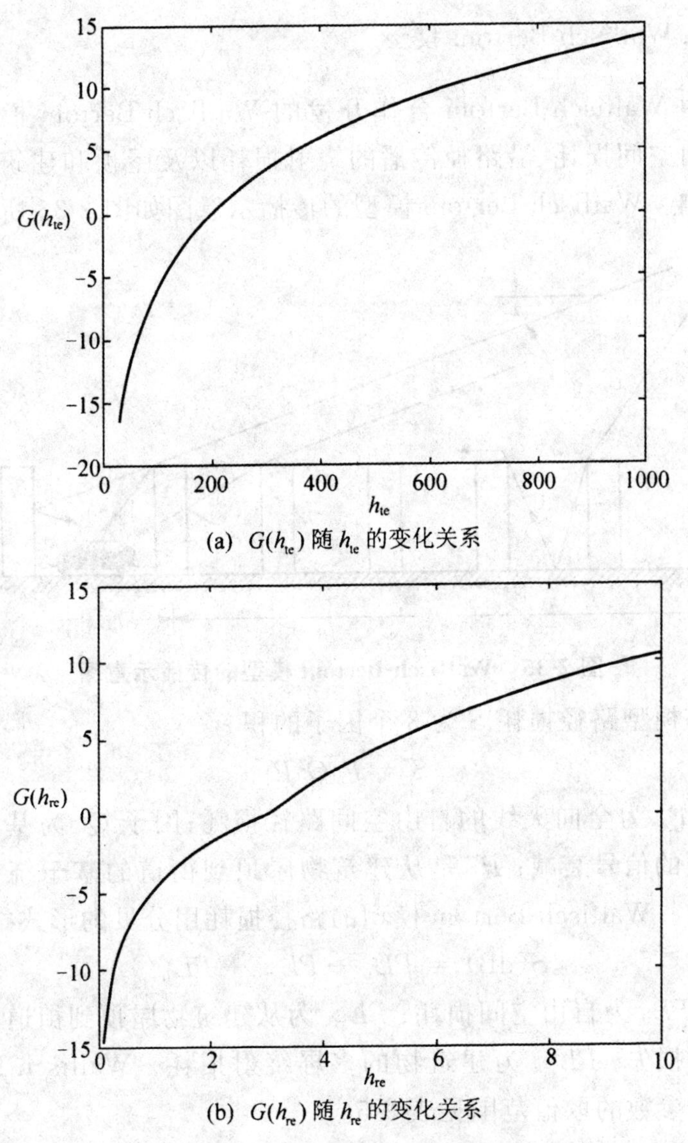

(a) $G(h_{te})$ 随 h_{te} 的变化关系

(b) $G(h_{re})$ 随 h_{re} 的变化关系

图 2-34　天线高度增益因子

Okumura 模型拥有较强实用性，为成熟的蜂窝和陆地移动无线通信等系统的路径损耗预测提供了最精确的解决方法。但该模型完全建立在实验数据的基础上，没有理论的依据，对城区和郊区快速变化的反应很慢，不太适合地形变化太剧烈的地区，预测和实测的路径损耗偏差为 10～14dB。

2. Walfisch-Bertoni 模型

由 Walfisch-Bertoni 合作开发的 Walfisch-Bertoni 模型考虑了自由空间损耗、沿路径传播的绕射损耗以及屋顶和建筑物高度的影响。Walfisch-Bertoni 模型的传播示意图如图 2-35 所示。

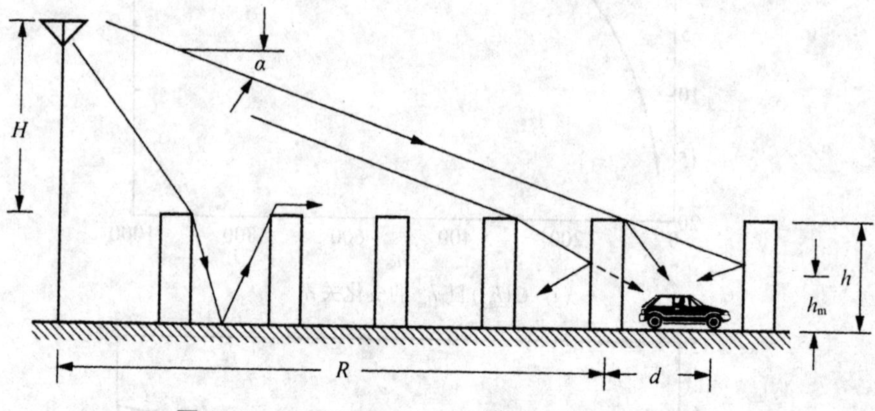

图 2-35 Walfisch-Bertoni 模型的传播示意图

该模型路径损耗 S 为 3 个因子的积

$$S = P_0 Q^2 P_1 \tag{2-30}$$

式中，P_0 为全向天线的自由空间路径损耗；因子 Q^2 为基于建筑物屋顶的信号衰减；P_1 是从建筑物屋顶到街道的基于绕射的信号衰减。Walfisch-Bertoni 模型的路径损耗用分贝的形式描述为

$$S(\mathrm{dB}) = PL_0 + PL_{\mathrm{rts}} + PL_{\mathrm{ms}} \tag{2-31}$$

式中，PL_0 为自由空间损耗；PL_{rts} 为从建筑物屋顶到街道的绕射和散射损失；PL_{ms} 为建筑物的多屏绕射损耗。Walfisch-Bertoni 模型中参数的取值范围见表 2-5。

表 2-5 Walfisch-Bertoni 模型中参数的取值范围

参数名称	参数符号	取值范围
载波频率	f_c	800～2000MHz
基站天线有效高度	h_{te}	4～50m
移动台天线有效高度	h_{re}	1～3m
收发天线距离	d	0.2～5km

3.宽带PCS微蜂窝模型

Feuerstein等人于1991年在San Francisco和Oakland利用1900MHz频段上的20MHz脉冲发射机，测试了典型微蜂窝系统的路径损耗、中断率和时延扩展。基站天线高度分别为3.7m、8.5m、13.3m，移动接收机高度为1.7m，路径损耗、多径和覆盖区是在视距(LOS)和有阻挡物(OBS)的环境下测得的。

对于平坦地面反射模型，被地面所阻挡的第一菲涅尔区的距离略为

$$d_{\mathrm{f}}=\frac{1}{\lambda}\sqrt{(\Sigma^{2}-\Delta^{2})^{2}-2(\Sigma^{2}-\Delta^{2})\left(\frac{\lambda}{2}\right)^{2}+\left(\frac{\lambda}{2}\right)^{4}}$$

$$=\frac{1}{\lambda}\sqrt{16h_{\mathrm{t}}^{2}h_{\mathrm{r}}^{2}-\lambda^{2}(h_{\mathrm{t}}^{2}+h_{\mathrm{r}}^{2})+\frac{\lambda^{4}}{16}} \tag{2-32}$$

假设使用全向垂直天线，预测的平均路径损耗为

$$\overline{PL}(d)=\begin{cases}10n_{1}\lg(d)+p_{1},1<d<d_{\mathrm{f}}\\10n_{2}g(d/d_{\mathrm{f}})+10n_{1}\lg d_{\mathrm{f}}+p_{1},d>d_{\mathrm{f}}\end{cases} \tag{2-33}$$

式中，p_1 等于 $\overline{PL}(d_0)$（参考距离 $d_0=1\mathrm{m}$ 处的路径损耗，单位为dB)；d 的单位为m；n_1、n_2 为路径损耗指数，即发射机高度的函数。很容易得出当频率为1900MHz时，$p_1=38.0\mathrm{dB}$。

对于OBS情况，路径损耗与式(2-32)的标准对数距离路径损耗相吻合

$$\overline{PL}(d)[\mathrm{dB}]=10n\lg(d)+p_{1} \tag{2-34}$$

式中，n 为由表2-6给出的OBS路径损耗指数，即发射机高度的函数。对于LOS和OBS微蜂窝的情况，对数正态阴影成分为高度的函数。表2-6表明，不论天线高度为多少，对数正态阴影成分都在7～9dB之间。同时可见，视距环境路径损耗比理论双线地面反射模型损耗要小，其中 $n_1=2$ 和 $n_2=4$。

表 2-6　频率为 1900MHz 的宽带微蜂窝模型参数

发射天线高度	1900MHz 视距			1900MHz 阻挡	
	n_1	n_2	σ(dB)	n	σ(dB)
低(3.7m)	2.18	3.29	8.76	2.58	9.31
中(8.5m)	2.17	3.36	7.88	2.56	7.67
高(13.3m)	2.07	4.16	8.77	2.69	7.94

2.4　小尺度衰落

小尺度衰落简称衰落，是指无线电信号在短时间或短距离传播后其幅度、相位或多径时延快速变化。这种衰落是由于同一传输信号沿两个或多个路径传播，以微小的时间差到达接收机的信号互相干扰所引起的。

2.4.1　基于几何的随机信道模型

多入多出(Multiple Input Multiple Output，MIMO)技术是 IMT-A 系统以及未来移动通信系统的主要技术之一。因此，目前多数的小尺度衰落模型均为 MIMO 信道模型。这些模型主要可以分为两大类：基于相关的信道模型和基于几何的随机信道模型(Geometry-Based Stochastic Channel Model，GBSM)。由于 GBSM 能够更加精确地再现实际的电波传播环境，IMT-A 系统仿真模型 ITU. R M. 2135 就采用了 GBSM 的建模方法。以 IMT-A GBSM 信道模型的下行链路为例，假设宽带 MIMO 通信系统的基站和移动台分别配置 S 个阵元和 U 个阵元的天线阵列，则在时刻 t 时延 τ 的信道冲激响应可以表示为

$$H(\tau,t)=\sqrt{\frac{K}{K+1}}H_0(t)\delta(\tau)+\sqrt{\frac{1}{K+1}}\sum_{n=1}^{N}H_n(t)\delta(\tau-\tau_n)$$

式中，K 表示的是 Rice K 因子；$H_0(t)$ 是视距径的信道矩阵系数；$H_n(t)$，$n=1,2,\cdots,N$，代表第 n 条非视距多径的信道矩阵系数；$\delta(t)$ 是 Dirac Delta 函数，则 UXS 的矩阵 $H_n(t)=(h_{u,s,n}(t))$ 由下式给出

$$h_{u,s,n}(t)=\begin{bmatrix}F_{rx,u,V}(\varphi_{\mathrm{LOS}})\\F_{rx,u,H}(\varphi_{\mathrm{LOS}})\end{bmatrix}^{\mathrm{T}}\begin{bmatrix}\exp(\mathrm{j}\Phi_{\mathrm{LOS}}^{VV}) & 0\\0 & \exp(\mathrm{j}\Phi_{\mathrm{LOS}}^{HH})\end{bmatrix}\begin{bmatrix}F_{tx,s,V}(\phi_{\mathrm{LOS}})\\F_{rtx,s,H}(\phi_{\mathrm{LOS}})\end{bmatrix}$$
$$\cdot\exp(\mathrm{j}d_s2\pi\lambda_0^{-1}\sin(\phi_{\mathrm{LOS}}))\exp(\mathrm{j}d_u2\pi\lambda_0^{-1}\sin(\phi_{\mathrm{LOS}}))\exp(\mathrm{j}2\pi\upsilon_{\mathrm{LOS}}t)$$

当 $n=0$ 时

$$h_{u,s,n}(t)=\sqrt{P_n}\cdot\sum_{m=1}^{M}\begin{bmatrix}F_{rx,u,V}(\varphi_{n,m})\\F_{rx,u,H}(\varphi_{n,m})\end{bmatrix}^{\mathrm{T}}\begin{bmatrix}\exp(\mathrm{j}\Phi_{n,m}^{VV}) & \sqrt{\kappa^{-1}}\exp(\mathrm{j}\Phi_{n,m}^{HV})\\\sqrt{\kappa^{-1}}\exp(\mathrm{j}\Phi_{n,m}^{HV}) & \exp(\mathrm{j}\Phi_{n,m}^{HH})\end{bmatrix}$$
$$\begin{bmatrix}F_{tx,s,V}(\phi_{n,m})\\F_{rtx,s,H}(\phi_{n,m})\end{bmatrix}$$
$$\cdot\exp(\mathrm{j}d_s2\pi\lambda_0^{-1}\sin(\phi_{n,m}))\exp(\mathrm{j}d_u2\pi\lambda_0^{-1}\sin(\phi_{n,m}))\exp(\mathrm{j}2\pi\upsilon_{n,m}t)$$

当 $n=1,2,\cdots,N$ 时，$F_{rx,u,V}$ 和 $F_{rx,u,H}$ 分别表示第 u 个接收天线阵元水平和垂直极化的电场方向图。类似地，F_{tx} 则是发射天线的方向图。P_n 是簇的功率。M 是径的数目。$\{\Phi_{n,m}^{vv},\Phi_{n,m}^{vh},\Phi_{n,m}^{hv},\Phi_{n,m}^{hh}\}$ 是第 n 簇中第 m 条径的四个不同极化方向组合（vv,vh,hv,hh）的初始随机相位 $\{\Phi_{\mathrm{LOS}}^{vv},\Phi_{\mathrm{LOS}}^{hh}\}$ 则是视距径的初始随机相位。κ 是交叉极化功率比的倒数。d_s 和 d_u 则分别表示发射天线阵元和接收天线阵元的归一化距离。λ_0 是载波频率对应的波长。$\upsilon_{n,m}$ 是第 n 簇的第 m 条径的多普勒频移。ϕ_{LOS} 是视距径关于 BS 的离开角（AOD，Angle of Departure）的角度，而 φ_{LOS} 是视距径关于 MS 的到达角（Angle of Arrival，AOA）的角度。$\varphi_{n,m}$ 和 $\phi_{n,m}$ 则分别表示了第 n 簇中第 m 条径对应的离开角和到达角。图 2-36 给出了以上各个角度定义的示意。

2.4.2　时延域的统计特性

表 2-7 给出了在室内热点场景下，通过信道测量得到的时延参数的统计结果。信道测量的平面图如图 2-36 所示。此次信道

测量,发射端配置的是均匀平面天线阵列,接收端配置的是三维全向天线阵列。从表 2-7 可以明显发现,非视距传播条件下,测量得到的时延参数要比视距条件下的大。

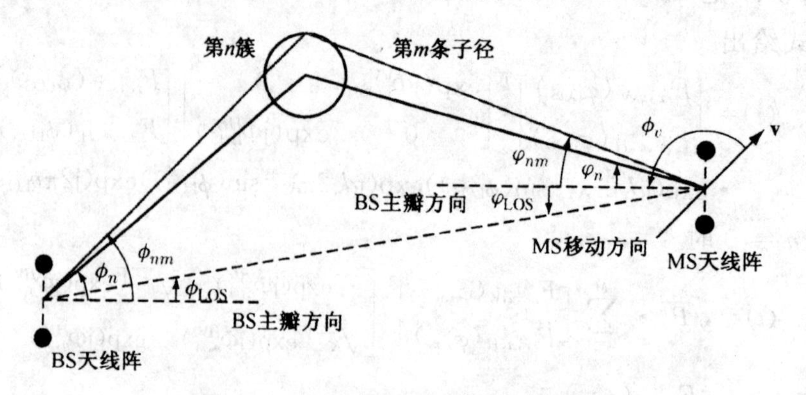

图 2-36 GBSM 信道模型中的角度

表 2-7 室内热点时延参数

场景	中心频率(MHz)	视距/非视距	平均附加时延均值(ns)	均方根时延扩展均值(ns)
室内热点	2350	LOS	26	19
		NLOS	61	42
室内热点	3705	LOS	387	50.9
		NLOS	416.2	80
室内热点	3705	LOS	224.3	47.79
		NLOS	303.8	64.66
室内办公室	2440	LOS	30.37	420.39
		NLOS	42.90	270.20

均方根时延扩展(rms DS,root-mean-square Delay Spread)是时延统计参数中最重要的一个参数,其概率分布特性则是一个备受关注的特性。对于室内热点场景而言,对数正态分布(Log-normal Distribution)能够很好地拟合无论是在视距还是非视距传播条件下的均方根时延扩展。图 2-37 给出了在室内热点环境下某次测量得到的均方根时延扩展的概率分布拟合图。

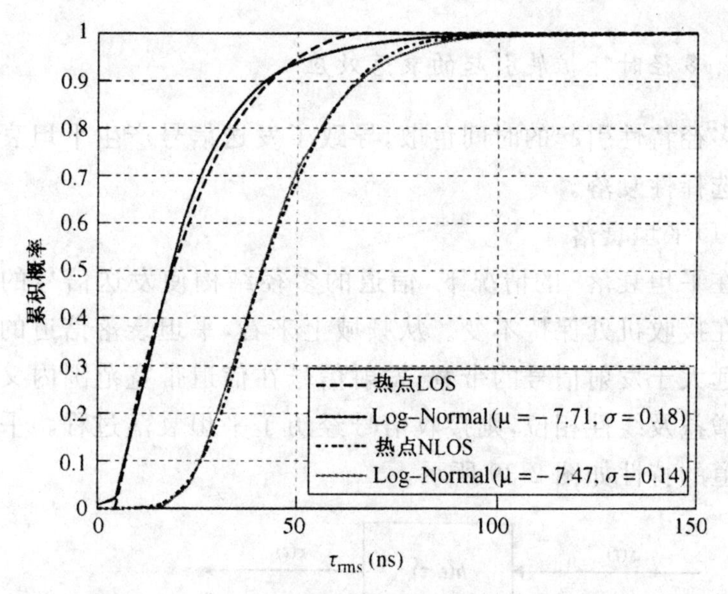

图 2-37　室内热点的均方根时延扩展概率分布

2.4.3　小尺度衰落类型

如图 2-38 所示，无线信道的小尺度衰落特征分为两大类。当发射通过无线信道传播时，信号参数和信道时间色散与频率色散参数之间的关系决定了发射信号经历的小尺度衰落类型。

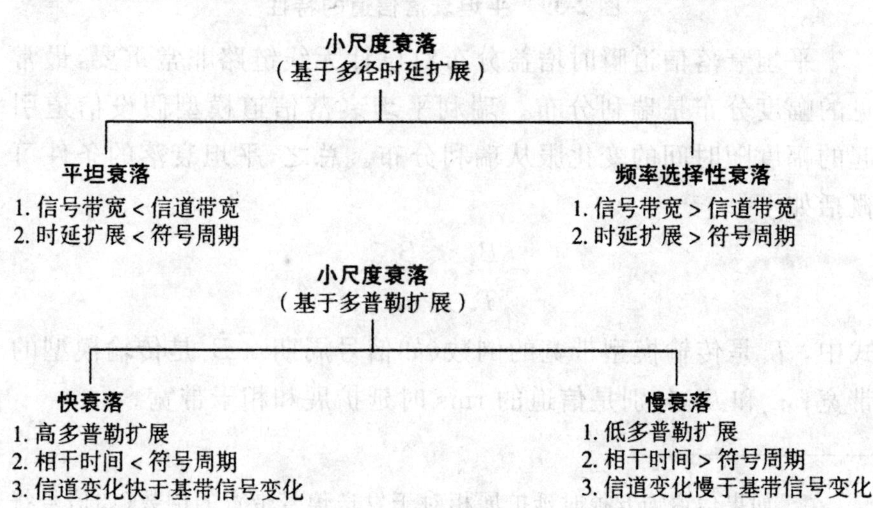

图 2-38　小尺度衰落类型

1. 多径时延扩展引起的衰落效应

多径特性引起的时间色散,导致了发送信号产生平坦衰落或频率选择性衰落。

(1)平坦衰落

在平坦衰落①的情况下,信道的多径结构使发送信号的频谱特性在接收机处保持不变。从频域上来看,平坦衰落信道的相干带宽远大于发射信号的带宽,发射信号在信道带宽范围内又近似恒定增益及线性相位,则接收信号经历了平坦衰落过程。平坦衰落信道的特性如图 2-39 所示。

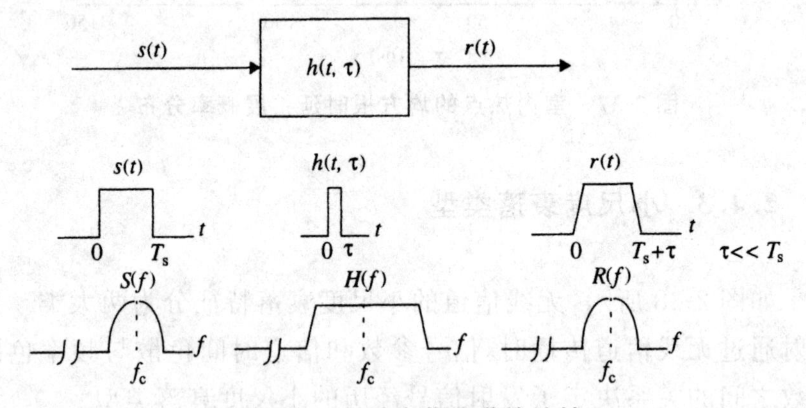

图 2-39 平坦衰落信道的特性

平坦衰落信道瞬时增益分布对设计无线链路非常重要,最常见的幅度分布是瑞利分布。瑞利平坦衰落信道模型假设信道引起的幅度随时间的变化服从瑞利分布。总之,平坦衰落的条件可概括如下

$$B_s \ll B_c$$

$$T_s \gg \sigma_\tau$$

式中,T_s 是传输模型带宽的倒数(如信号周期);B_s 是传输模型的带宽;σ_τ 和 B_c 分别是信道的 rms 时延扩展和相干带宽。

① 如果信道均方根时延扩展相对于发送信号带宽的倒数(如信号符号周期)很小,那么多径信道引入的 ISI 很小,这种信道称为平坦衰落信道。

(2)频率选择性衰落

如果信道不能判定为平坦衰落信道,那么一般都称为频率选择性信道,即当信道的均方根时延扩展接近或超过发送信号带宽的倒数时,多径信道引入的 ISI 明显,信道产生频率选择性衰落。从频域上说,发送信号带宽内信道不具有恒定增益和线性相位,不同频率分量经历了不同的响应,该信道特性会使接收信号产生选择性衰落。频率选择性衰落信道的特性示意图如图 2-40 所示。

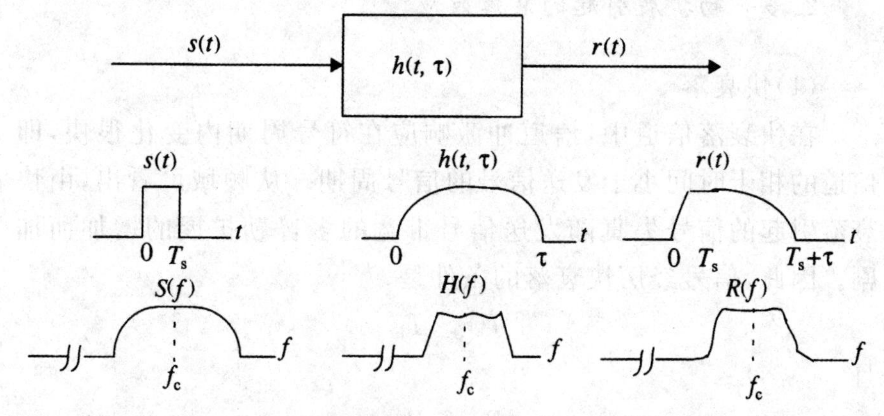

图 2-40　频率选择性衰落信道的特性示意图

例 2-3　测量得到无线信道有四条路径,试估计信道的时间色散参数。已知 GSM 系统中信号带宽为 200kHz,是否需要均衡器?

(1)$\tau_0 = 0\mu s, P_r(\tau_0) = 0dBm$

(2)$\tau_0 = 1\mu s, P_r(\tau_0) = -10dBm$

(3)$\tau_0 = 2\mu s, P_r(\tau_0) = -20dBm$

(4)$\tau_0 = 5\mu s, P_r(\tau_0) = -15dBm$

解:由题意有

$$0dBm \Rightarrow 1mW, -10Bm \Rightarrow 0.1mW,$$

$$-20Bm \Rightarrow 0.01mW, -15Bm \Rightarrow 0.0316mW$$

平均时延扩展

$$\bar{\tau} = \frac{\sum_k \tau_k \phi_h(\tau_k)}{\sum_k \phi_h(\tau_k)} \approx 0.24\mu s$$

均方根时延扩展

$$\sigma_\tau = \sqrt{\frac{\sum_k \tau_k^2 \phi_h(\tau_k)}{\sum_k \phi_h(\tau_k)} - \bar{\tau}^2} \approx 0.87\mu s$$

GSM 系统中信号带宽为 200kHz，信号带宽导数 $T_s = 5\mu s < 10\sigma_\tau \approx 8.7\mu s$，因此信道为频率选择性信道，要加均衡器。

2. 多普勒扩展引起的衰落效应

(1)快衰落

在快衰落信道中，信道冲激响应在符号周期内变化很快，即信道的相干时间小于发送信号的信号周期。从频域可看出，由快衰落引起的信号失真随发送信号带宽的多普勒扩展的增加而加剧。因此，信号经历快衰落的条件是

$$T_s > T_c$$

且

$$B_s < B_d$$

对于平坦衰落信道，可以将冲激响应简单近似为一个 δ 函数(无时延)。因此，平坦衰落、快衰落信道就是 δ 函数幅度的变化率快于发送基带信号变化率的一种信道。

(2)慢衰落

在慢衰落信道中，信道变化速率相对于发送信号速率要慢得多，多普勒扩展引起的频率色散不明显。对频率色散参数而言，慢衰落信道发送信号带宽的倒数远小于信道的相干时间，因此有信号经历慢衰落的条件是

$$T_s \ll T_c$$

$$B_s \gg B_d$$

显然，移动台的速度(或信道路径中物体的速度)及基带信号发送速率决定了信号是经历快衰落还是慢衰落。不同多径参数与信号经历的衰落类型之间的关系总结在图 2-41 中。

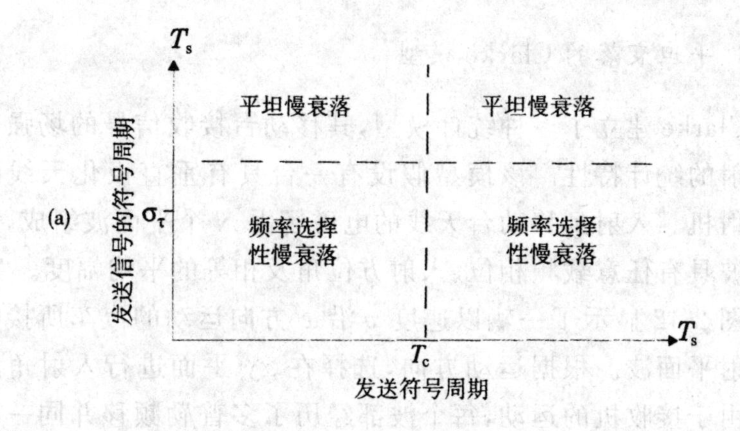

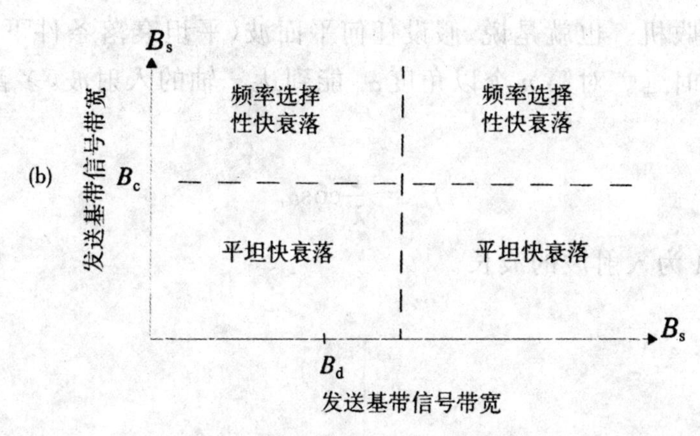

图 2-41　信号所经历的衰落类型,其衰落是以下参数的函数

(a)符号周期;(b)基带信号带宽

2.5　多径衰落建模与仿真

2.5.1　多径衰落的建模

目前已经建立了许多多径模型,用以说明移动信道的观测统计特性。第一个模型由 Ossana 提出,它基于入射波与建筑物表面随机分布的反射波相互干涉。

1. 平坦衰落的 Clarke 模型

Clarke 建立了一种统计模型，其移动台接收信号的场强是基于散射的统计特性。该模型假设有一台具有垂直极化天线的固定发射机。入射到移动台天线的电磁场由 N 个平面波组成，这些平面波具有任意载频相位、入射方位角及相等的平均幅度。

图 2-42 显示了一辆以速度 v 沿 x 方向运动的汽车所接收到的入射平面波。根据运动方向，选择在 xy 平面进行入射角度测量。由于接收机的运动，每个波都经历了多普勒频移并同一时间到达接收机。也就是说，假设任何平面波（平坦衰落条件下）都没有附加时延。对第 n 个以角度 α_n 能到达 x 轴的入射波，多普勒频移为

$$f_n = \frac{v}{\lambda}\cos\alpha_n$$

式中，λ 为入射波的波长。

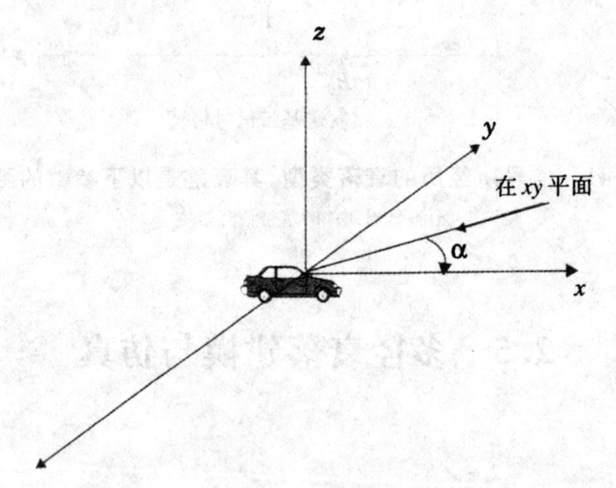

图 2-42　以随机角度到达的平面波示意图

到达移动台的垂直极化平面波存在 E 和 H 场强分量，分别表示为

$$E_z = E_o \sum_{n=1}^{N} C_n \cos(2\pi f_c t + \theta_n)$$

$$H_x = -\frac{E_o}{\eta}\sum_{n=1}^{N} C_n \sin\alpha_n \cos(2\pi f_c t + \theta_n)$$

$$H_y = -\frac{E_o}{\eta}\sum_{n=1}^{N} C_n \cos\alpha_n \cos(2\pi f_c t + \theta_n)$$

式中，E_o 是本地平均电场（假设为恒定值）的实际幅度值；C_n 是表示不同电波幅度的实数随机变量；η 是自由空间的固有阻抗（377Ω）；f_c 是载波频率。第 n 个到达分量的随机相位 θ_n 为

$$\theta_n = 2\pi f_n t + \phi_n$$

对 E 和 H 场的幅度进行归一化后，可得 C_n 的平均值，并由下式确定

$$\sum_{n=1}^{N} \overline{C_n^2} = 1$$

由于多普勒频移与载波频率相比很小，因而三种场分量可建模为窄带随机过程。若 N 足够大，三个分量 E_z、H_x、H_y 可以近似看作高斯随机变量。假设相位角在 $(0,2\pi]$ 间隔内有均匀的概率密度函数，由莱斯分析可知，E 场可用同相和正交分量表示

$$E_z(t) = T_c(t)\cos(2\pi f_c t) - T_s(t)\sin(2\pi f_c t) \quad (2\text{-}35)$$

其中

$$T_c(t) = E_0\sum_{n=1}^{N} C_n \cos(2\pi f_n t + \phi_n) \quad (2\text{-}36)$$

和

$$T_s(t) = E_0\sum_{n=1}^{N} C_n \sin(2\pi f_n t + \phi_n) \quad (2\text{-}37)$$

高斯随机过程在任意时刻 t 均可独立表示为 $T_c(t)$ 和 $T_s(t)$。T_c 和 T_s 是非相关 0 均值的高斯随机变量，有相等的方差如下

$$\overline{T_c^2} = \overline{T_s^2} = \overline{|E_z|^2} = \frac{E_0^2}{2} \quad (2\text{-}38)$$

其中上划线表示整体平均。

接收的 E 场的包络为

$$|E_z(t)| = \sqrt{T_c^2(t) + T_s^2(t)} = r(t)$$

由于 T_c 和 T_s 均为高斯随机变量，从雅克比（Jacob）变换可

知，随机接收信号的包络服从瑞利分布

$$p(r)=\begin{cases}\dfrac{r}{\sigma^2}\exp\left(-\dfrac{r^2}{2\sigma^2}\right),0\leqslant r\leqslant\infty\\0,r<0\end{cases}$$

式中，$\sigma^2=E_0^2/2$。

2. Clarke 模型中由多普勒扩展生成的频谱形状

Gans 提出了一种 Clarke 模型的谱分析。令 $p(\alpha)\mathrm{d}\alpha$ 表示在角度 α 的微小变化 $\mathrm{d}\alpha$ 内到达的部分功率，令 A 表示定向天线的平均接收功率。当 $N\to\infty$ 时，$p(\alpha)\mathrm{d}\alpha$ 趋向于连续而非离散的分布。如果入射角度的函数 $G(\alpha)$ 表示移动天线的方向增益模式，则总的接收功率可表示为

$$P_{\mathrm{r}}=\int_0^{2\pi}AG(\alpha)p(\alpha)\,\mathrm{d}\alpha$$

式中，$AG(\alpha)p(\alpha)\mathrm{d}\alpha$ 是接收功率随角度的微分变化。若散射信号是频率为 f_{c} 的 CW 信号，则以 α 角度入射的接收信号分量的瞬时功率得出

$$f(\alpha)=f=\frac{v}{f}\cos(\alpha)+f_{\mathrm{c}}=f_{\mathrm{m}}\cos+f_{\mathrm{c}} \tag{2-39}$$

其中，f_{m} 是最大的多普勒频移。注意，$f(\alpha)$ 是 α 的偶函数(即 $f(\alpha)=f(-\alpha)$)。

若 $S(f)$ 代表接收信号的功率谱，则接收功率随频率的微分变化为 $S(f)|\mathrm{d}f|$。

令接收功率随频率的微分变化与接收功率随角度的微分变化相等，即可得

$$S(f)|\mathrm{d}f|=A[p(\alpha)G(\alpha)+p(-\alpha)G(-\alpha)]|\mathrm{d}\alpha| \tag{2-40}$$

对式(2-40)进行微分，整理可得

$$|\mathrm{d}f|=|\mathrm{d}\alpha|-\sin\alpha f_{\mathrm{m}} \tag{2-41}$$

由式(2-40)可知，α 可表示为 f 的函数：

$$\alpha=\cos^{-1}\left[\frac{f-f_{\mathrm{c}}}{f_{\mathrm{m}}}\right] \tag{2-42}$$

由此可求出

$$\sin\alpha = \sqrt{1 - \left(\frac{f - f_c}{f_m}\right)^2} \tag{2-43}$$

将式(2-41)和式(2-43)代入式(2-40)中，功率谱密 $S(f)$ 为

$$S(f) = \frac{A[p(\alpha)G(\alpha) + p(-\alpha)G(-\alpha)]}{f_m \sqrt{1 - \left(\frac{f - f_c}{f_m}\right)^2}} \tag{2-44}$$

其中

$$S(f) = 0, |f - f_c| > f_m \tag{2-45}$$

频谱集中在载频附近，超出 $f_c \pm f_m$ 范围的频谱均为 0。每个入射波都有自身的载频（受入射方向影响），该频率与中心的频率有轻微偏移。对垂直 $\lambda/4$ 天线 ($G(\alpha) = 1.5$) 以及 0 到 2π 间的均匀分布 $p(\alpha) = 1/2\pi$，其输出频谱由式(2-45)得出

$$S_{E_z}(f) = \frac{1.5}{\pi f_m \sqrt{1 - \left(\frac{f - f_c}{f_m}\right)^2}} \tag{2-46}$$

图 2-43 示意了射频信号受多普勒衰落影响的功率谱密度。Smith 提出了一种计算机模拟，Clarke 模型的简单方法。多普勒频谱信号经过包络检测器后，其基带频谱最大频率为 $2f_m$。电场产生的基带功率谱密度的表达式

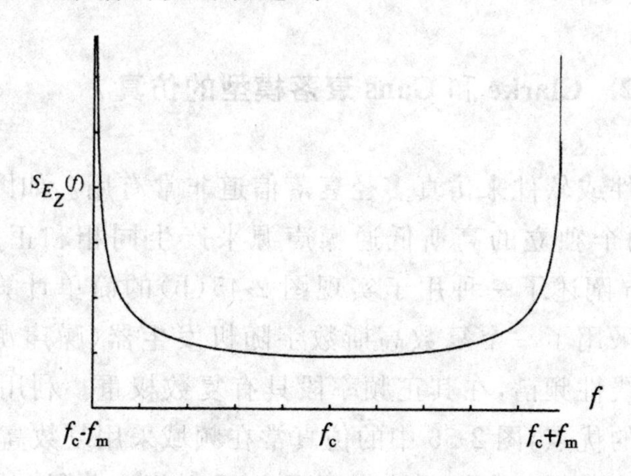

图 2-43　未调制 CW 载波的多普勒功率谱

$$S_{bbE_z}(f)=\frac{1}{8\pi f_m}K\sqrt{1-\left(\frac{f}{2f_m}\right)^2} \tag{2-47}$$

其中，$K[\cdot]$是第一类完全椭圆积分。式(2-47)并不是一个直观结果，仅是当接收信号通过非线性包络检测器的瞬时相关性结果。图 2-44 显示了接收信号经过包络检测器后的基带频谱。

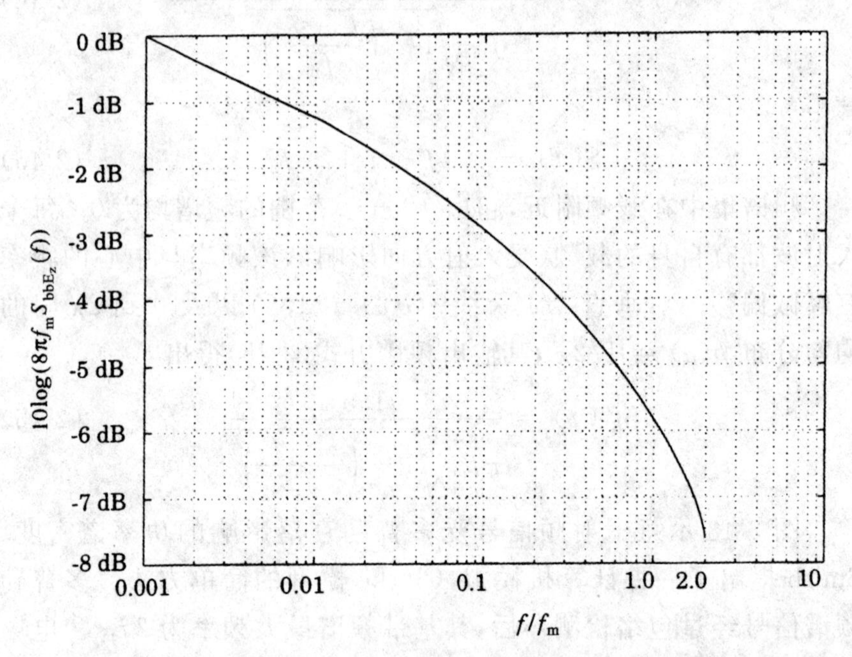

图 2-44　经过包络检测器后的一个 CW 多普勒信号的基带功率谱密度

2.5.2　Clarke 和 Gans 衰落模型的仿真

用硬件或软件来仿真多径衰落信道非常有用。如图 2-45(a)所示，用两个独立的高斯低通噪声源来产生同相和正交衰落分量。Smith 阐述了一种用于实现图 2-45(b)的简单计算机程序。这种方法采用了一个复数高斯数字随机发生器(噪声源)来产生一个基带线性频谱，在其正频率段具有复数权重。利用式(2-46)便于实现的优点，图 2-56 中的仿真常在频域采用复数高斯线性频谱。这意味着低通高斯噪声分量是一系列频率分量(从 $-f_m$ 到 f_m 的线谱)，各分量有相同间距及复数高斯权重。Smith 的仿真方法如图 2-46 所示。

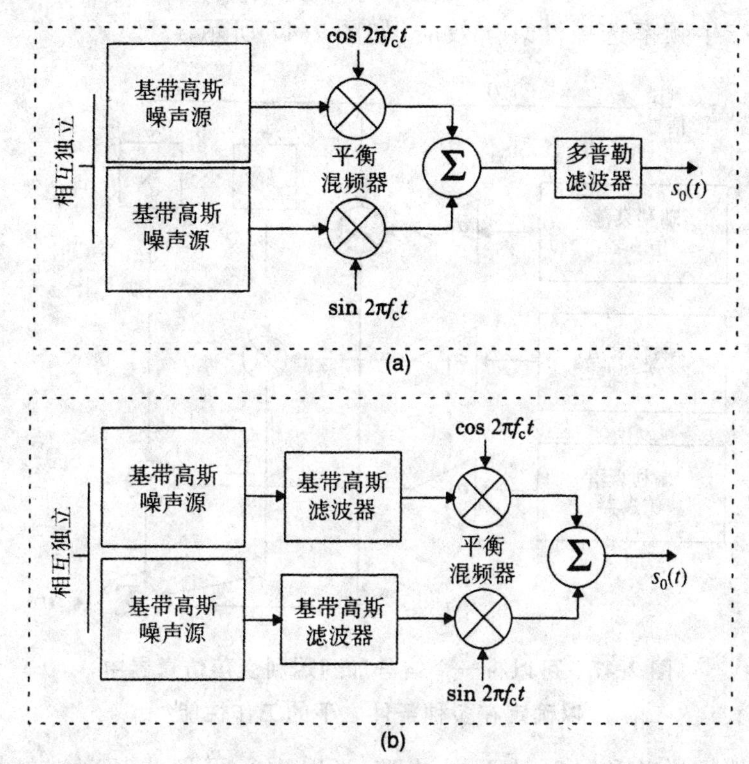

图 2-45　采用正交调幅的仿真器，采用(a)射频多普勒滤波器和(b)基带多普勒滤波器

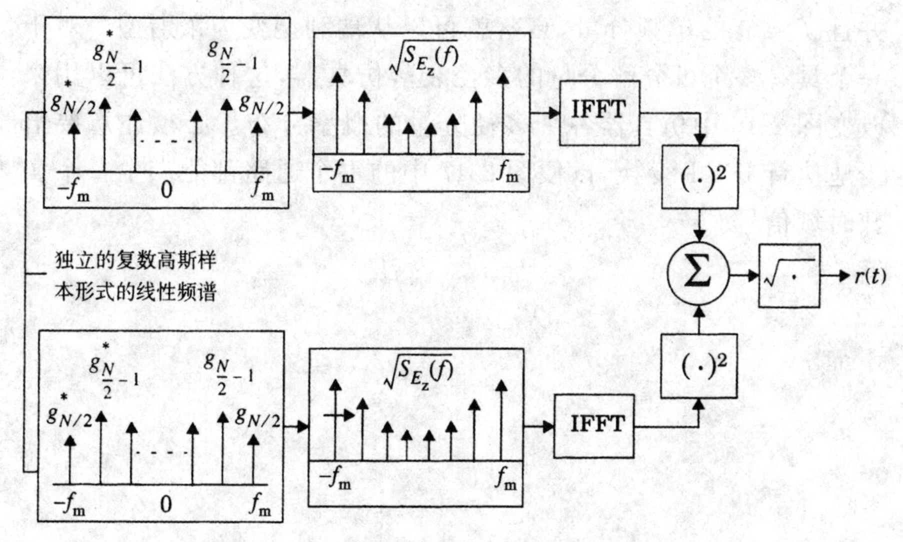

图 2-46　基带瑞利衰落仿真器的频域实现

有许多种具有可变增益和时延的瑞利衰落仿真器,可以用它们来产生频率选择性衰落效应,如图 2-47 所示。

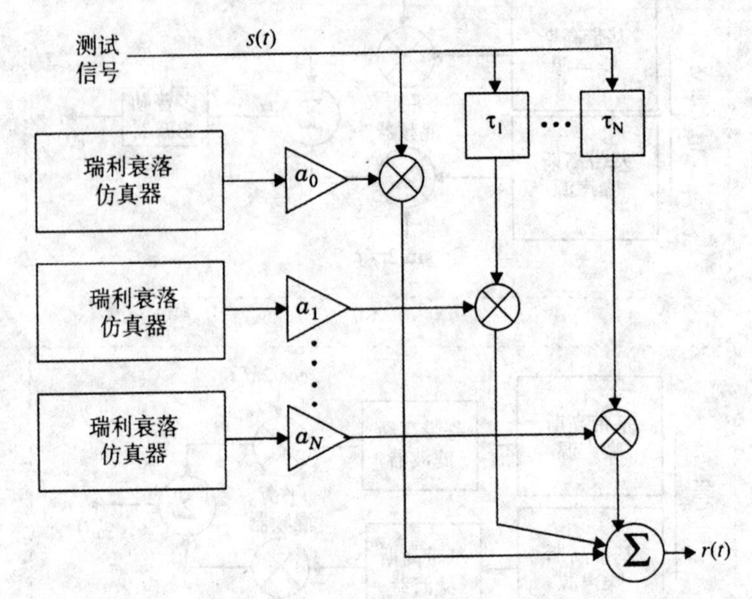

图 2-47　可以将一个信号加到瑞利衰落仿真器中,以确定在多种条件之下的工作性能

根据增益和时延的不同设置,可以进行平坦或频率选择性衰落条件下的仿真通过产生一个幅度起支配作用及不超过$\sqrt{S_{E_z}(f)}$并且 $f=0$ 的单频分量,衰落就可以从瑞利型变为莱斯型。对于一个具有多个可分解分量的多径衰落仿真器,这种方法可以用来改变图 2-46 中仿真器各个多径分量的概率分布。必须注意要恰当地执行 IFFT 变换,以便图 2-47 中的每个通路都能产生一个实数时域信号。

第 3 章　无线通信中的数字调制

现代无线和移动通信系统大都采用了数字调制技术。和模拟调制相比,数字调制拥有诸多的优点,主要包括:更好的抗噪声性能,更强的抗信道损耗能力,更容易复用各种形式的信息(如声音、数据、图像和视频等),更好的安全性和易于集成微型化等。除此之外,采用数字调制解调的数字传输系统可采用信源编码、信道编码、加密和均衡等数字信号处理技术,以改善通信链路质量,提高系统性能。

3.1　数字调制概述

随着超大规模集成电路、数字信号处理技术和软件无线电技术的发展,出现了新的多用途可编程信号处理器,使得数字调制解调器完全用软件来实现,可以在不替换硬件的情况下,重新设计或选择调制方式,改变和提高调制解调的性能。

3.1.1　数字调制的分类

调制是基带信号加到载波上的过程。基带信号 $m(t)$ 可以是模拟信号也可以是数字信号;而载波 $c(t)$ 可以是连续波(通常采用正弦波),也可以是脉冲波形;$m(t)$ 可以改变载波的幅度、频率或相位等参量中的某一个或多个参数。这样组合起来就会形成多种调制方式,如图 3-1 所示。

数字信息有二进制和多进制之分,在二进制调制中,对应的载波参量只有两种可能的取值,相应的调制方式有二进制振幅键控(BASK)、二进制频移键控(BFSK)、二进制相移键控(BPSK)和二进制差分相移键控(BDPSK);而在多进制调制之中,对应的载波参量可能有M(M>2)种取值,基本的多进制键控方式有MASK、MFSK、MPSK和MDPSK等几种。

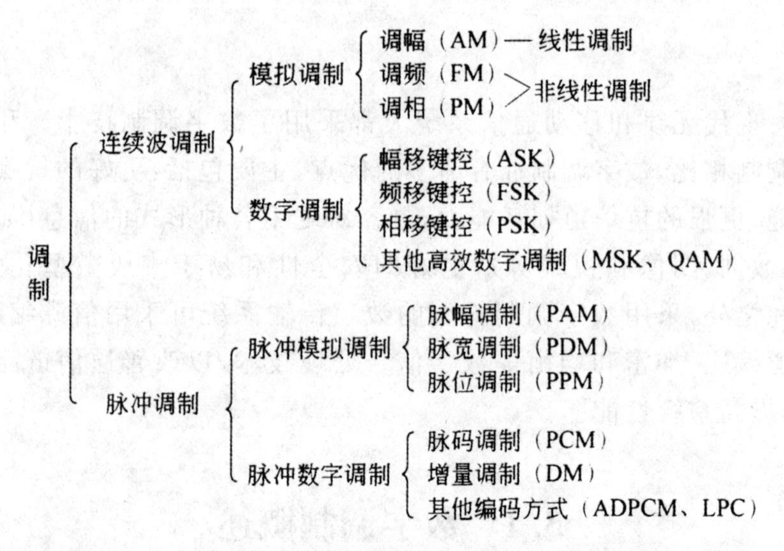

图3-1 从基带信号、载波和调制参量的角度划分的调制方式

在二进制和基本的多进制调制方式基础上,为提高系统性能,经过改进的新型调制体制包括正交振幅调制(QAM)、最小频移键控(MSK)和典型的多载波调制技术——正交频分复用(OFDM)等。

此外,数字调制按相位是否连续可分为相位连续的调制和相位不连续的调制;按包络是否恒定可分为恒包络调制和非恒包络调制。

3.1.2 数字调制的性能指标

数字调制的性能指标通常用功率有效性 η_P[①] 和带宽有效性 η_B[②]。

---

① 功率有效性 η_P 反映调制技术在低功率电平情况下保证系统误码性能的能力。

② 带宽有效性 η_B 反映调制技术在一定的频带内容纳数据的能力,也称为带宽效率,体现了通信系统对分配的带宽是如何有效利用的。

$$\eta_p = \frac{E_b}{N_0} \tag{3-1}$$

$$\eta_B = \frac{R}{B}(\text{bps/Hz}) \tag{3-2}$$

式中，E_b 为每比特的信号能量；N_0 为噪声功率谱密度；R 为数据速率，单位 b/s(bps)，B 为已调 RF 信号占用的带宽。

带宽效率有一个基本的上限，由香农定理可得

$$C = B\log_2\left(1+\frac{S}{N}\right)(\text{bps}) \tag{3-3}$$

其中，C 为信道容量，S/N 为信噪比。因此最大可能的

$$\eta_{\text{Bmax}} = \frac{R}{B} = \log_2\left(1+\frac{S}{N}\right)(\text{bps/Hz}) \tag{3-4}$$

例 3-1　对于 GSM 系统，当 B＝200kHz，SNR＝10dB 时，信道的理论最大速率为多大？

解：已知信噪比 SNR＝10dB，即 $S/N = 10$，信道容量

$$C = B\log_2\left(1+\frac{S}{N}\right) = 200\log_2(1+10)$$

$$= 691.886(\text{kbps})$$

最大带宽效率

$$\eta_{\text{Bmax}} = \log_2\left(1+\frac{S}{N}\right) = \log_2(1+10)$$

$$= 3.46(\text{bps/Hz})$$

对于 GSM 目前实际数据速率为 270.833kbps，只达到 10dB 信噪比条件下信道容量理论值的 40%。

在无线通信数字系统设计中，需要在调制解调方案的功率有效性和带宽有效性之间折中，当前蜂窝移动通信系统中的调制技术如图 3-2 所示。

3.1.3　数字调制信号表示

下面讨论各类数制调制信号的具体波形，主要讨论其复基带包络的构成。

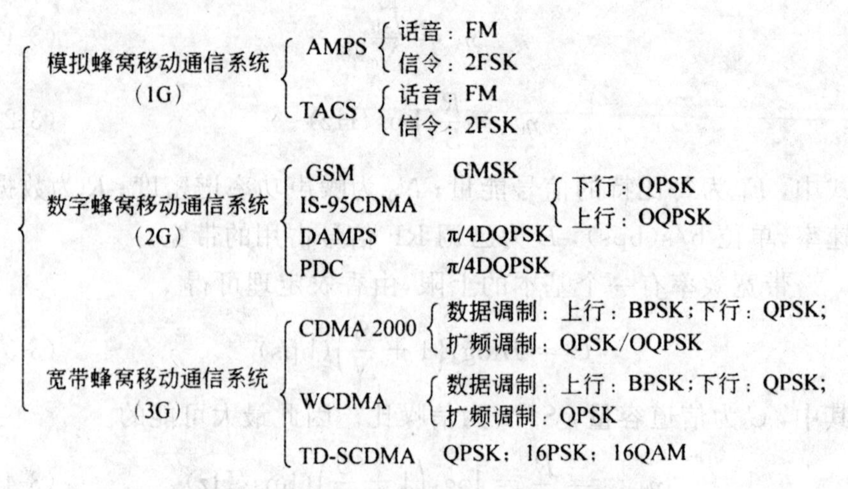

图 3-2 蜂窝移动通信系统中的调制技术

1. 无记忆调制信号

(1)正交幅度调制

对于正交幅度调制(Quadrature Amplitude Modulation, QAM),其信号复包络为

$$\tilde{s}(t) = A\sum_{n} b(t - nT, x_n) \tag{3-5}$$

其中,$b(t,x_n) = x_n h_a(t)$,$h_a(t)$ 为幅度成形脉冲,$x_n = x_{I,n} + jx_{Q,n}$ 为在第 n 个符号间隔内传输的复数据符号。显然,QAM 信号的幅度和相位均与复符号有关,QAM 具有频谱效率高的优点,但不是恒包络调制,功率放大器的非线性会降低其性能。作为一种高阶调制,QAM 广泛应用于数字视频广播(Digital Video Broadcasting,DVB)以及 ADSL、VDSL 等有线传输系统中。

在每个符号周期内,QAM 波形的复包络为

$$\tilde{s}_m(t) = Ax_m h_a(t), m = 0,1,\cdots,M-1 \tag{3-6}$$

为将 $\tilde{s}_m(t)$ 用信号矢量集合来表示,取基函数为

$$\varphi_0(t) = \sqrt{\frac{A^2}{2E_h}} h_a(t) \tag{3-7}$$

其中

$$E_h = \frac{A^2}{2}\int_{-\infty}^{\infty} h_a^2(t)\mathrm{d}t$$

为带通脉冲 $Ah_a(t)\cos(2\pi f_0 t)$ 的能量。利用基函数,可将复包络写为

$$\tilde{s}_m(t) = \sqrt{2E_h}\, x_m \varphi_0(t), m = 0,1,\cdots,M-1 \tag{3-8}$$

则 QAM 复信号矢量为

$$\tilde{s}_m(t) = \sqrt{2E_h}\, x_m, m = 0,1,\cdots,M-1 \tag{3-9}$$

当 M 为 4 的幂次时,QAM 的复信号矢量在复空间的分布可选择为矩形图案。信号矢量在复空间的分布称为信号空间图(也称为星座图),如图 3-3 所示,其中

$$x_{\mathrm{I},m}, x_{\mathrm{Q},m} \in \{\pm 1, \pm 3, \cdots, \pm (N-1)\}, N = \sqrt{M}$$

且信号之间的最小欧氏距离为 $2\sqrt{2E_h}$ 。

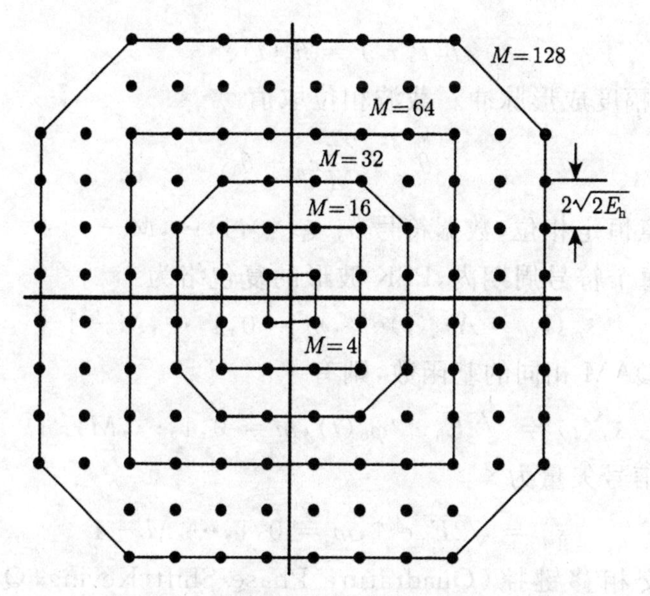

图 3-3　几种矩形 QAM 的信号空间图

脉冲幅度调制(Pulse Amplitude Modulation,PAM)可看成 QAM 的一种特例,信息只用载波的余弦分量进行传输,即 $x_m = x_{\mathrm{I},m} \in \{\pm 1, \pm 3, \cdots, \pm (M-1)\}$,其对应的复信号矢量为

$$\tilde{s}_m(t) = \sqrt{2E_h}(2M-1-m), m = 1,\cdots,M \tag{3-10}$$

4-PAM 和 8-PAM 的信号空间图如图 3-4 所示。

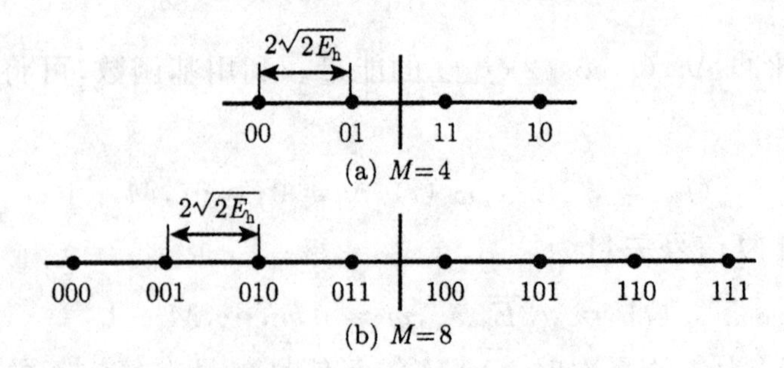

图 3-4 PAM 的信号空间图

(2)相移键控

相移键控信号(Phase Shift Keying,PSK)的复包络形式为

$$\tilde{s}(t) = A\sum_{n} b(t-nT, x_n) \tag{3-11}$$

其中

$$b(t,x_n) = h_a(t)e^{j\theta_n} \tag{3-12}$$

$h_a(t)$ 为幅度成形脉冲。载波相位取值

$$\theta_n = \frac{2\pi}{M}x_n + \theta_0 \tag{3-13}$$

θ_0 为任意恒定相位,数据符号 $x_n \in \{0,1,\cdots,M-1\}$。

在每个符号周期内,PSK 波形的复包络为

$$\tilde{s}_m(t) = Ah_a(t)e^{j\theta m}, m = 0,1,\cdots,M-1 \tag{3-14}$$

采用与 QAM 相同的基函数,则有

$$\tilde{s}_m(t) = \sqrt{2E_h}\,e^{j\theta m}\varphi_0(t), m = 0,1,\cdots,M-1 \tag{3-15}$$

PSK 复信号矢量为

$$\tilde{s}_m = \sqrt{2E_h}\,e^{j\theta m}, m = 0,1,\cdots,M-1 \tag{3-16}$$

正交相移键控(Quadrature Phase Shift Keying,QPSK)与 4QAM 等效,其中 $x_n = x_{I,n} + jx_{Q,n}$ 且 $x_{I,n}, x_{Q,n} \in \left\{-\frac{1}{\sqrt{2}}, +\frac{1}{\sqrt{2}}\right\}$,QPSK 信号在相邻符号之间存在±90°或 180°相移。

对于偏移(Offset)QPSK(OQPSK)调制,复包络为

$$\tilde{s}(t) = A\sum_{n} b(t-nT, x_n) \tag{3-17}$$

其中

$$b(t,x_n) = x_{\mathrm{I},n}h_{\mathrm{a}}(t) + \mathrm{j}x_{\mathrm{Q},n}h_{\mathrm{a}}(t - T_{\mathrm{b}}) \tag{3-18}$$

$T_{\mathrm{b}} = T/2$ 为比特间隔，OQPSK 信号每 T_{b} 秒相位变化 $\pm 90°$，消除了 QPSK 中存在的 $180°$ 相移。对于 OQPSK 信号，幅度成形脉冲 $h_{\mathrm{a}}(t)$ 一般取根升余弦脉冲。与 QPSK 相比，OQPSK 的优势在于其峰值平均功率比（Peak-to-Average Power Ratio，PAPR）较低，可降低对后续功率放大器的线性度要求，常用于卫星通信系统。峰值平均功率比定义为

$$\mathrm{PAPR} = \lim_{T\to\infty} \frac{\max\limits_{0\leqslant t\leqslant T} |\tilde{s}(t)|^2}{\int_0^{\mathrm{T}} |\tilde{s}(t)|^2 \mathrm{d}t / T} \tag{3-19}$$

QPSK 另一个变型是 π/4-DQPSK，其信息使用载波相位差来表示。令 θ_n 为第 n 个数据符号的绝对载波相位，$\Delta\theta_n = \theta_n - \theta_{n-1}$ 为相位差。π/4-DQPSK 中将数据序列 $\{x_n\}$，$x_n \in \{\pm 1, \pm 3\}$ 与差分相位映射为

$$\Delta\theta_n = x_n \frac{\pi}{4} \tag{3-20}$$

π/4-DQPSK 信号的复包络为

$$\tilde{s}(t) = A\sum_n b(t - nT, x_n) \tag{3-21}$$

其中

$$\begin{aligned} b(t,x_n) &= h_{\mathrm{a}}(t)\exp\left[\mathrm{j}\left(\theta_{n-1} + x_n\frac{\pi}{4} + \theta_0\right)\right] \\ &= h_{\mathrm{a}}(t)\exp\left[\mathrm{j}\,\frac{\pi}{4}\left(x_n + \sum_{n=-\infty}^{n-1} x_{\mathrm{k}}\right) + \theta_0\right] \end{aligned}$$

式中，指数项中 x_n 表示第 n 个符号带来的相位变化，求和项表示累积载波相位。设 $\theta_0 = 0$，则在偶数符号间隔内，绝对载波相位取自集合 $\{0, \pi/2, \pi, 3\pi/2\}$；在奇数波特间隔内，绝对载波相位取自集合 $\{\pi/4, 3\pi/4, 5\pi/4, 7\pi/4\}$，也就是说，在每个符号间隔内引入额外 π/4 相移。$h_{\mathrm{a}}(t)$ 一般取根升余弦脉冲。π/4-DQPSK 的优势在于符号同步更容易实现。图 3-5 给出了 QPSK、OQPSK 和 π/4-DQPSK 的信号空间图，其中的点线代表可能的相位转移。

可以看出，QPSK 的相位转移轨迹会通过原点，而 OQPSK 和 π/4-DQPSK 的相位转移不通过原点。如上所述，这使得后两者的峰值平均功率比降低。

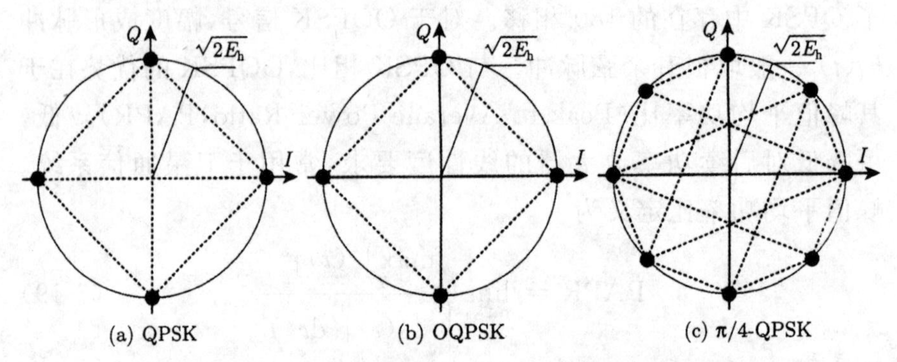

图 3-5 QPSK、OQPSK 和 π/4-DQPSK 的信号空间图

对于上述几种相位调制方式，接收端可以采用相干检测、差分相干检测或鉴相检测等方式来实现解调。其中，QPSK 被 IS-95 标准和 IEEE 802.11 标准用作基带信号调制技术，π/4-DQPSK 被北美的第二代数字蜂窝移动通信标准 IS-136 以及欧洲数字移动数据业务 TETRA 标准所采纳。

(3)正交调制

正交调制(Orthogonal Modulation)利用一组正交波形集合来承载信息，实现方式多样。

1)正交 FSK 调制

正交 M 进制频移键控(M-ary Frequency Shift Keying，M-FSK)采用 M 个不同载波频率来表示信息，其复包络为

$$\tilde{s}(t) = A\sum_{n} b(t-nT, x_n) \tag{3-22}$$

其中

$$b(t, x_n) = \mathrm{e}^{\mathrm{j}x_n \pi \Delta f t} u_{\mathrm{T}}(t) \tag{3-23}$$

其中，$x_n \in \{\pm 1, \pm 3, \cdots, \pm M-1\}$；$u_{\mathrm{T}}(t) = u(t) - u(t-T)$ 为时宽 T 的单位幅度矩形脉冲，$u(t)$ 为单位阶跃函数(Unit Step Function)。在每个符号周期内的 M-FSK 复包络为

$$\tilde{s}_m(t) = A\mathrm{e}^{\mathrm{j}x_n \pi \Delta f t} u_{\mathrm{T}}(t), m = 0, 1, \cdots, M-1 \tag{3-24}$$

选择最小正交频率间隔 $\Delta f = 1/(2T)$，则 $\tilde{s}_m(t), m = 0,1,\cdots,M-1$ 相互正交(Orthogonal)。因而 M-FSK 信号矢量维数为 M，基函数为

$$\varphi_i(t) = \sqrt{\frac{A^2}{2E_{\mathrm{h}}}}\mathrm{e}^{\mathrm{j}x_i\pi\Delta ft}u_{\mathrm{T}}(t), i = 0,1,\cdots,M-1 \qquad (3\text{-}25)$$

其中，$E_{\mathrm{h}} = A^2T/2$ 为带通脉冲 $Au_{\mathrm{T}}(t)\cos(2\pi f_0 t)$ 的能量。因而 M-FSK 复信号矢量可写为

$$\tilde{s}_m = \sqrt{2E_{\mathrm{h}}}\,e_m, m = 0,1,\cdots,M-1 \qquad (3\text{-}26)$$

其中，$e_{\mathrm{m}} = (e_0, e_1, \cdots, e_{M-1})$，$e_{\mathrm{j}} = \delta_{\mathrm{j}m}$ 为 M 元单位矢量，只有在第 m 位 $e_m = 1$，其余均为 0。

2)基于沃尔什码的正交调制

沃尔什码来源于哈达玛矩阵 $\boldsymbol{H}_{\mathrm{M}}$，$\boldsymbol{H}_{\mathrm{M}}$ 矩阵按如下递推方式产生

$$\boldsymbol{H}_{\mathrm{M}} = \begin{bmatrix} \boldsymbol{H}_{M/2} & \boldsymbol{H}_{M/2} \\ \boldsymbol{H}_{M/2} & -\boldsymbol{H}_{M/2} \end{bmatrix}$$

其中，$\boldsymbol{H}_1 = [+1]$。如

$$\boldsymbol{H}_2 = \begin{bmatrix} +1 & +1 \\ +1 & -1 \end{bmatrix}$$

$$\boldsymbol{H}_4 = \begin{bmatrix} +1 & +1 & +1 & +1 \\ +1 & -1 & +1 & -1 \\ +1 & +1 & -1 & -1 \\ +1 & -1 & -1 & +1 \end{bmatrix}$$

$$\boldsymbol{H}_8 = \begin{bmatrix} +1 & +1 & +1 & +1 & +1 & +1 & +1 & +1 \\ +1 & -1 & +1 & -1 & +1 & -1 & +1 & -1 \\ +1 & +1 & -1 & -1 & +1 & +1 & -1 & -1 \\ +1 & -1 & -1 & +1 & +1 & -1 & -1 & +1 \\ +1 & +1 & +1 & +1 & -1 & -1 & -1 & -1 \\ +1 & -1 & +1 & -1 & -1 & +1 & -1 & +1 \\ +1 & +1 & -1 & -1 & -1 & -1 & +1 & +1 \\ +1 & -1 & -1 & +1 & -1 & +1 & +1 & -1 \end{bmatrix}$$

哈达玛矩阵各行之间是相互正交(Mutual Orthogonal)的，形成正交沃尔什码，因而可以构建 M 个等能量正交波形

$$\tilde{s}_m(t) = A\sum_{k=1}^{M} h_{mk} h_c(t - kT_c), m = 0,1,\cdots,M-1 \quad (3\text{-}27)$$

其中，h_{mk} 是哈达玛矩阵 $\boldsymbol{H}_M$ 第 $m+1$ 行的第 k 个元素；$h_c(t)$ 为成形脉冲，宽度为 T_c 或者是以 T_c 等间隔过零的满足奈奎斯特准则的脉冲。符号宽度为 $T = MT_c$ 。$\tilde{s}_m(t)$ 波形能量为

$$E_h = \frac{MA^2}{2}\int_{-\infty}^{\infty} h_c^2(t)\mathrm{d}t \quad (3\text{-}28)$$

选择基函数为

$$\varphi_i(t) = \frac{A}{E_h}\sum_{k=1}^{M} h_{ik} h_c(t - kT_c), i = 0,1,\cdots,M-1 \quad (3\text{-}29)$$

信号矢量为

$$\tilde{s}_m = \sqrt{2E_h}\, e_m, m = 0,1,\cdots,M-1 \quad (3\text{-}30)$$

这种调制在某些码分多址蜂窝系统的下行链路得到应用，如 CDMA2000 和 IS-95A/B 标准。

3)双正交信号

$M/2$ 个正交信号及其负值信号可以构成一组 M 个双正交信号(Bi-orthogonal Signal)集合。M 进制双正交波形的复信号矢量为

$$\tilde{s}_m = \begin{cases} \sqrt{2E_h}\, e_m, m = 0,1,\cdots,M/2-1 \\ -\tilde{s}_{m-M/2}, m = M/2,\cdots,M-1 \end{cases} \quad (3\text{-}31)$$

其中，e_m 为 $M/2$ 元矢量。

4)正交多脉冲调制

前面基于沃尔什码的正交调制方式中在一个符号周期 $T = MT_c$ 内只能传送 $k = \log_2 M$ 个数据比特。一种频谱利用效率更高的正交多脉冲调制(Orthogonal Multipulse Modulation)方式是用哈达玛矩阵 $\boldsymbol{H}_M$ 的各行定义 M 个正交的幅度成形脉冲

$$h_i(t) = A\sum_{k=0}^{M-1} h_{ik} h_c(t - kT_c), i = 0,1,\cdots,M-1 \quad (3\text{-}32)$$

成形脉冲时宽 $T = MT_c$。符号宽度为 T_c 的串行数据按 M 个一组作串并变换，变换为并行数据符号 $\boldsymbol{x}_n = (x_{n0}, x_{n1}, \cdots, x_{n(M-1)})$，并行数据符号每个元素用 M 个正交的幅度成形脉冲之一进行传输，传输信号的复包络为

$$\tilde{s}(t) = A\sum_{n} b(t - nT, \boldsymbol{x}_n) \tag{3-33}$$

其中

$$b(t, \boldsymbol{x}_n) = \sum_{k=0}^{M-1} x_{n,k} h_k(t) \tag{3-34}$$

这样，在时宽 $T = MT_c$ 内能传输 M 个数据比特，频谱利用效率得到提高。

(4)正交频分复用

前述各调制方式均为采用单一射频(RF)载波的单载波调制方式，另一类调制为使用多个子载波并行传输信息的多载波调制。正交频分复用(Orthogonal Frequency Division Multiplexing, OFDM)是最常用的多载波调制方式，OFDM 概念最早在 20 世纪 60 年代提出。目前，数字视频广播(DVB)、无线局域网(WLAN)标准 IEEE 802.11 a/g/n/p、微波互联接入(WiMAX)标准 IEEE 802.16 和 802.16e、无线区域网(Wireless Regional Area Network, WRAN)标准 IEEE 802.22 以及蜂窝系统标准 3GPP LTE 等标准均采用 OFDM 调制技术。

OFDM 是一种分组调制方案，利用多个正交子载波同时对多个并行数据符号进行调制。将周期 T_s 的数据符号分组，每组 N 个符号，串并变换成 N 长并行数据符号，时宽 $T = NT_s$，N 长数据符号每个元素用一个子载波进行调制，共 N 个子载波，子载波频率间隔 $1/T$ 以保证正交性。

OFDM 信号的复包络为

$$\tilde{s}(t) = A\sum_{n} b(t - nT, \boldsymbol{x}_n) \tag{3-35}$$

其中

$$b(t, \boldsymbol{x}_n) = h_a(t)\sum_{k=0}^{N-1} x_{n,k} \exp\left[\mathrm{j}\,\frac{2\pi\left(k - \frac{N-1}{2}\right)t}{T}\right] \tag{3-36}$$

其中，n 为分块序号；N 为分块长度；$\boldsymbol{x}_n=\{x_{n,0},x_{n,1},\cdots,x_{n,(N-1)}\}$ 为第 n 个数据符号块；频偏 $\exp[-\mathrm{j}\pi(N-1)t/T]$ 确保带通信号以载波为中心。

数据符号 $x_{n,k}$ 通常取自 QAM 或 PSK 星座图。如果选用矩形成形脉冲 $h_{\mathrm{a}}(t)=Au_{\mathrm{T}}(t)$，则子载波间隔 $\Delta f=1/T$ 能确保其正交性。也可选择其他形式的成形脉冲但子载波正交性能降低。合理选择 Δf 使信道响应在每个子带内基本上保持常数，这样 ISI 就可忽略从而无须信道均衡。换言之，合理选择分组长度使得 $T=NT_{\mathrm{s}}\gg LT_{\mathrm{s}}$，$LT_{\mathrm{s}}$ 为信道冲激响应长度，并在 OFDM 分块之间插入保护间隔(Guard Interval) $GT_{\mathrm{s}}\geqslant LT_{\mathrm{s}}$。

保护间隔可用循环前缀(Cyclic Prefix)或循环后缀(Cyclic Suffix)来实现。对于循环后缀方式，OFDM 信号复包络为

$$\tilde{s}_{\mathrm{g}}(t)=\begin{cases}\tilde{s}(t), & 0\leqslant t\leqslant T\\ \tilde{s}(t-T), & T\leqslant t\leqslant(1+\alpha_{\mathrm{g}})T\end{cases}\tag{3-37}$$

其中，$\alpha_{\mathrm{g}}T=GT_{\mathrm{s}}$ 为保护间隔长度。采用循环后缀的 OFDM 信号可重写为

$$\tilde{s}_{\mathrm{g}}(t)=A\sum_{n}b(t-nT_{\mathrm{g}},x_n)\tag{3-38}$$

其中

$$b(t,x_n)=U_{\mathrm{T}}(t)\sum_{k=0}^{N-1}x_{n,k}\mathrm{e}^{\mathrm{j}2\pi kt/T}+U_{\alpha_{\mathrm{g}}T}(t-T)\sum_{k=0}^{N-1}x_{n,k}\mathrm{e}^{\mathrm{j}2\pi k(t-T)/T}\tag{3-39}$$

$T_{\mathrm{g}}=(1+\alpha_{\mathrm{g}})T$ 为增加保护间隔后的 OFDM 符号周期。这里为表示方便，忽略了频偏项，即 $\exp[-\mathrm{j}\pi(N-1)t/T]$。

同理，若采用循环前缀，则相应有

$$\tilde{s}_{\mathrm{g}}(t)=\begin{cases}\tilde{s}(t+T), & -\alpha_{\mathrm{g}}T\leqslant t\leqslant 0\\ \tilde{s}(t), & 0\leqslant t\leqslant T\end{cases}\tag{3-40}$$

和

$$b(t,\boldsymbol{x}_n)=U_{\alpha_{\mathrm{g}}T}(t+T)\sum_{k=0}^{N-1}x_{n,k}\mathrm{e}^{\mathrm{j}2\pi k(t+T)/T}+U_{\mathrm{T}}(t)\sum_{k=0}^{N-1}x_{n,k}\mathrm{e}^{\mathrm{j}2\pi kt/T}\tag{3-41}$$

OFDM 的最大优势可用离散傅里叶反变换（IDFT）来实现，快速傅里叶反变换（IFFT）算法可有效实现 IDFT。为简化分析，考虑 $nT \leqslant t \leqslant (n+1)T$ 间隔并忽略频偏，$h_{\mathrm{a}}(t) = Au_{\mathrm{T}}(t)$，则复包络为

$$\tilde{s}(t) = AU_{\mathrm{T}}(t-nT)\sum_{k=0}^{N-1} x_{n,k}\exp\left(\mathrm{j}\,\frac{2\pi kt}{NT_{\mathrm{s}}}\right), nT \leqslant t \leqslant (n+1)T \tag{3-42}$$

按 $t = mT_{\mathrm{s}}$ 进行抽样得抽样序列

$$X_{n,m} = \tilde{s}(mT_{\mathrm{s}}) = A\sum_{k=0}^{N-1} x_{n,k}\exp\left(\mathrm{j}\,\frac{2\pi km}{N}\right), m = 0,1,\cdots,N-1 \tag{3-43}$$

矢量 $\boldsymbol{X}_n = \{X_{n,m}\}_{m=0}^{N-1}$ 正好是矢量 $A\boldsymbol{x}_n = A\{x_{n,k}\}_{k=0}^{N-1}$ 的离散傅里叶反变换。与传统表示方式不同，这里小写矢量 $A\boldsymbol{x}_n$ 表示频域系数而大写矢量 $\boldsymbol{X}_n$ 表示时域系数。

当采用 IFFT 算法实现 OFDM 时，幅度成形脉冲 $h_{\mathrm{a}}(t)$ 就不再是理想矩形脉冲了，而是矩形脉冲的离散时间近似，取冲激脉冲串

$$\delta_{\mathrm{T}}(t) = \sum_{k=0}^{N-1}\delta(t-kT_{\mathrm{s}}) \tag{3-44}$$

通过理想低通滤波器 $h(t) = \mathrm{sinc}(t/T_{\mathrm{s}})$ 得到幅度成形脉冲

$$h_{\mathrm{a}}(t) = \sum_{k=0}^{N-1}\mathrm{sinc}(t/T_{\mathrm{s}}-k) \tag{3-45}$$

采用 OFDM 的另一优势是减轻 ISI。假设采用循环后缀，则发送抽样序列为

$$X_{n,m}^{g} = X_{n,(m)_{\mathrm{N}}} = A\sum_{k=0}^{N-1} x_{n,k}wxp\left(\mathrm{j}\,\frac{2\pi km}{N}\right),$$
$$m = 0,1,\cdots,N+G-1 \tag{3-46}$$

其中，G 为保护间隔长度；$(m)_{\mathrm{N}}$ 为 m 模 N 的余。这样得到矢量 $X_n^g = \{X_{n,m}^g\}_{m=0}^{N+G-1}$，其前 G 个分量与最后 G 个分量相同。

假设采用循环前缀，则发送抽样序列为

$$X_{n,m}^{g}=X_{n,(m)\mathrm{N}}=A\sum_{k=0}^{N-1}x_{n,k}\exp\left(\mathrm{j}\,\frac{2\pi km}{N}\right),$$
$$m=-G,\cdots,-1,0,1\cdots,N-1 \tag{3-47}$$

这样得到矢量 $\boldsymbol{X}_{n}^{g}=\{X_{n,m}^{g}\}_{m=-G}^{N-1}$。同样,其前 G 个分量与最后 G 个分量相同。

这里需要注意,插入保护间隔后的样本间隔 $T_{\mathrm{s}}^{\mathrm{g}}$ 变窄以保证插入保护间隔前后 OFDM 符号块的时宽保持不变,即 $(N+G)T_{\mathrm{s}}^{\mathrm{g}}=NT_{\mathrm{s}}$。

通过 IDFT 实现 OFDM 复信号包络时,可将 IDFT 输出的复值矢量 $\boldsymbol{X}_{n}$ 分解成实部 $\mathrm{Re}(\boldsymbol{X}_{n})$ 和虚部 $\mathrm{Im}(\boldsymbol{X}_{n})$ 两部分,然后分别将这两个序列 $\{\mathrm{Re}(X_{n,m})\}$ 和 $\{\mathrm{Im}(X_{n,m})\}$ 输入一对平衡数模变换器(DAC)得到 $nT\leqslant t\leqslant(n+1)T$ 时间间隔内的实分量 $\tilde{s}_{\mathrm{I}}(t)$ 和虚分量 $\tilde{s}_{\mathrm{Q}}(t)$。由此得到的 OFDM 基带调制器如图 3-6 所示,由 IDFT、插入保护间隔和 DAC 等几个部分构成。

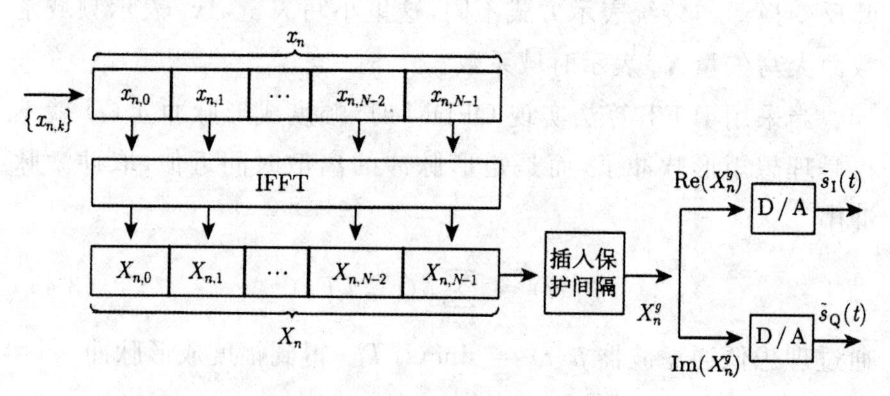

图 3-6 OFDM 基带调制器框图

在 OFDM 接收信号分析过程中,将 D/A 变换、波形信道、抗混叠(Anti Aliasing)滤波器、A/D 变换等组合为等效离散时间信道,抽样冲激响应为 $\{gk\}_{k=0}^{L}$,LT_{s} 为信道冲激响应长度。以采用循环后缀为例,发射序列 $\{X_{n,m}^{g}\}_{m=0}^{N+G-1}$。与离散信道响应的离散时间卷积得到接收序列 $\{R_{n,m}^{g}\}$

$$R_{n,m}^{g}=\sum_{k=0}^{L}g_{k}X_{n,m-k} \tag{3-48}$$

分组接收时,前面 $G\geqslant L$ 个取样值假设受前面分组的 ISI 影响,将这些样值用循环后缀代替

$$R_{n,m}=R^{g}_{n,\mathrm{G}+(m-\mathrm{G})_{n}}=\sum_{k=0}^{L}g_{\mathrm{k}}X_{n,(m-k)_{\mathrm{N}}},0\leqslant m\leqslant N-1 \tag{3-49}$$

OFDM 解调器对接收矢量 $\boldsymbol{R}_{n,m}=\{R_{n,m}\}_{m=0}^{N-1}$ 作 FFT,解调输出序列为

$$Z_{n,i}=\frac{1}{N}\sum_{m=0}^{N-1}R_{n,m}\mathrm{e}^{-\mathrm{j}2\pi mi/N}=\eta_{i}Ax_{n,i},0\leqslant i\leqslant N-1 \tag{3-50}$$

其中

$$\eta_{i}=\sum_{k=0}^{L}g_{k}\mathrm{e}^{-\mathrm{j}2\pi ki/N} \tag{3-51}$$

$Z_{n,i}$ 等效于 $Ax_{n,i}$ 乘以等效复信道增益 η_i,由信道引起的 ISI 完全被消除。当存在噪声时,$Z_{n,i}$ 则作为数据符号判决的判决变量。

2. 有记忆调制信号

前面分析的各种调制技术属于无记忆调制,在不重叠的符号间隔所发送信号之间无相关性。有记忆调制的前后符号信号之间相关,引入相关的目的通常是得到合适的发送信号频谱。常用的为连续相位调制。在这类调制中,信号相位限制为连续变化的,这一约束使得这类调制是非线性调制。

(1)连续相位调制

载波相位保持连续变化的频率调制被称为连续相位调制(Continuous Phase Modulation,CPM)。CPM 的优势在于具有恒包络和良好频谱特性,如窄主瓣和快速滚降旁瓣。

广义 CPM 波形的复包络为

$$\tilde{s}(t)=A\exp\{\mathrm{j}[\phi(t)+\theta_{0}]\} \tag{3-52}$$

其中,A 为信号幅度;θ_0 为 $t=0$ 时的载波初始相位;附加相位(Excess Phase)

$$\phi(t)=2\pi\int_{0}^{t}\sum_{k=0}^{\infty}h_{k}x_{k}h_{\mathrm{f}}(\tau-kT)\mathrm{d}\tau \tag{3-53}$$

其中,$\{x_k\}$ 为待传数据符号序列,符号周期为 T,数据符号取值为 $x_k\in\{\pm 1,\pm 3,\cdots,\pm(M-1)\}$;$\{h_k\}$ 为调制指数(Modulation Index)序列,当 $h_k = h$ 时调制指数对所有符号固定。对于多重 hCPM,$\{h_k\}$ 以循环方式在 H 个调制指数 $h_k \in \{\hat{h}_1, \hat{h}_2, \cdots, \hat{h}_H\}$ 中周期选择,即 $h_{i+H} = h_i$;$h_f(t)$ 为频域成形函数(Frequency Shaping Function),限制在 $0 \leqslant t \leqslant LT$ 时间范围内取值,并归一化使其面积为 1/2。$L = 1$ 对应全响应(Full Response)CPM,$L > 1$ 对应部分响应(Partial Response)CPM。通过选择不同的成形脉冲 $h_f(t)$、调制指数 h_k 和符号数目 M 可以产生各种 CPM 信号。

在频域成形函数 $h_f(t)$ 的基础上定义相位成形函数(Phase Shaping Function)

$$\beta(t) = \begin{cases} 0, t < 0 \\ \int_0^t h_f(\tau)\mathrm{d}\tau, 0 \leqslant t \leqslant LT \\ 1/2, t \geqslant LT \end{cases} \tag{3-54}$$

(2)全响应 CPM

对单一调制指数 $h_i = h$ 的全响应 CPM 信号,在时间段 $[nT, (n+1)T]$ 内,调制信号相位为

$$\begin{aligned} \phi(t) &= 2\pi h \int_0^{nT} \sum_{k=0}^{n-1} x_k h_f(\tau - kT)\mathrm{d}\tau + 2\pi h \int_{nT}^{t} x_n h_f(\tau - nT)\mathrm{d}\tau \\ &= \pi h \sum_{k=0}^{n-1} x_k + 2\pi h x_n \beta(t - nT) \end{aligned} \tag{3-55}$$

其中,第一项求和代表到时间 nT 时的累积附加相位;第二项代表在 $[nT, (n+1)T]$ 内的相位增量部分。因此,全响应 CPM 的复包络可写为

$$\tilde{s}(t) = A \sum_n b(t - nT, x_n) \tag{3-56}$$

其中

$$b(t, \boldsymbol{x}_n) = \exp\left\{\mathrm{j}\left[\pi h \sum_{k=0}^{n-1} x_k + 2\pi h x_n \beta(t)\right]\right\} u_T(t) \tag{3-57}$$

这里假设初相 $\theta_0 = 0$。

1)连续相位频移键控

全响应 CPM 的一个特例是连续相位频移键控(Continuous

Phase Frequency Shilt Keying，CPFSK），采用 $L=1$ 的矩形频域成形函数，其相位成形函数为

$$\beta(t)=\begin{cases}0, t<0\\ t/(2T), 0\leqslant t\leqslant LT\\ 1/2, t\geqslant LT\end{cases} \tag{3-58}$$

2）最小频移键控

最小频移键控（Minimum Shift Keying，MSK）是二进制 CPFSK 的一个特例，调制指数 $h=1/2$。MSK 带通信号形式为 $s(t)=A\cos\phi_c(t)$，$\phi_c(t)=2\pi f_0 t+\phi(t)+\theta_0$。假设 $\theta_0=0$，在 $t\in[nT, \pm(n+1)T]$ 内的相位为

$$\begin{aligned}\phi_c(t)&=2\pi f_0 t+\frac{\pi}{2}\sum_{k=0}^{n-1}x_k+\frac{\pi}{2}x_n\frac{t-nT}{T}\\&=\left(2\pi f_0+\frac{\pi x_n}{2T}\right)t+\frac{\pi}{2}\sum_{k=0}^{n-1}x_k-\frac{n\pi}{2}x_n\end{aligned} \tag{3-59}$$

在每个符号周期间隔结束时，附加相位都取 $\pi/2$ 的整数倍，模 2π 后的取值为有限集合 $\{0, \pi/2, \pi, 3\pi/2\}$。

考虑带通形式

$$s(t)=A\cos\left[2\pi\left(f_0+\frac{x_n}{4T}\right)t+\frac{\pi}{2}\sum_{k=0}^{n-1}x_k-\frac{n\pi}{2}x_n\right] \tag{3-60}$$

可见，MSK 信号有两个可能频率

$$f_L=f_0-\frac{1}{4T}, f_U=f_0+\frac{1}{4T} \tag{3-61}$$

频差 $\Delta f=f_U-f_L=\dfrac{1}{2T}$，这是保证时宽 T 的正弦波正交性的最小频率间隔，也是被称为 MSK 的原因。

通过线性化处理，由 $b(t, \boldsymbol{x}_n)$ 可以求得 MSK 的复包络为

$$\tilde{s}(t)=A\sum_n\left[x_{I,n}h_a(t-2nT)+\mathrm{j}x_{Q,n}h(t-2nT-T)_a\right] \tag{3-62}$$

其中

$$x_{I,n}=-x_{Q,n-1}x_{2n-1}, x_{Q,n}=x_{I,n}x_{2n}$$

$$h_{\mathrm{a}}(t)=\cos\left(\frac{\pi t}{2T}\right)u_{2\mathrm{T}}(t+T),h_{\mathrm{a}}(t-T)=\sin\left(\frac{\pi t}{2T}\right)u_{2\mathrm{T}}(t)$$

$\{x_{\mathrm{I},n}\}$ 和 $\{x_{\mathrm{Q},n}\}$ 为独立二进制符号序列，取值于集合 $\{+1,-1\}$；$h_{\mathrm{a}}(t)$ 的时宽为 $2T$ 。这样，$\{x_{\mathrm{I},n}\}$ 和 $\{x_{\mathrm{Q},n}\}$ 在两个正交分支上进行传输，时间偏移 T 均采用半正弦幅度成形，因此，MSK 可以看成采用半余弦幅度成形脉冲的偏移正交幅度键控(Offset Quadrature Amplitude Shift Keying，OQASK)调制。

(3)部分响应 CPM

部分响应(Partial Response)CPM 信号的频域成形脉冲 $h_{\mathrm{f}}(t)$ 宽度为 $LT,L>1$，在频谱特性方面优于全响应 CPM。部分响应 CPM 频域成形脉冲可用时宽 T 的脉冲写为

$$h_{\mathrm{f}}(t)=\sum_{k=0}^{L-1}h_{\mathrm{f}}(t)u_{\mathrm{T}}(t-kT)=\sum_{k=0}^{L-1}h_{\mathrm{f},k}(t-kT) \tag{3-63}$$

其中，$h_{\mathrm{f},k}(t)=h_{\mathrm{f}}(t+kT)u_{\mathrm{T}}(t)$ 。类似地，相位成形函数可写为

$$\beta(t)=\sum_{k=0}^{L-1}\beta_k(t-kT) \tag{3-64}$$

其中，$\beta_k(t)=\beta(t+kT)u_{\mathrm{T}}(t)$，且有

$$\beta_k(t)=\begin{cases}0,t<0\\ \int_0^t h_{\mathrm{f},k}(\tau)\mathrm{d}\tau,0\leqslant t\leqslant T\\ \beta_k(T),t\geqslant T\end{cases} \tag{3-65}$$

和

$$\sum_{K=0}^{l-1}\beta_k(T)=\frac{1}{2} \tag{3-66}$$

对单一调制指数部分响应 CPM，$h_i=h$，其中附加相位的积分变量可写为

$$\begin{aligned}x(t)&=\sum_n x_n h_{\mathrm{f}}(t-nT)=\sum_n\sum_{k=0}^{L-1}x_n h_{\mathrm{f},k}[t-(n+k)T]\\&=\sum_m\sum_{k=0}^{L-1}x_{m-k}h_{\mathrm{f},k}(t-mT)\end{aligned} \tag{3-67}$$

也可写成

$$x(t)=\sum_{m}h_{\mathrm{f}}(t-mT,x_m) \tag{3-68}$$

其中，等效 T 宽频域成形脉冲为

$$h_{\mathrm{f}}(t,\boldsymbol{x}_m)=\sum_{k=0}^{L-1}x_{m-k}h_{\mathrm{f},k}(t) \tag{3-69}$$

$\boldsymbol{x}_m=(x_m,x_{m-1},\cdots,x_{m-L+1})$。类似地，等效 T 宽相位成形函数定义为

$$\beta(t,\boldsymbol{x}_m)=\sum_{k=0}^{L-1}x_{m-k}\beta_k(t) \tag{3-70}$$

因此，部分响应 CPM 成形函数 $h_{\mathrm{f}}(t)$ 和 $\beta(t)$ 可以用时宽 T 的等效成形函数 $h_{\mathrm{f}}(t,\boldsymbol{x}_m)$ 和 $\beta(t,\boldsymbol{x}_m)$ 代替，等效成形函数与当前符号和前面 $L-1$ 个数据符号有关。

从前面分析可见，部分响应 CPM 信号的复包络写成标准形式为

$$\tilde{s}(t)=A\sum_{n}b(t-nT,\boldsymbol{x}_n) \tag{3-71}$$

其中

$$b(t,\boldsymbol{x}_n)=\exp\left\{\mathrm{j}2\pi h\left[\sum_{i=0}^{n-1}\beta(T,\boldsymbol{x}_i)+\beta(t,\boldsymbol{x})\right]\right\}u_{\mathrm{T}}(t) \tag{3-72}$$

这里假设初相 $\theta_0=0$。在 $[nT,(n+1)T]$ 之间的附加相位为

$$\begin{aligned}\phi(t)&=2\pi h\int_0^t\sum_{k=0}^{n}x_kh_{\mathrm{f}}(\tau-kT)\mathrm{d}\tau\\&=\pi h\sum_{k=0}^{n-L}x_k+2\pi h\sum_{k=n-L+1}^{n}x_k\beta(t-kT)\\&=\theta_n+2\pi h\sum_{k=n-L+1}^{n-1}x_k\beta(t-kT)+2\pi hx_n\beta(t-kT)\end{aligned} \tag{3-73}$$

其中

$$\theta_n=\pi h\sum_{k=0}^{n-L}x_k \tag{3-74}$$

为累积相位状态(Phase State)。在 $[nT,(n+1)T]$ 内附加相位同当前输入符号 x_n、前面 $L-1$ 个数据符号 $\{x_{n-1},x_{n-2},\cdots,$

$x_{n-L+1}\}$ 以及累积相位状态 θ_n 有关。在 $t=nT$ 时刻,CPM 信号的状态可表示为

$$S_n=(\theta_n,x_{n-1},x_{n-2},\cdots,x_{n-L+1}) \tag{3-75}$$

由于矢量($x_{n-1},x_{n-2},\cdots,x_{n-L+1}$)有 M^{L-1} 种不同取值,因此状态数为 θ_n 取值数目的 M^{L-1} 倍。

CPM 信号的调制指数通常为有理数(Rational Number), $h=m/p$,其中 m 和 p 互为素数,这一约束使得相位状态数为有限值,若 m 为偶数,则

$$\theta_n\in\left\{0,\frac{m\pi}{p},\frac{2m\pi}{p},\cdots,\frac{(p-1)m\pi}{p}\right\} \tag{3-76}$$

若 m 为奇数,则

$$\theta_n\in\left\{0,\frac{m\pi}{p},\frac{2m\pi}{p},\cdots,\frac{(2p-1)m\pi}{p}\right\} \tag{3-77}$$

因此,当 m 为偶数时,有 p 个相位状态,当 m 为奇数时,有 $2p$ 个相位状态。这样,CPM 状态数为

$$S=\begin{cases}pM^{l-1},m\ 为偶数\\ 2pM^{l-1},m\ 为奇数\end{cases}$$

CPM 信号无法用信号空间图描述,但可以用相位状态变化轨迹构成的相位状态图来描述。

(4)高斯最小键控(GMSK)

对于 MSK 调制信号

$$x(t)=\sum_{n=-\infty}^{\infty}x_nh_{\mathrm{f}}(t-nT)=\frac{1}{2T}\sum_{n=-\infty}^{\infty}x_n,u_{\mathrm{T}}(t-nT) \tag{3-78}$$

为进一步改进频谱特性,在调制前用低通滤波器滤除高频成分获得更为紧凑的功率谱。高斯最小键控(Gaussian Minimum Shift Keying,GMSK)就是这样一种特殊的部分响应 CPM。调制前低通滤波器的传递函数为高斯函数

$$H(f)=\exp\left[-\left(\frac{f}{B}\right)^2\frac{\ln 2}{2}\right] \tag{3-79}$$

其中, B 为滤波器的 3dB 带宽。发射矩形脉冲

$$\frac{1}{2T}\mathrm{rect}(t/T)=\frac{1}{2T}u_{\mathrm{T}}(t+T/2) \tag{3-80}$$

经过滤波器后得频域成形函数

$$\begin{aligned}h_{\mathrm{f}}(t)&=\frac{1}{2T}\sqrt{\frac{2\pi}{\ln 2}}BT\int_{t/T-1/2}^{t/T+1/2}\exp\left[-\frac{2\pi^2(BT)^2x^2}{\ln 2}\right]\mathrm{d}x\\&=\frac{1}{2T}\left(Q\frac{t/T-1/2}{\sigma}-Q\frac{t/T+1/2}{\sigma}\right)\end{aligned} \tag{3-81}$$

其中

$$Q(x)=\frac{1}{\sqrt{2\pi}}\int_{x}^{\infty}\mathrm{e}^{-y^2/2}\mathrm{d}y,\sigma^2=\frac{\ln 2}{4\pi^2(BT)^2} \tag{3-82}$$

图 3-7 所示为不同 BT 下的归一化频域成形函数。

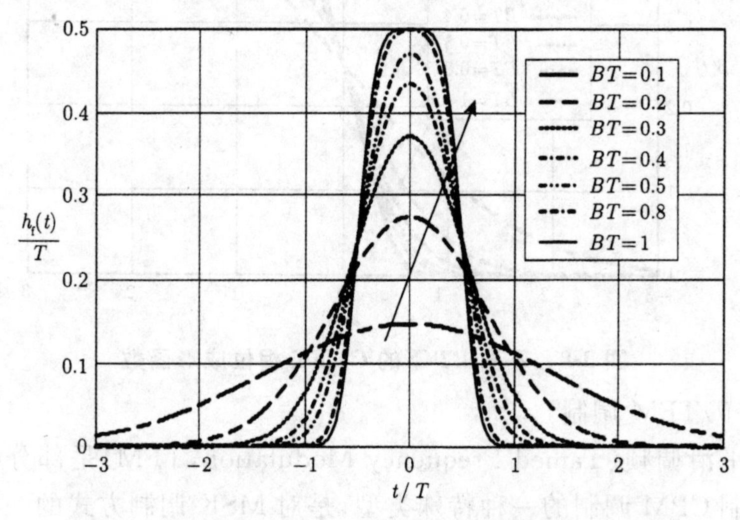

图 3-7　不同 *BT* 下的 GMSK 归一化频域成形函数

相位成形函数为

$$\beta(t)=\int_{-\infty}^{t}h_{\mathrm{f}}(t)\mathrm{d}t=\frac{1}{2}\left[G\left(\frac{t}{T}+\frac{1}{2}\right)-G\left(\frac{t}{T}-\frac{1}{2}\right)\right] \tag{3-83}$$

其中

$$G(x)=x\left[1-Q\frac{x}{\sigma}\right]+\frac{\sigma}{\sqrt{2\pi}}\exp\left(-\frac{x^2}{2\sigma^2}\right) \tag{3-84}$$

图 3-8 所示为不同 BT 下的相位成形函数。

时间间隔 $-T/2$ 到 $T/2$ 的附加相位变化为

$$\phi(T/2)-\phi(-T/2)=\pi x_0\beta_0(T)+\pi\sum_{\substack{n=-\infty\\ n\neq 0}}^{\infty}x_n\beta_n(T) \tag{3-85}$$

其中

$$\beta_n(T)=\int_{-T/2-nT}^{T/2+nT}h_{\mathrm{f}}(\tau)\mathrm{d}\tau \tag{3-86}$$

GSM 系统面向语音通信的标准采用 $BT=0.3$ 的 GMSK 调制，而在蜂窝数字分组数据(CDPD)业务中推荐 $BT=0.5$。

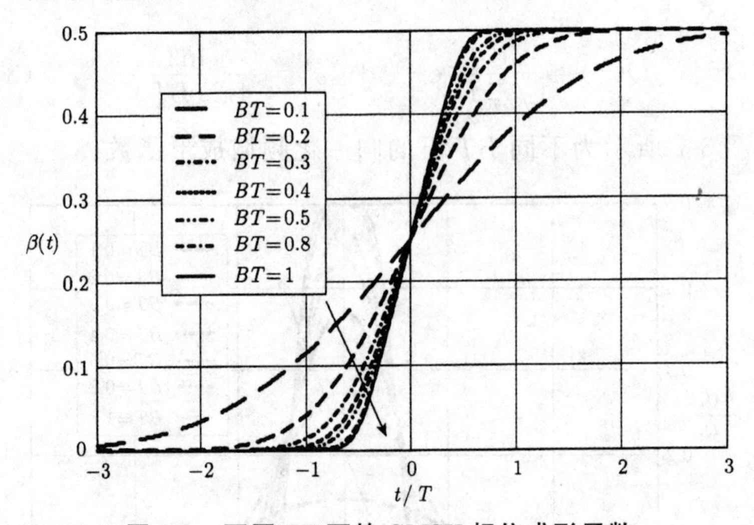

图 3-8　不同 *BT* 下的 GMSK 相位成形函数

(5)TFM 调制

平滑调频(Tamed Frequency Modulation，TFM)是部分响应二进制 CPM 调制的一种特殊类型，是对 MSK 调制方式的一种改进。因此，MSK 的附加相位满足差分方程。

$$\phi(nT+T)-\phi(nT)=\frac{\pi}{2}x_n \tag{3-87}$$

TFM 将 MSK 的附加相位用第Ⅱ类部分响应加以平滑

$$\phi(nT+T)-\phi(nT)=\frac{\pi}{2}\left(\frac{x_{n-1}}{4}+\frac{x_n}{2}+\frac{x_{n+1}}{4}\right) \tag{3-88}$$

使得任意符号间隔的附加相位变化最大为 $\pi/2$。下面考虑调制前滤波器的设计，设其冲激响应为 $h_{\mathrm{f}}(t)$，则附加相位可写为

$$\phi(T)=\sum_{k=0}^{\infty}x_k\beta(t-kT) \tag{3-89}$$

其中

$$\beta(t) = 2\pi h \int_{-\infty}^{t} h_{\mathrm{f}}(\tau)\mathrm{d}\tau \tag{3-90}$$

在时间间隔 $[nT, (n+1)T]$ 内的附加相位为

$$\begin{aligned}\phi(nT+T)-\phi(nT) &= 2\pi h \sum_{k=-\infty}^{\infty} x_k[\beta(nT+T-kT)-\beta(nT-kT)] \\ &= 2\pi h \sum_{m=-\infty}^{\infty} x_{n-m}[\beta(mT+T)-\beta(mT)]\end{aligned} \tag{3-91}$$

将式(3-88)写为

$$\begin{aligned}&\phi(nT+T)-\phi(nT) \\ &= \frac{\pi}{2}\left(\cdots+0\cdot x_{n-2}+\frac{x_{n-1}}{4}+\frac{x_n}{2}+\frac{x_{n+1}}{4}+0\cdot x_{n+2}+\cdots\right)\end{aligned} \tag{3-92}$$

比较式(3-92)和式(3-91)得到条件

$$\beta(mT+T)-\beta(mT) = \begin{cases}\dfrac{1}{16h}, |m|=1 \\ \dfrac{1}{8h}, m=0 \\ 0, 其他\end{cases} \tag{3-93}$$

由 $\beta(t)$ 的定义式(3-90)有

$$\int_{m\mathrm{T}}^{(m+1)\mathrm{T}} h_{\mathrm{f}}(t)\mathrm{d}t = \begin{cases}\dfrac{1}{16h}, |m|=1 \\ \dfrac{1}{8h}, m=0 \\ 0, 其他\end{cases} \tag{3-94}$$

实现 $H_{\mathrm{f}}(t)$ 的方法之一就是利用满足奈奎斯特第三准则的脉冲 $h_{\mathrm{N}}(t)$

$$\int_{(2m-1)\mathrm{T}/2}^{(2m+1)\mathrm{T}/2} h_{\mathrm{N}}(t)\mathrm{d}t = \begin{cases}1, m=0 \\ 0, m\neq 0\end{cases} \tag{3-95}$$

通过一个由不同延时加权和构成的滤波器，滤波器的传递函数为

$$\begin{aligned}S(f) &= \frac{1}{16h}\mathrm{e}^{-\mathrm{j}2\pi fT}+\frac{1}{8h}+\frac{1}{16h}\mathrm{e}^{\mathrm{j}2\pi fT} \\ &= \frac{1}{4h}\cos^2(\pi fT)\end{aligned} \tag{3-96}$$

这样，$h_f(f)$ 的形式为

$$H_f(f) = H_N(f)S(f) = \frac{1}{4h}H_N(f)\cos^2(\pi fT) \quad (3\text{-}97)$$

其中，滤波器 $S(f)$ 确保相位满足约束条件式(3-88)，而 $H_f(f)$ 决定相位的轨迹形式，因而两者都影响 TFM 的功率谱。一般都取 $H_f(f)$ 满足如下形式

$$H_f(f) = \frac{\pi fT}{\sin(\pi fT)}N_1(f) \quad (3\text{-}98)$$

其中，$N_1(f)$ 为满足奈奎斯特第一准则脉冲的傅里叶变换。

广义 TFM(Generalized TFM,GTFM)是对 TFM 的扩展，其相位差形式为

$$\phi(nT + T) - \phi(nT) = \frac{\pi}{2}(ax_{n-1} + bx_n + ax_{n+1}) \quad (3\text{-}99)$$

常数 a、b 满足条件 $2a + b = 1$，这样能将 $\phi(t)$ 在一个符号周期内的最大变化限制为 $\pm \pi/2$。改变 b 和脉冲响应 $N_1(f)$ 可以得到一大类 GTFM 信号，TFM 可看成 $b = 0.5$ 时的 GTFM 特例。

3.2 调制基本概念

3.2.1 调制技术的基本概念

调制就是将基带信号加载到高频载波上的过程，其目的是将需要传输的模拟信号或数字信号变换成适合于信道传输的频带信号，以满足无线通信对信息传输的基本要求。如在生活中，我们要将一件货物运到几千米外的地方，光靠人力本身显然是不现实的，必须借助运载工具来完成，或汽车，或火车，或飞机。如果将运载的货物换成是需要传输的信息，就是通信中的调制了。在这里，货物就相当于调制信号，运载工具相当于载波，将货物装到运载工具上就相当于调制过程，从运载工具上卸下货物就是解调。

调制器的模型如图 3-9 所示，它可以看作一个非线性网络，其中 $m(t)$ 为基带信号，$c(t)$ 为载波，$s_m(t)$ 为已调信号。基带信号是需传送的原始信息的电信号，它属于低频范围。基带信号直接发送存在两个缺点：很难实现多路远距离通信；要求有很长的天线，在工艺及使用上都是很困难的。载波信号是频率较高的高频、超高频甚至微波，若采用无线电发射，天线尺寸可以很小，并且对于不同的电台，可以采用不同的载波频率，这样接收时很容易区分，就能实现多路互不干扰的传输。

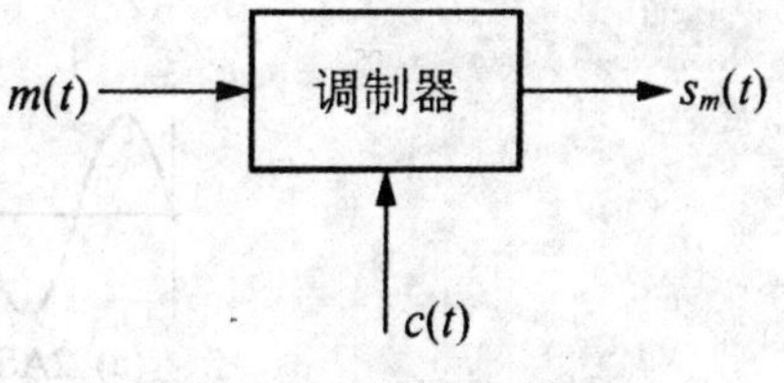

图 3-9　调制器的模型

3.2.2　调制技术的分类

根据基带信号 $m(t)$ 、载波 $c(t)$ 和调制器功能的不同，调制技术可以有不同的分类。常用的数字调制方式有数字振幅调制（ASK）、数字频率调制（FSK）、数字相位调制（PSK）、正交幅度调制（QAM）等。模拟调制和数字调制信号波形举例分别如图 3-10 和图 3-11 所示。

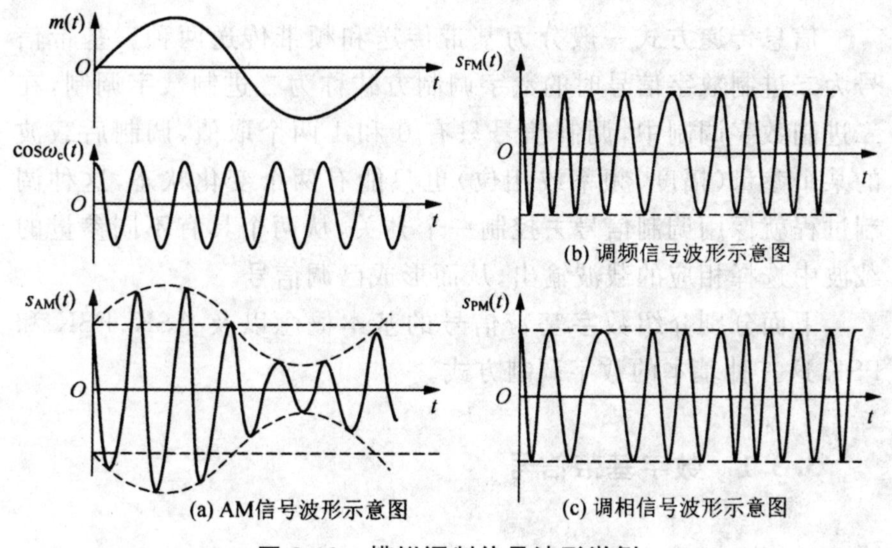

图 3-10　模拟调制信号波形举例

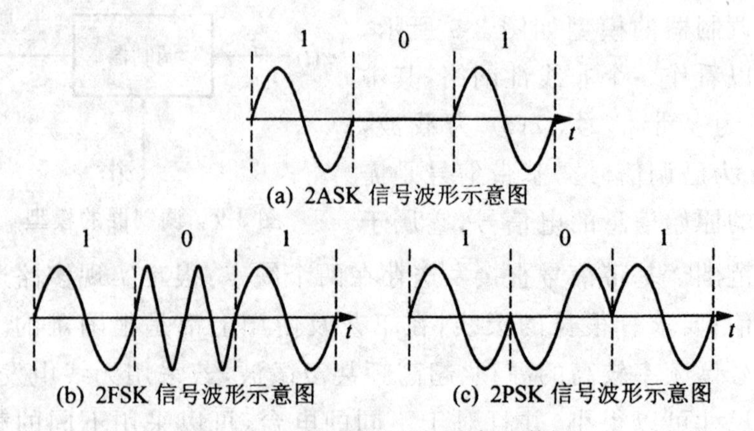

图 3-11　数字调制信号波形举例

根据载波信号 $c(t)$ 形式的不同，调制可分为连续波调制和脉冲调制，其中连续波调制是以正弦型信号作为载波，而脉冲调制是以脉冲序列作为载波。载波信号是完成频谱搬移的工具，由于正弦波具有形式简单、便于产生和接收等特点，因此实际通信中多选用正弦波作为载波信号。

3.3　常见的数字调制技术

信息传递方式一般分为基带传送和频带传送两种。基带信号为二进制数字信号时的数字调制方式称为二进制数字调制，在二进制数字调制中，调制信号只有 0 和 1 两个取值，调制后载波的某个参量(幅度、频率或相位)也只能有两个变化状态，这种调制过程就像用调制信号去控制一个开关，从两个具有不同参量的载波中选择相应的载波输出，从而形成已调信号。

下面分别介绍数字基带信号的基本概念以及 ASK、FSK 和 PSK 这三种基本的数字调制方式。

3.3.1　数字基带信号

如果数字基带信号各码元波形相同而取值不同，则数字基带

信号可表示为

$$s(t)=\sum_{n=-\infty}^{\infty}a_n g(t-nT_s) \tag{3-100}$$

其中，a_n 是第 n 个码元所对应的电平值，它可以取 0、1 或 −1、1 等；T_s 为码元间隔；$g(t)$ 为某种标准脉冲波形，通常为矩形脉冲。

例如，对于二进制数字序列，a_n 取值为 0、1，$g(t)$ 为矩形脉冲，则代码为 1001 的数字基带信号波形如图 3-12 所示。

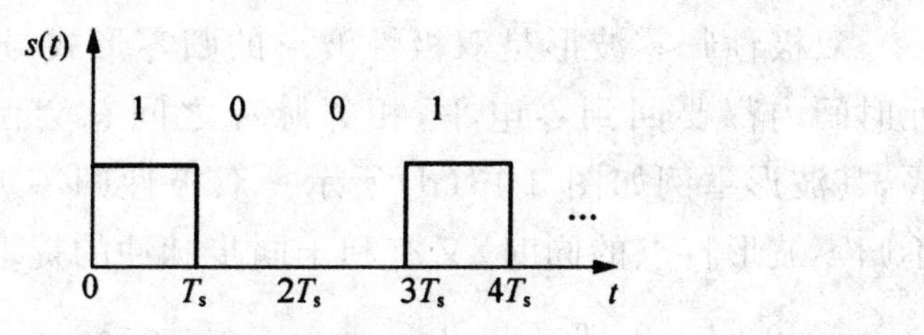

图 3-12　数字基带信号波形举例

常用的数字基带信号波形主要有单极性不归零波形、双极性不归零波形、单极性归零波形、双极性归零波形、差分波形和多电平波形等。

1. 单极性不归零波形

单极性不归零波形用脉冲的零电平和正电平分别对应于二进制的 0 码和 1 码，它是最简单、最常用的一种数字基带信号，其波形举例如图 3-13(a)所示。这种基带信号的特点是极性单一，含有直流分量，在一个码元时间内不是有脉冲就是无脉冲。单极性不归零波形不适合远距离传输，只用于设备内部信号的传输。

2. 双极性不归零波形

双极性不归零波形用脉冲的正、负电平分别对应于二进制的 0 码和 1 码，其波形举例如图 3-13(b)所示。双极性波形不受信道特性变化的影响，抗干扰能力较强，非常适合于在信道中传输。

3. 单极性归零波形

单极性归零波形中，每个有电脉冲在小于码元时间内总要回到零电平,如图 3-13(c)所示,这也是单极性归零波形与单极性不归零波形的主要区别。通常用占空比来表示归零波形,设码元持续时间为 T_s,有电脉冲持续时间为 τ,则占空比表示为 τ/T_s,常取 50%,即半占空比。单极性归零波形便于直接提取位定时信息。

4. 双极性归零波形

双极性归零波形是双极性波形的归零形式,即脉冲在每个码元时间内都要回到零电平,相邻脉冲之间总会留有零电位的间隔,其波形举例如图 3-13(d)所示。双极性归零波形具有双极性不归零波形特点的同时,又有利于同步脉冲的提取。

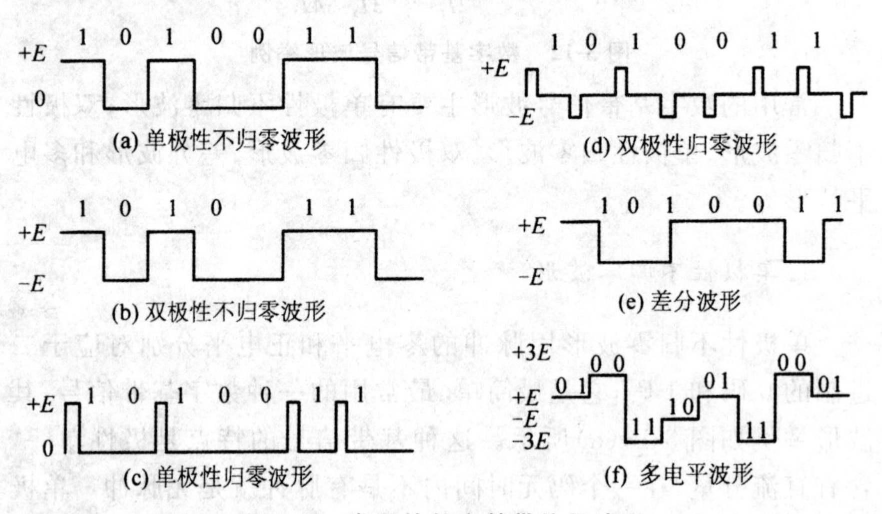

图 3-13　常见的数字基带信号波形

5. 差分波形

差分波形与上述四种波形不同,它的波形不是直接与二进制的 0 码和 1 码本身相对应,而是用相邻脉冲电平的跳变和不跳变来表示二进制的 1 码和 0 码,通常是以电平跳变来表示 1,以电平不跳变来表示 0,其波形举例如图 3-13(e)所示。用差分波形作为基带信号传输能够避免出现极性倒置现象,特别是在相位调制系统中用于解决载波相位模糊问题,只要能看出接收波形的电平变化,则接收端均能正确识别。

6. 多电平波形

上述各种信号都是一个二进制码元对应一个脉冲。而多电平波形是多于一个二进制码元对应一个脉冲。图 3-13(f)所示为四电平波形举例,其中每个脉冲对应两个二进制代码。多电平波形在信道带宽一定的条件下,能传输更高的比特率;或在比特率一定时,只需占用更小的传输带宽,因此这种波形在高速数字传输系统中应用广泛。

3.3.2　二进制振幅键控

正弦载波的幅度随数字基带信号的变化而变化的数字调制方式称为振幅键控。该二进制数字基带信号可表示为

$$s(t)=\sum_{-\infty}^{\infty}a_n g(t-nT_s) \tag{3-101}$$

式中,T_s 为码元间隔,a_n 为符合下列关系的二进制序列的第 n 个码元

$$a_n=\begin{cases}0,\text{发送概率为 } P\\1,\text{发送概率为 } 1-P\end{cases}$$

$g(t)$ 是持续时间为 T_s 的归一化矩形脉冲

$$g(t)=\begin{cases}1,0\leqslant t\leqslant T_s\\0,\text{其他}\end{cases} \tag{3-102}$$

则 2ASK 信号的一般时域表达式为

$$s_{2ASK}(t)=\sum_n a_n g(t-nT_s)\cos\omega_c t \tag{3-103}$$

其中,ω_c 为载波角频率,为了简化,这里假设载波的振幅为 1。由式(3-103)可见,二进制振幅键控(2ASK)信号可以看成是一个单极性矩形脉冲序列与一个正弦型载波相乘。

2ASK 信号的时域波形举例如图 3-14 所示。由图可见,2ASK 信号的波形随二进制基带信号 $s(t)$ 通断变化,因而又被称

为通断键控信号。2ASK 信号的产生方法有两种：一种是模拟调制法，即按照模拟调制原理来实现数字调制，只需将调制信号由模拟信号改成数字基带信号；另一种是键控调制法，即根据数字基带信号的不同来控制载波信号的“有”和“无”来实现。如当二进制数字基带信号为 1 时，对应有载波输出，当二进制数字基带信号为 0 时，则无载波输出，即载波在数字基带信号 1 或 0 的控制下实现通或断。二进制振幅键控信号的两种产生方法分别如图 3-15 和图 3-16 所示。

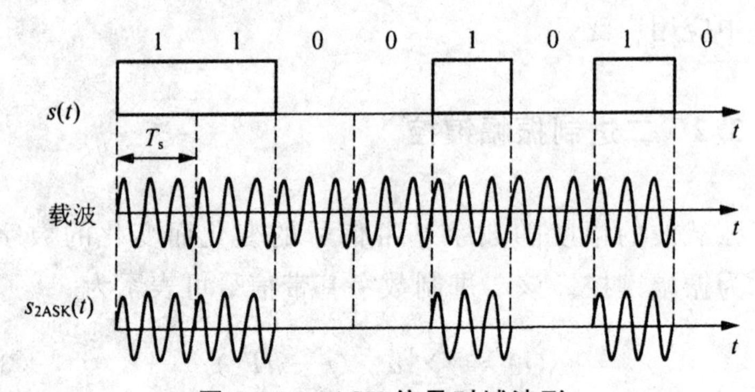

图 3-14　2ASK 信号时域波形

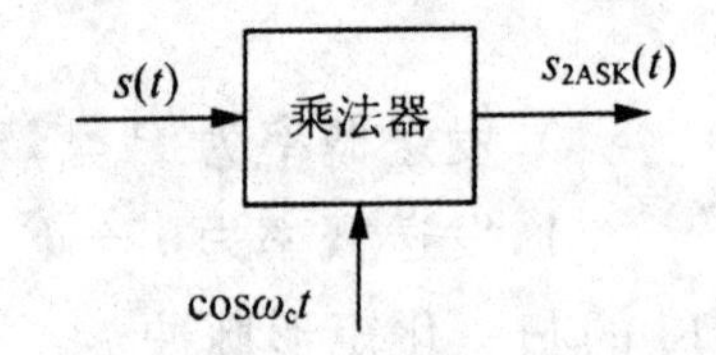

图 3-15　模拟相乘法产生 2ASK 信号

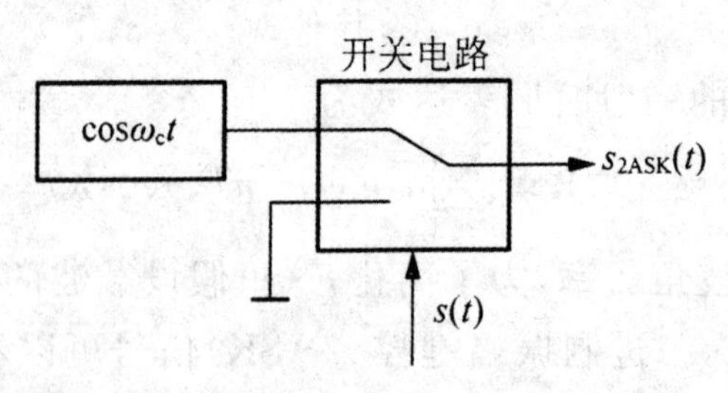

图 3-16　数字键控法产生 2ASK 信号

2ASK 信号的解调可采用相干解调方法和非相干解调，两种解调方法的原理框图分别如图 3-17 和图 3-18 所示。2ASK 信号非相干解调过程的时间波形如图3-19所示。相干解调需要在接收端接入同频同相的载波，所以又称同步检测。在非相干解调中，全波整流器和低通滤波器构成了包络检波器。

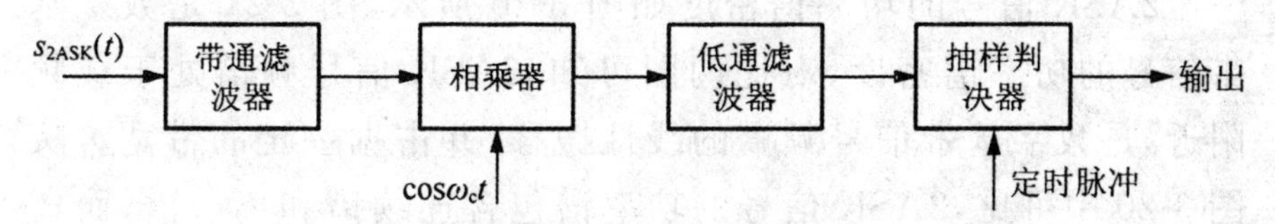

图3-17　2ASK信号相干解调原理框图

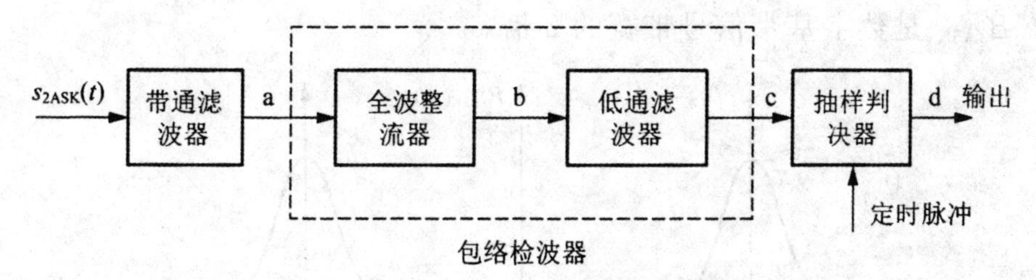

图3-18　2ASK信号非相干解调原理框图

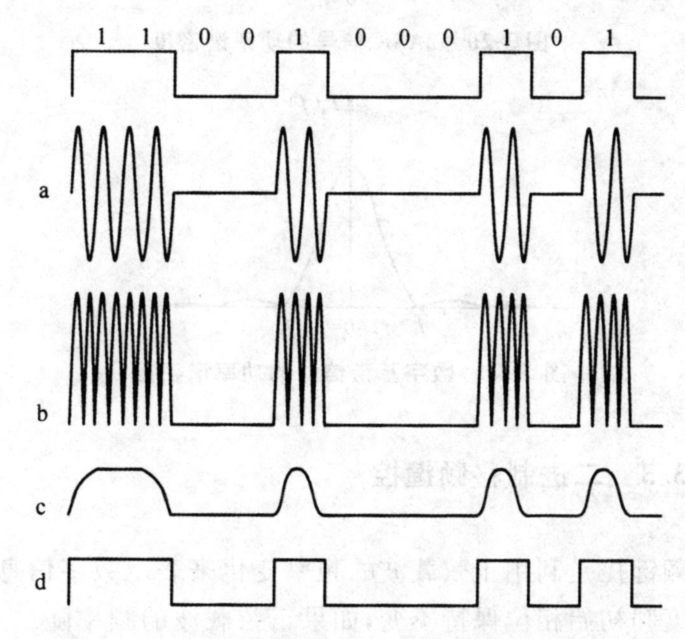

图3-19　2ASK信号非相干解调过程的时间波形

2ASK信号的功率谱密度为数字基带信号功率谱密度的线性搬移，数字基带信号的功率谱密度为 $P_s(f)$，则2ASK信号功

率谱密度为

$$P_{2ASK}(f)=\frac{1}{4}[P_s(f+f_c)+P_s(f-f_c)] \tag{3-104}$$

2ASK 信号的功率谱密度如图 3-20 所示，图 3-21 是数字基带信号的功率谱密度，对比两图可知，2ASK 信号频谱处于载频附近，是数字基带信号频谱的线性搬移，并占据一定的带宽。从图 3-20 中可见，2ASK 信号的功率谱包含连续谱和离散谱，而离散频谱为载波分量出现在 $\pm f_c$ 处。另外，2ASK 信号的频带宽度 B_{2ASK} 是数字基带信号带宽的 2 倍。

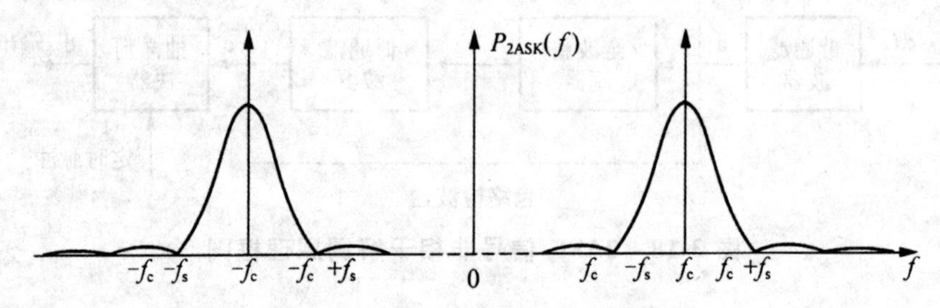

图 3-20　2ASK 信号的功率谱密度

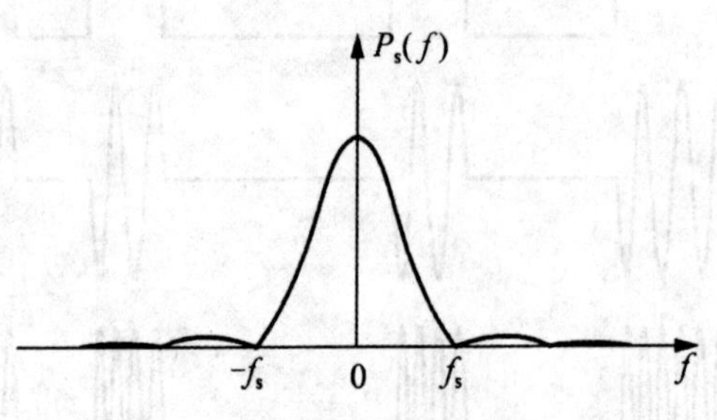

图 3-21　数字基带信号的功率谱密度

3.3.3　二进制移频键控

移频键控是利用正弦载波的频率变化来表示数字信息，而载波的幅度和初始相位保持不变，如果正弦载波的频率随二进制基带信号 1 和 0 在 f_1 和 f_2 两个频率点间变化，则为二进制移频键控(2FSK)。设发送 1 码时，载波频率为 f_1，发送 0 码时，载波频率为 f_2，则 2FSK 信号的时域表达式为

$$S_{2FSK}(t)=\left[\sum_{n}a_n g(t-nT_s)\right]\cos\omega_1 t+\left[\sum_{n}\bar{a}_n g(t-nT_s)\right]\cos\omega_2 t \tag{3-105}$$

其中，$\omega_1=2\pi f_1$，$\omega_2=2\pi f_2$，$\bar{a}_n$ 是 a_n 的取反，即

$$a_n=\begin{cases}0,\text{概率为 } P\\1,\text{概率为 } 1-P\end{cases} \tag{3-106}$$

$$\bar{a}_n=\begin{cases}1,\text{概率为 } P\\0,\text{概率为 } 1-P\end{cases} \tag{3-107}$$

从式(3-105)可以看出，2FSK 信号可以看成是两个不同载频交替发送的 2ASK 信号的叠加。2FSK 信号时域波形如图 3-22 所示。2FSK 信号的产生可以采用模拟调频电路和数字键控两种方法实现。图 3-23 是用数字键控的方法产生二进制移频键控信号的原理图。

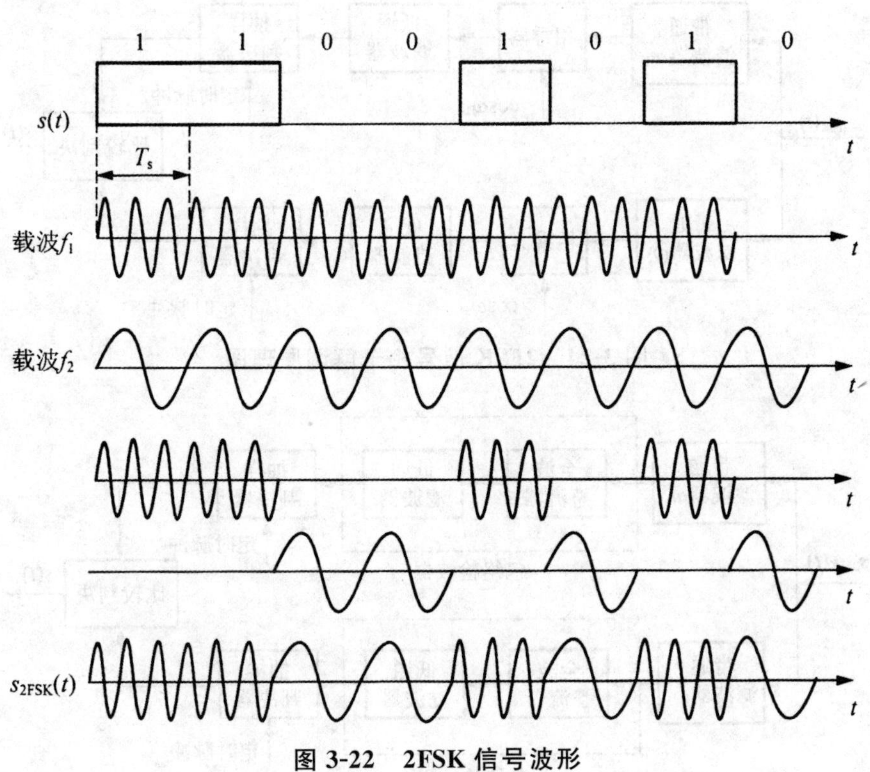

图 3-22　2FSK 信号波形

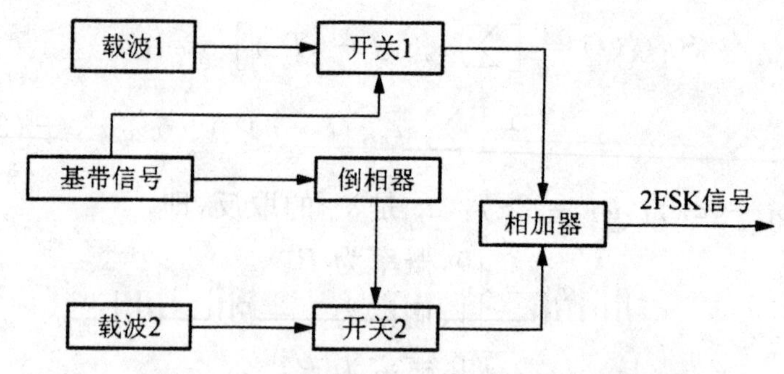

图 3-23　键控法产生 2FSK 信号原理图

2FSK 信号的解调方法很多,其中 2FSK 信号相干解调和非相干解调两种方法的原理图分别如图 3-24 和图 3-25 所示。两种方法的解调过程都是将二进制移频键控信号分解为上下两路二进制振幅键控信号分别进行解调,2FSK 信号非相干解调过程的时间波形如图 3-26 所示。

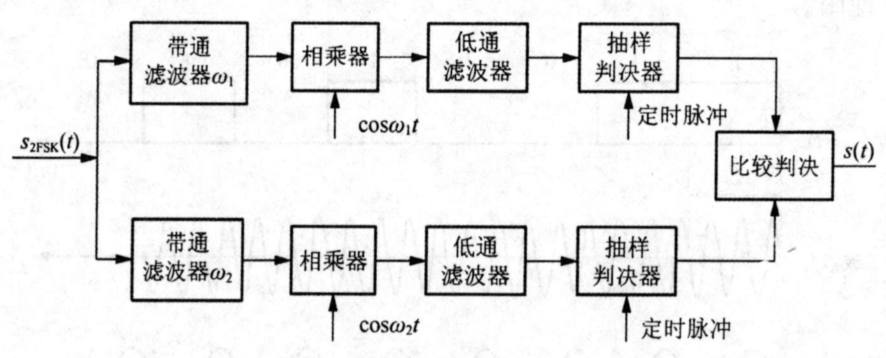

图 3-24　2FSK 信号相干解调原理图

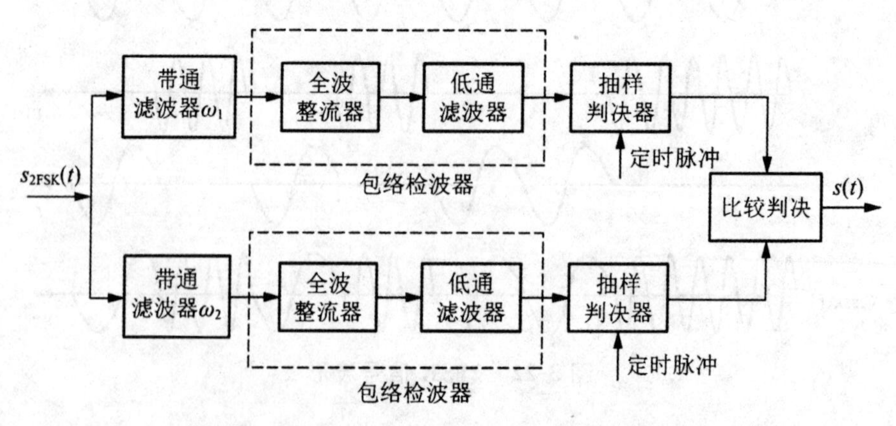

图 3-25　2FSK 信号非相干解调原理图

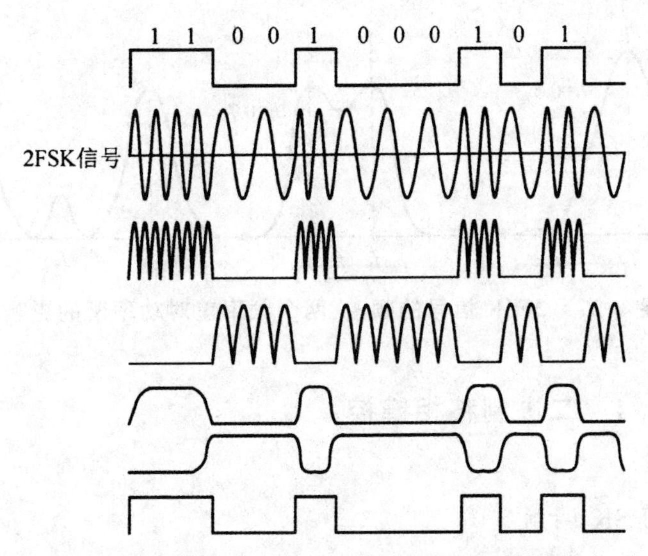

图 3-26　2FSK 信号非相干解调过程的时间波形

2FSK 信号的功率谱密度可用两个中心频率分别为 f_1 和 f_2 的 2ASK 信号的功率谱来表示，即

$$P_{2FSK}(f)=\frac{1}{4}[P_s(f-f_1)+P_s(f+f_1)+P_s(f-f_2)+P_s(f+f_1)] \tag{3-108}$$

2FSK 信号的功率谱如图 3-27 所示，2FSK 信号的功率谱与 2ASK 信号的功率谱相似，同样包含连续谱和离散谱。2FSK 信号中，连续谱由两个中心频率位于 f_1 和 f_2 处的双边谱叠加而成，离散谱位于两个载频 f_1 和 f_2 处。对于 2FSK 信号，通常可定义其移频键控指数

$$h=\frac{|f_1-f_2|}{f_s} \tag{3-109}$$

显然，不同的 h 与之对应的 2FSK 信号的功率谱是不一样的。当 $h<1$ 时，2FSK 信号的功率谱与 2ASK 的极为相似，连续谱在 $f_c=(f_1+f_2)/2$ 处呈单峰状；当 $h>1$ 时，2FSK 信号的功率谱呈双峰状。若以 2FSK 信号功率谱第一个零点间的频率间隔为二进制移频键控信号的带宽，则该二进制移频键控信号的带宽 B_{2FSK} 为

$$B_{2FSK}=|f_1-f_2|+2f_s \tag{3-110}$$

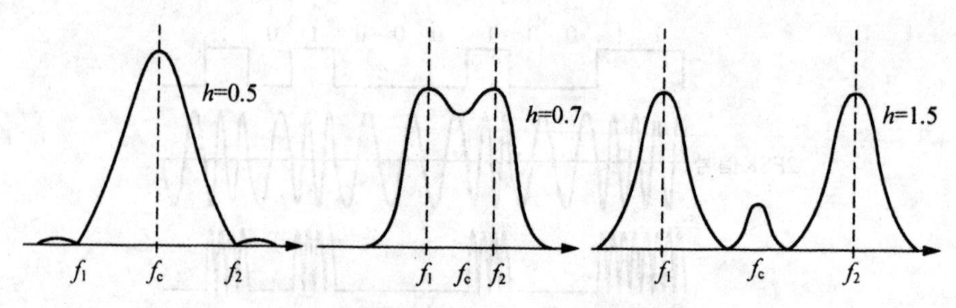

图 3-27　2FSK 信号的频谱(两个频率差对功率谱的影响)

3.3.4　二进制移相键控

1. 2PSK 调制

移相键控是指正弦载波的相位随数字基带信号离散变化,二进制移相键控(2PSK)是用二进制数字基带信号控制载波的相位变化有两个状态,例如,二进制数字基带信号的 1 和 0 分别对应着载波的相位 0 和 π。

二进制移相键控信号表达式为

$$S_{2PSK}(t)=\Big[\sum_{n}a_{n}g(t-nT_{s})\Big]\cos\omega_{c}t \tag{3-111}$$

其中,a_n 为双极性数字信号,即

$$a_{n}=\begin{cases}+1,\text{概率为 }P\\-1,\text{概率为 }1-P\end{cases} \tag{3-112}$$

当 $g(t)$是持续时间为 1 的归一化矩形脉冲时,有

$$S_{2PSK}(t)=\begin{cases}\cos\omega_{c}t,\text{概率为 }P\\-\cos\omega_{c}t=\cos(\omega_{c}t+\pi),\text{概率为 }1-P\end{cases} \tag{3-113}$$

由式(3-113)可见,当发送 1 时,2PSK 信号载波相位为 0;发送 0 时载波相位为 π。若用 φ_n 表示第 n 个码元的相位,则有

$$\varphi_{n}=\begin{cases}0,\text{发送“1”}\\\pi,\text{发送“0”}\end{cases} \tag{3-114}$$

这种二进制数字基带信号直接与载波的不同相位相对应的调制

方式通常称为二进制绝对移相调制。2PSK 信号时域波形如图 3-28 所示。

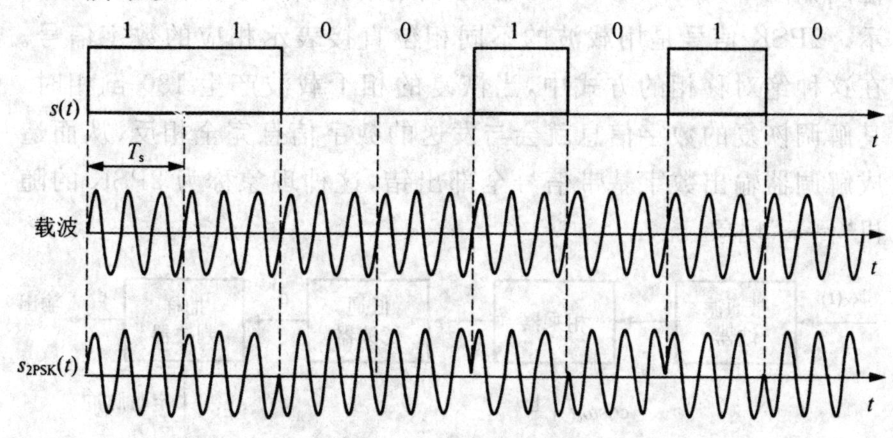

图 3-28 2PSK 信号时域波形

2PSK 信号的产生可以采用模拟调制和数字键控两种方法实现。图 3-29 所示为模拟调制法生成 2PSK 信号，二进制数字序列经码型变换，由单极性码形成双极性不归零码，与载波相乘而产生 2PSK 信号。图 3-30 为数字键控法生成 2PSK 信号，数字键控法中仍用单极性基带信号控制开关电路，当 $s(t)$ 为 1 时，开关电路连接 $\cos\omega_c t$ 振荡器，持续时间 T_s；而当 $s(t)$ 为 0 时，开关电路连接振荡信号的 180°移相输出，持续时间仍为 T_s，由此得到 2PSK 信号。

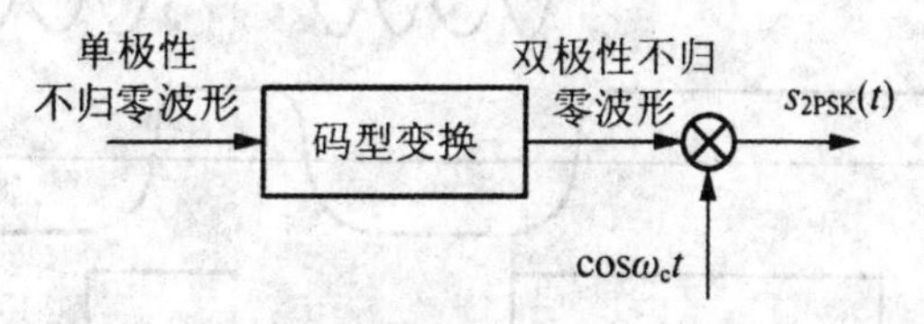

图 3-29 模拟调制法生成 2PSK 信号

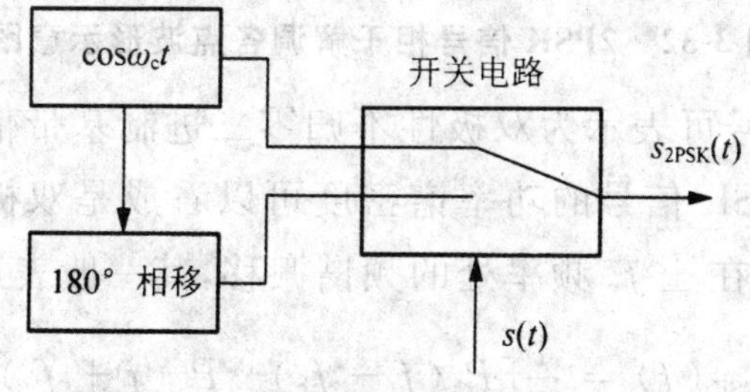

图 3-30 数字键控法生成 2PSK 信号

2PSK 信号进行解调通常采用相干解调方式，其解调器原理框图如图 3-31 所示。2PSK 信号相干解调各点波形如图 3-32 所示。2PSK 信号是用载波的不同相位直接表示相应的数字信号。在这种绝对移相的方式中，当恢复的相干载波产生 180°倒相时，其解调恢复的数字信息就会与发送的数字信息完全相反，从而造成解调器输出数字基带信号全部出错，这种现象称为 2PSK 的随机“倒 π”现象。

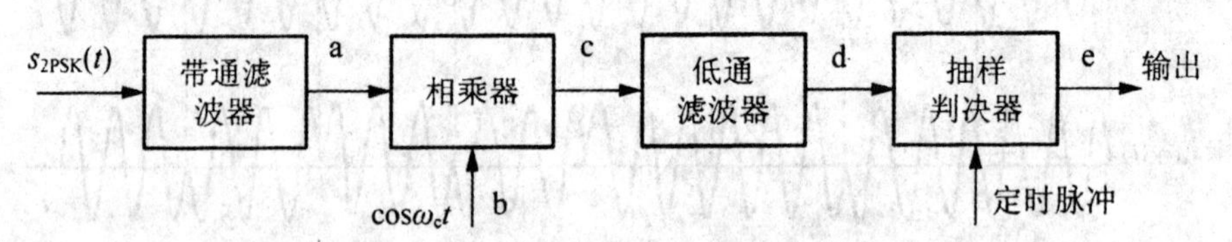

图 3-31 2PSK 信号相干解调原理框图

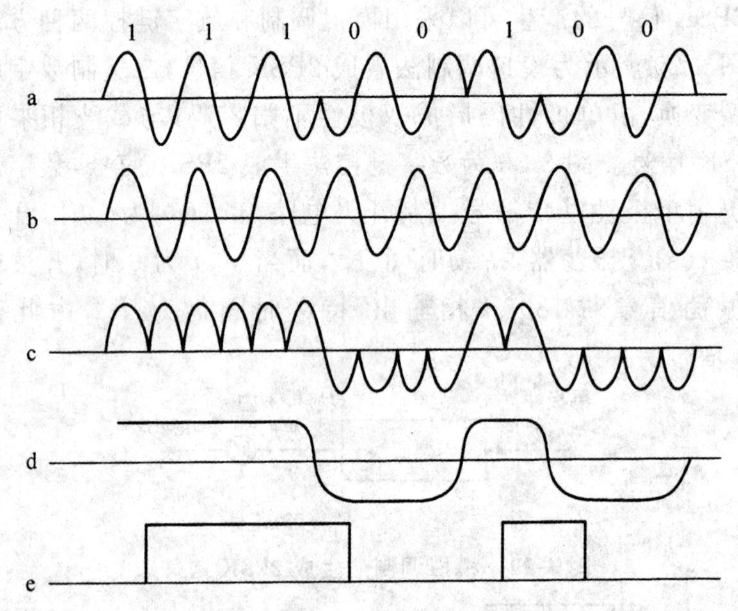

图 3-32 2PSK 信号相干解调各点波形示意图

2PSK 信号可表示为双极性不归零二进制基带信号与正弦载波相乘，则 2PSK 信号的功率谱密度可以看成是双极性基带信号的功率谱密度在 $\pm f_c$ 频率处的频谱搬移，其一般表达式为

$$P_{2PSK}(f) = \frac{1}{4}[P_s(f - f_c) + P_s(f + f_c)] \qquad (3\text{-}115)$$

2PSK 信号的功率谱密度如图 3-33 所示。

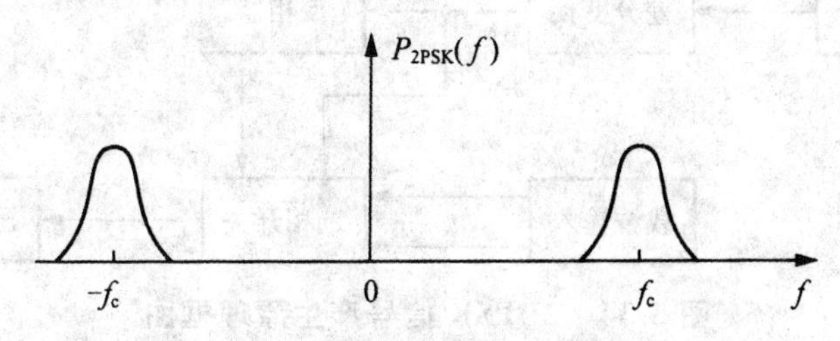

图 3-33　2PSK 信号的功率谱密度

2. 2DPSK 调制

由于 2PSK 调制方式在解调过程中会产生随机“倒 π”现象，所以实际中一般不采用 2PSK 方式，而常采用二进制差分移相键控[①](2DPSK)。假设 $\Delta\varphi$ 为前后相邻码元的载波相位差，可定义一种数字信息与 $\Delta\varphi$ 之间的关系

$$\Delta\varphi=\begin{cases}0,\text{表示数字信息“0”}\\ \pi,\text{表示数字信息“1”}\end{cases}$$

或

$$\Delta\varphi=\begin{cases}\pi,\text{表示数字信息“0”}\\ 0,\text{表示数字信息“1”}\end{cases}$$

则数字信息序列与 2DPSK 信号的相位关系可举例表示为

数字信息：　　　　　0　0　1　1　1　0　0　1　0　1
2DPSK 信号相位：0　0　0　π　0　π　π　π　0　0　π
或　　　　　　　　　π　π　π　0　π　0　0　0　π　π　0

2DPSK 信号调制器原理图如图 3-34 所示。2DPSK 信号的实现过程：首先对二进制数字基带信号进行差分编码，用相对码表示二进制信息后进行绝对调相，从而产生 2DPSK 信号。2DPSK 信号调制过程波形如图 3-35 所示。

① 2DPSK 调制方式是用前后相邻码元的载波相对相位变化来表示数字信息，所以又被称为相对移相键控。

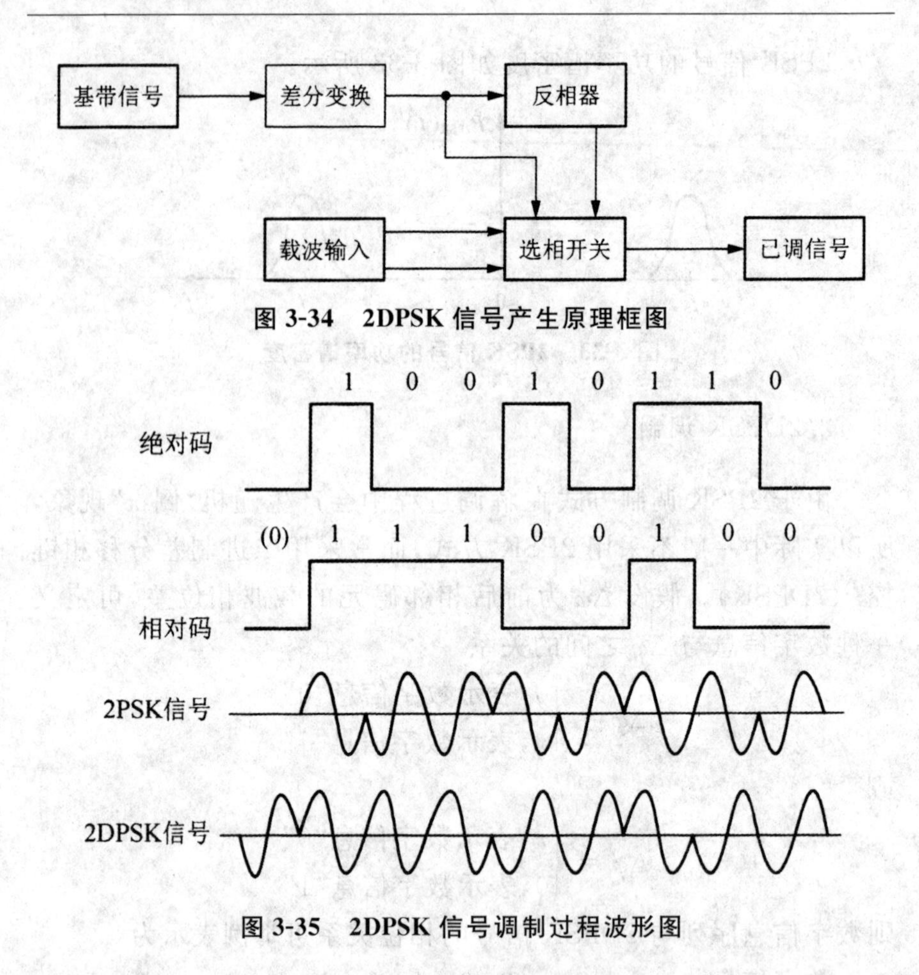

图 3-34 2DPSK 信号产生原理框图

图 3-35 2DPSK 信号调制过程波形图

2DPSK 信号可以采用相干解调方式进行解调，其解调过程是先对 2DPSK 信号进行相干解调，恢复出相对码，再通过码反变换器将相对码变换为绝对码，从而恢复出发送的二进制数字信息。解调器原理图和解调过程各点时间波形分别如图 3-36 和图 3-37 所示。若单纯从波形上看，2PSK 与 2DPSK 信号是无法分辨的。这说明，一方面只有在已知移相键控方式是绝对的还是相对的前提下，才能正确判定原信息；另一方面，相对移相信号可以看成是将数字信息（绝对码）变换成相对码（差分码），然后再根据相对码进行绝对移相而形成的。2DPSK 相干解调与 2PSK 相干解调是相似的，区别仅在于 2DPSK 相干解调系统中有一个码型反变换模块，其作用是进行差分译码，这与调制端的差分编码是对应的。

2DPSK 信号的功率谱密度与 2PSK 信号的功率谱密度是相同的,这里不再赘述。

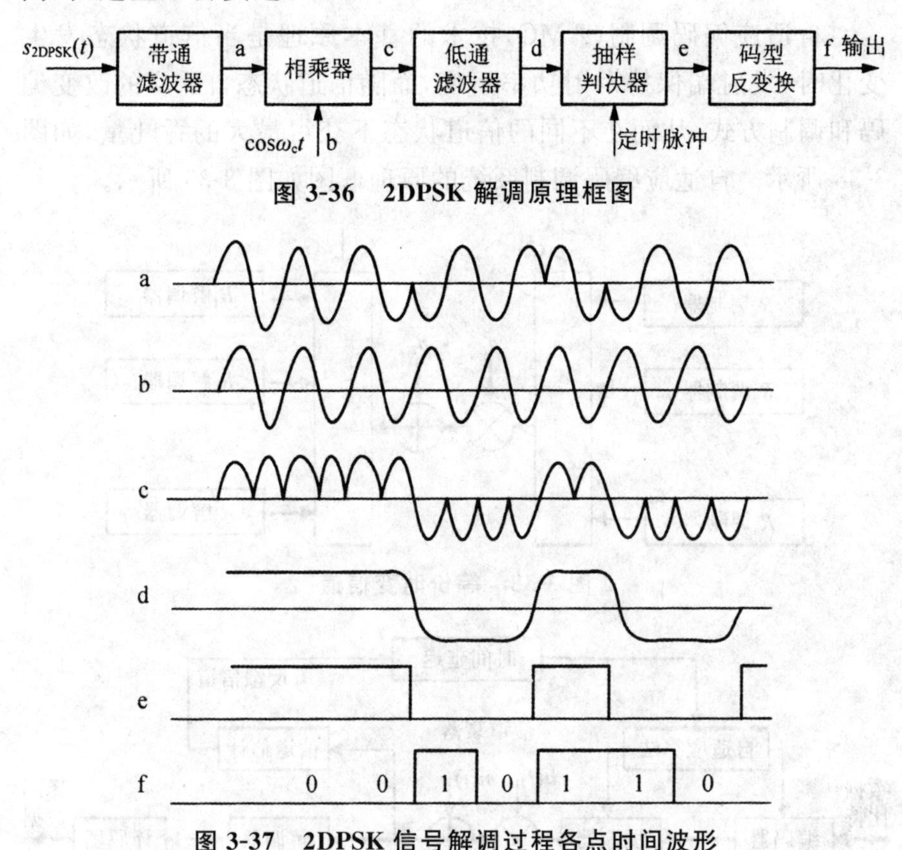

图 3-36　2DPSK 解调原理框图

图 3-37　2DPSK 信号解调过程各点时间波形

3.4　自适应编码调制技术

自适应调制编码(Adaptive Modulationand Coding,AMC)技术是一种根据信道情况自适应改变调制及编码方式的技术。在一个利用 AMC 的系统中,处于小区中心的用户通常被分配更高阶的调制或编码速率(如 64QAM、3/4 码率 Turbo 码);而处于小区边缘的用户被分配较低阶的调制或编码速率(如 QPSK、1/2 码率 Turbo 码)。

3.4.1 自适应编码调制技术基本原理

自适应编码调制(AMC)技术的基本原理是当信道状态发生变化时,发射端保持发射功率不变,而随信道状态自适应的改变编码和调制方式,从而在不同的信道状态下获得最大的吞吐量,如图 3-38 所示。自适应编码调制系统的原理框图如图 3-39 所示。

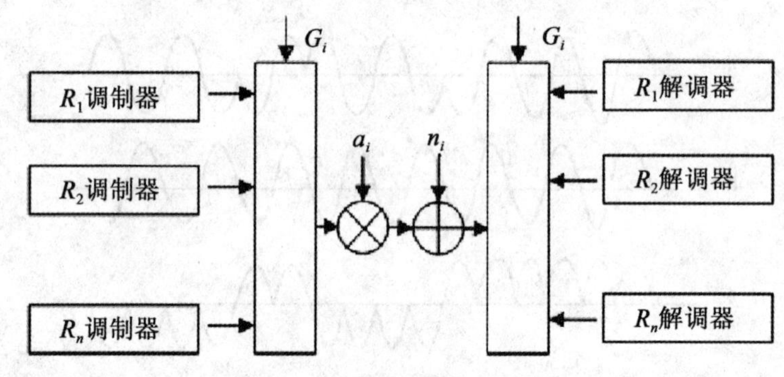

图 3-38 等价时变信道

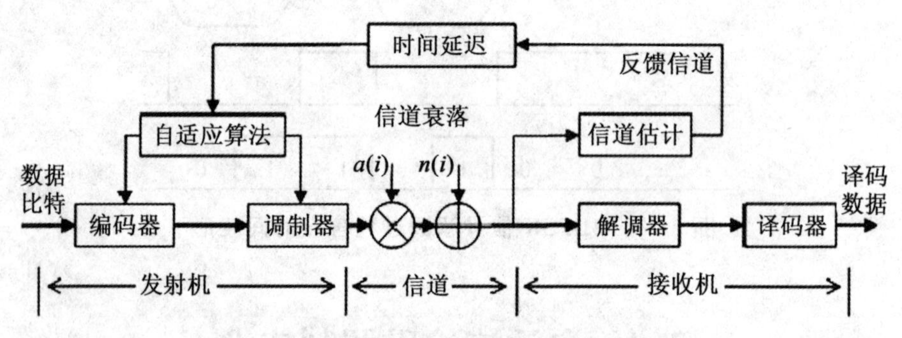

图 3-39 自适应编码调制系统的原理框图

在图 3-38 中 G_i 为描述 i 时刻信道情况的参数; a_i 为 Rayleigh 衰落包络幅度的瞬时值,发送机和接收机根据 a_i 改变调制和解调方案。假设有 N 种调制方案,在一定的误比特率条件下,选 $N-1$ 个门限值 $s_1, s_2, \cdots, s_n$ 瞬时信噪比 γ_i 定义为

$$\gamma_i = a_i^2 (E_s / n_0) \tag{3-116}$$

当 $0 \leqslant \gamma_i \leqslant s_1$ 时,采用第 1 种调制方案;当 $s_1 \leqslant \gamma_i \leqslant s_2$ 时,采用第 2 种调制方案,依此类推……若 γ_i 满足不等式

$$s_j \leqslant \gamma_i \leqslant s_{j+1}, j = 1,2,\cdots,N-1$$

第 $j+1$ 种方案将被采用，从而可以推导出采用第 $j+1$ 种方案时的关于 a_i 不等式：

$$\sqrt{\frac{s_j}{E_s/n_0}} \leqslant a_i \leqslant \sqrt{\frac{s_{j+1}}{E_s/n_0}}, j = 1,2,\cdots,N$$

3.4.2　两类自适应编码调制技术的比较

通过仿真可以得到各种传输方案的平均吞吐量性能曲线，如图 3-40 所示。采用 PHY 模式 1 传输数据时，其平均吞吐量性能曲线较为平坦，但其平均吞吐量性能总体较差；采用 PHY 模式 8 传输数据时，由于其比特速率最大，其平均吞吐量性能比较优越。比较图 3-40 中的 ACM 与 ARF 算法所得的平均吞吐量性能曲线，可以看到 ACM 算法的性能总是优于 ARF 算法。

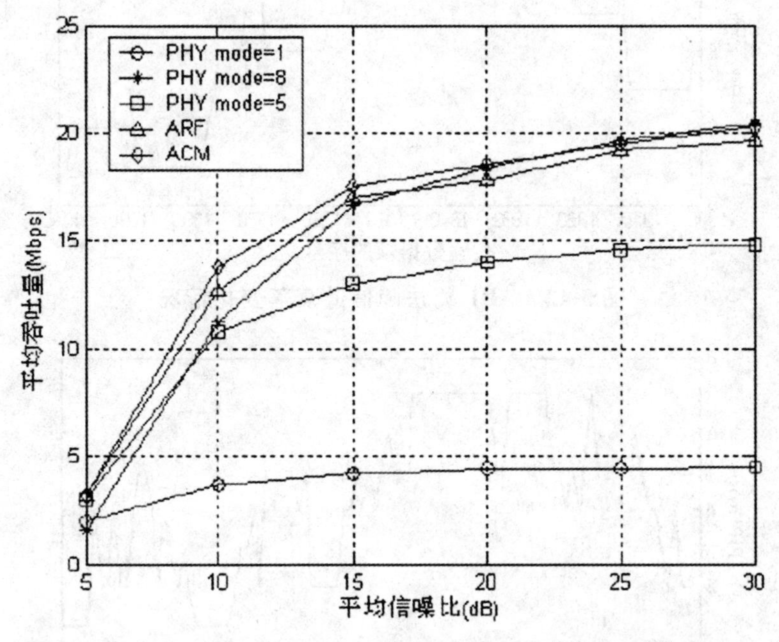

图 3-40　ACM 与 ARF 算法所得的平均吞吐量性能比较曲线

图 3-41 给出了 8 状态 Markov 信道的衰落情况，图 3-42 和图 3-43 分别是采用 ARF 算法与 ACM 算法传输 100 个数据帧的性

能比较，从图中可得 ACM 法的传输模式紧随信道衰落变化，从这个角度很清晰地说明了 ACM 算法性能上的优势。

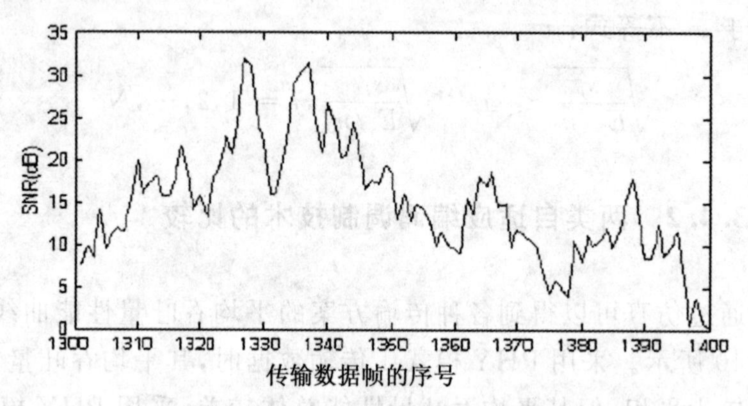

图 3-41　8 状态 Markov 信道的衰落情况

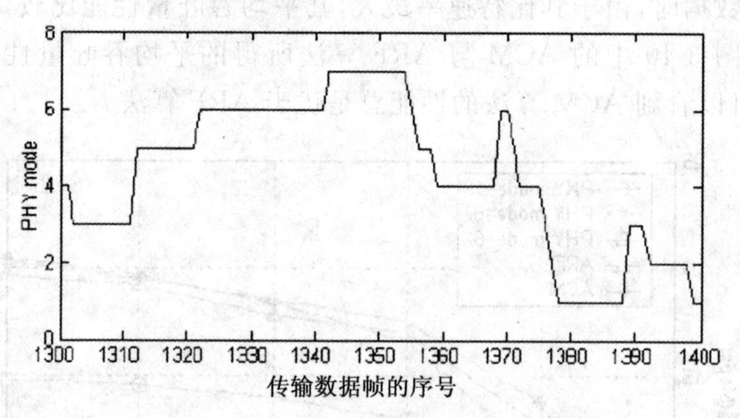

图 3-42　ARF 算法随信道衰落变化情况

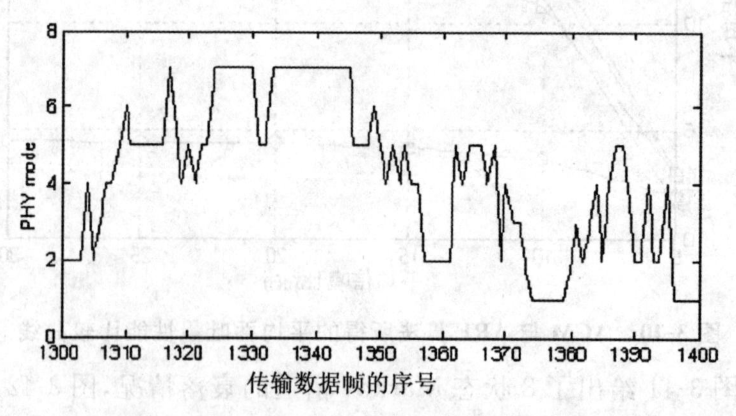

图 3-43　ACM 算法随信道衰落变化情况

第4章　无线通信中的抗衰落与组网技术

无线信道是随机时变信道，如陆地移动信道、短波电离层反射信道等无线信道引起的衰落特性会严重影响接收信号的质量，降低通信系统的性能。为了提高无线信道中信号传输的质量，必须采用有效的抗衰落措施，通常采用的抗衰落通信技术包括分集接收技术、RAKE接收技术、扩频技术、信道编码技术、抗衰落性能好的调制解调技术、功率控制技术、与交织结合的差错控制技术、均衡技术等。

4.1　抗衰落技术的概述

为了克服无线信道中各种衰落及由此产生的影响，无线通信系统有必要采取若干措施来尽量消除衰落产生的影响。本节主要讨论针对由多径传输引起的频率选择性衰落及瑞利衰落的抗衰落技术。

4.1.1　抗频率选择性衰落

抗频率选择性衰落的技术主要有自适应均衡技术、扩频技术和正交频分复用(OFDM)技术等。

1. 自适应均衡技术

均衡是通过均衡滤波器的作用，增强小振幅的频率分量并衰减大振幅的频率分量，从而获取平坦的接收频率响应和线性相位，以消除频率选择性失真。由于无线信道的信道响应通常是时变的，因此均衡也应是自适应的。

自适应均衡技术可以从时域和频域两个方面分别进行均衡。

(1)时域自适应均衡

实现时域均衡的主体是横向滤波器，横向滤波器由多级抽头延迟线、可调的加权系数相乘器和相加器组成，图 4-1 所示为其构成示意图。

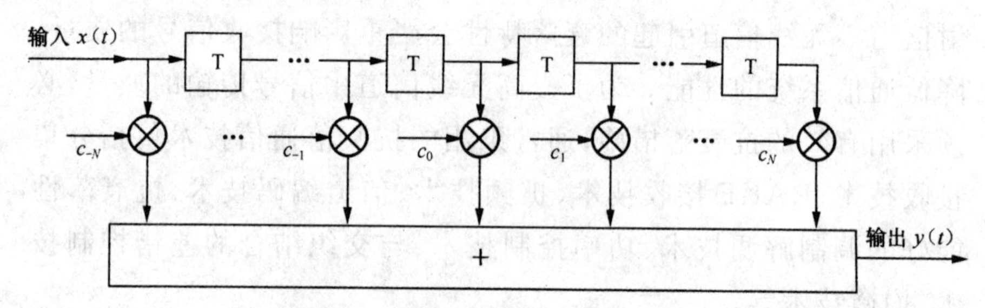

图 4-1　横向滤波器构成示意图

根据图 4-1 所示的横向滤波器结构，时域自适应均衡就是要找到符合信道状态的最佳抽头加权系数，以抵消信道产生的衰落。由于无线通信系统通常采用训练序列对信道状态进行估计，因此可以通过某种自适应算法对均衡器的系数加以控制以符合信道的变化。

当自适应均衡的输出不再用于反馈控制时，这种均衡就是线性均衡。线性均衡器结构简单，通常采用的算法有迫零(ZF)算法和最小均方误差(MMSE)算法。线性均衡能够很好地消除不严重的信道衰落，提高系统性能。

(2)频域自适应均衡

频域自适应均衡可以在射频、中频或基带上实现均衡，本节以中频为例，说明频域自适应均衡的工作原理，如图 4-2 所示。

由图可知，频域均衡器主要由可变调谐均衡电路、振幅偏差检出器、控制电路和 $f_{凹}$ 检出器组成。

当中频信号输入时，首先要送往后检出器，由 $f_{凹}$ 检出器检测出幅频特性凹陷点处的频率，并送到控制电路，控制电路同时接收来自振幅偏差检出器检出的均衡后的3个带内频率点。控制电路将3个频点的振幅与$f_{凹}$检出器检出的凹陷频点处的幅度相比，用得到的结果控制可变调谐均衡电路，使该电路产生与多径衰落造成的幅频特性相反的均衡特性，如图4-3所示，从而抵消带内振幅偏差。

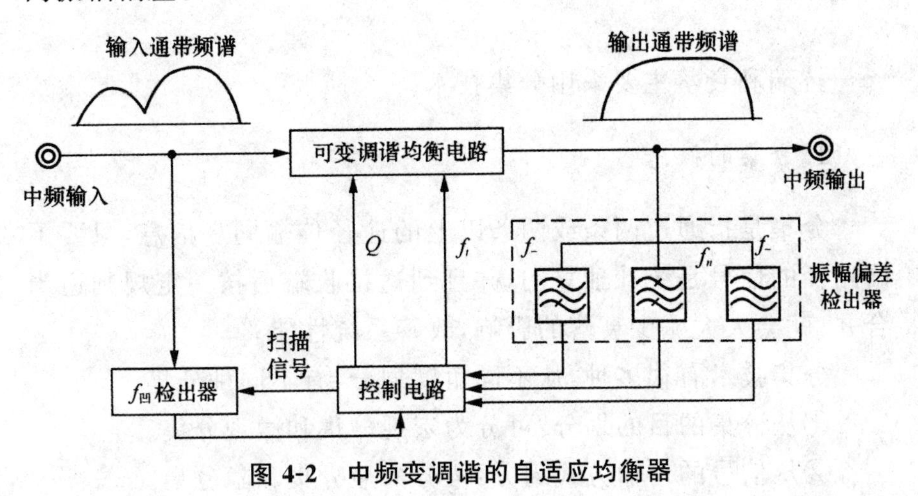

图4-2　中频变调谐的自适应均衡器

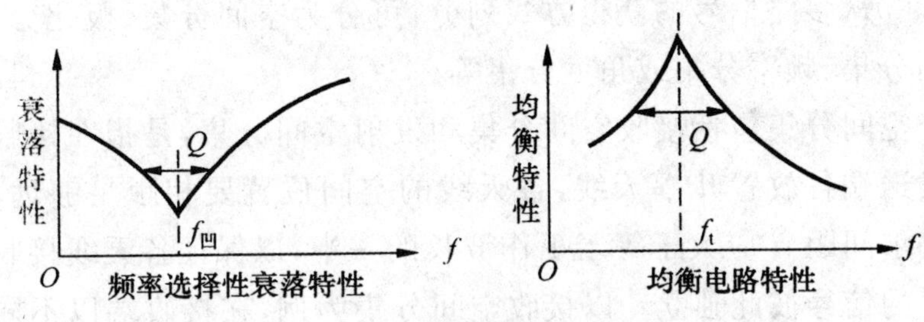

图4-3　衰落特性与均衡特性

2.扩频技术

扩频技术通过伪随机码对信号进行频率扩展，在接收端通过码相关接收机来消除不同时延路径信号之间的相互干扰，也就消除了码间干扰。

3.正交频分复用(OFDM)技术

OFDM将一个高速率的串行码流转化为N个低速率的并行

码流，然后将其分别调制在 N 个相互正交的子载波上进行传输，从而使得每个子载波的传输带宽小于信道的相关带宽，达到抗频率选择性衰落的目的。

4.1.2 抗瑞利衰落

抗瑞利衰落主要采用分集技术。

1. 分集的概念

分集是指通过两条或两条以上的途径传输同一信息，只要不同路径的信号是统计独立的，并且到达接收端后按一定规则适当合并，就会大大减少衰落的影响，改善系统性能。

分集技术有很多种，从不同角度划分，有不同种分集。

①从分集的目的划分：可分为宏观分集和微观分集。

②从信号的传输方式划分：可分为显分集和隐分集。

③从多路信号的获得方式划分：可分为空间分集、极化分集、时间分集、频率分集或角度分集等。

空间分集包括接收空间分集和发射空间分集，是指在接收端或发送端各放置几幅天线，各天线的空间位置要相距足够远，一般要求间距 d 应大于等于工作波长的一半，以保证各天线接收或发射的信号彼此独立。以接收空间分集为例，在接收端以不同天线接收来自同一发射端送过来的无线信号，并经适当合并得到信号。空间分集又分为水平空间分集和垂直空间分集，即表示分别在水平位置放置天线或在垂直高度上放置天线。

极化分集是指分别接收水平极化波和垂直极化波的分集方式。因为水平极化波和垂直极化波彼此正交，相关性很小，因此分集效果明显。

时间分集是指将同一信号在不同时刻多次发送。当时间间隔足够大时，接收端接收到的不同时刻的信号基本互不相关，从而达到分集的效果。直序扩频可以看作是一种时间分集。

频率分集是指将同一信号采用多个频率进行传送。当频率间隔足够大时，由于电波空间对不同频率的信号产生相对独立的衰落特性，因此各频率信号之间彼此独立。在移动通信系统中，通常采用跳频扩频技术实现频率分集。

角度分集是指利用天线波束的不同指向来传送同一信号的方式。指向不同，对应的角度不同。由于来自不同方向的信号彼此互不相关，从而达到分集。

分集技术由于减小了信号的衰落深度，从而增加了系统信噪比，提高了系统性能。与不采用分集技术相比，分集技术使系统性能改善的效果可以通过中断率、分集增益等指标来描述。中断率是指当接收信号功率低于某一值，致使噪声影响加大，从而使得电路发生中断的概率的百分数。中断率越低，分集效果越好。分集增益是指接收机在满足一定误码率和中断率的条件下，采用分集接收和不采用分集接收时接收机所需输入信噪比的差，显然分集增益越大，分集效果越好。

2. 分集合并的方式

采用分集技术接收下来的信号，按照一定的规则进行合并，合并方式不同，分集效果也不同。分集技术采用的合并方式主要有以下几种。

(1)选择合并(Selective Combining)

从分集接收到的几个分散信号中选取具有最好信噪比的支路信号，作为最终输出的方式就是选择合并，其基本原理如图 4-4 所示。

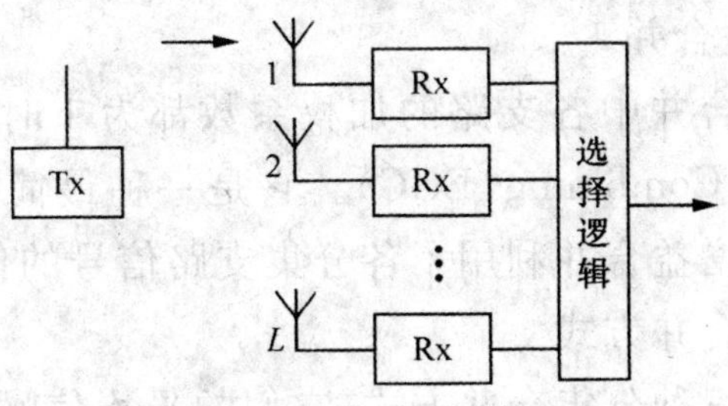

图 4-4　选择合并方式示意图

图中三个接收机分集接收到三个独立路径信号并送入选择逻辑电路，由选择逻辑电路根据信噪比最大准则进行判断，并输出最好信噪比的支路信号。

(2)最大比合并

最大比合并(MaXimum Ratio Combining，MRC)是指接收端通过控制各分集支路增益，使各支路增益分别与本支路的信噪比成正比，然后再相加获得接收信号的方式。理论证明，最大比合并方式是最佳的合并方式。图 4-5 给出了接收端有两个支路的最大比合并方式的原理示意图。

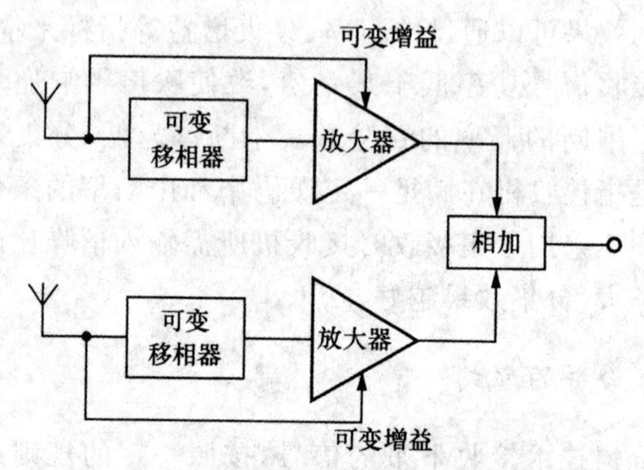

图 4-5　最大比合并方式示意图

图中每个支路都包含一个加权放大器，根据各支路信噪比的大小来分配加权的权重，信噪比大的支路分配大的权重，信噪比小的支路分配小的权重。除加权放大器之外，每个支路还包括一个可变移相器，用于在合并前将各支路信号调整为同相，从而获得最大输出信噪比。

(3)等增益合并

当最大比合并中各支路的加权系数都为 1 时就是等增益合并(Equal-gain Combining，EGC)。它是一种最简单的线性合并方式。由于等增益合并利用了各分集支路信号的信息，其改善效果要优于选择合并方式。

对比上述三种分集合并方式，它们的平均信噪比与分集重数

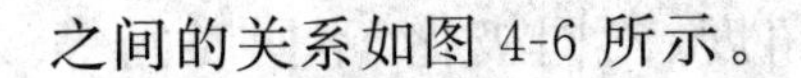
之间的关系如图 4-6 所示。

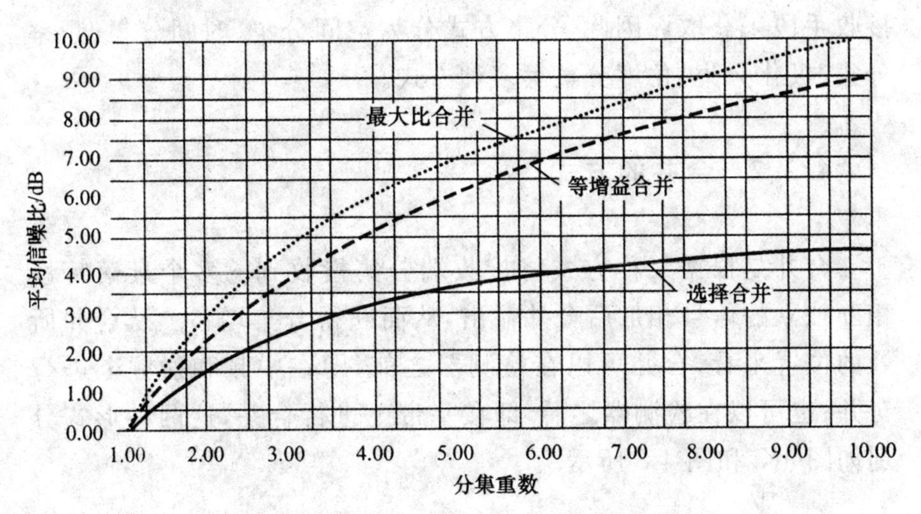

图 4-6　三种分集合并方式的平均信噪比

4.2　分集技术[①]

分集接收的基本思想是指接收端按照某种方式使它收到的携带同一信息的多个信号衰落特性相互独立,并对多个信号进行特定的处理,有意识地分离多径信号并恰当合并以提高接收信号的信噪比来实现抗衰落。例如,人用两只眼睛和两只耳朵分别来接收图像信号和声音信号就是典型的分集接收,一只眼睛肯定不如两只眼睛看得更清楚、更全面,一只耳朵的接收效果肯定不如两只耳朵的接收效果好。

4.2.1　分集方式

为了在接收端得到多个互相独立或基本独立的接收信号,一

① 分集接收技术是一种典型的抗多径衰落技术,并已在短波通信、移动通信系统等领域中得到广泛应用。

般可利用不同路径、不同频率、不同角度、不同极化、不同时间等接收手段来获取。因此,分集方式分为空间分集、时间分集、频率分集、极化分集、角度分集等多种方式。

4.2.2 合并的方式

合并是根据某种方式将接收端分集接收到的多个衰落特性相互独立的信号相加后合并输出,从而获得分集增益。从合并所处的位置来看,合并可以在检测器之前,即在中频和射频上进行合并;也可以在检测器之后,即在基带上进行合并,这两种形式分别如图 4-7 和图 4-8 所示。

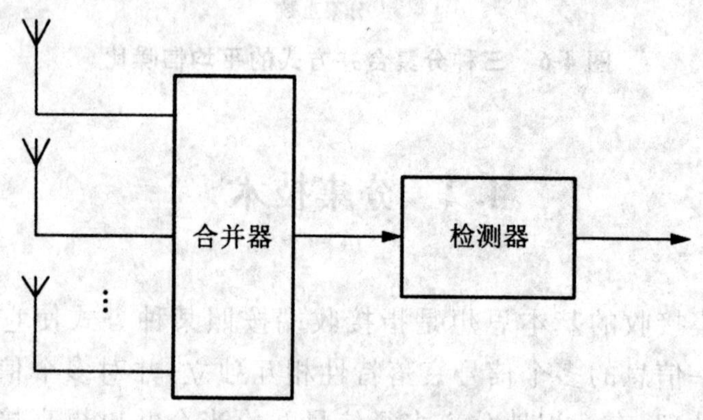

图 4-7 检测前合并技术

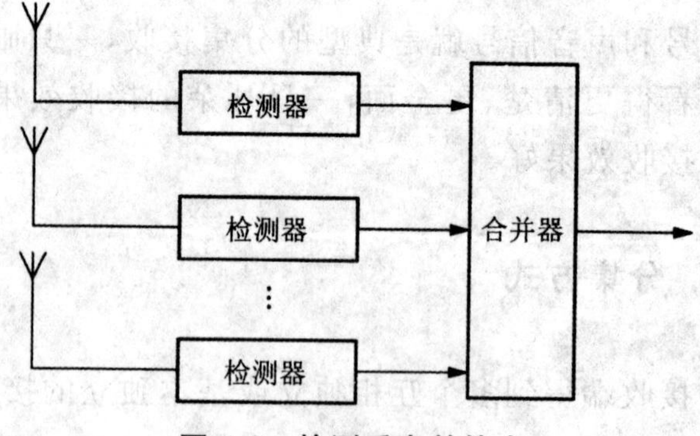

图 4-8 检测后合并技术

假设 N 个输入信号为 $r_1(t), r_2(t), \cdots, r_N(t)$,则合并器的输出信号 $r(t)$ 为

$$r(t)=k_1r_1(t)+k_2r_2(t)+\cdots+k_Nr_N(t)$$
$$=\sum_{i=1}^{N}k_ir_i(t)$$

其中，k_i 为第 i 路信号的加权系数。根据加权系数的不同，合并方式主要有选择式合并、等增益合并、最大比合并。

这三种合并方式的性能分析与比较如图 4-9 所示。

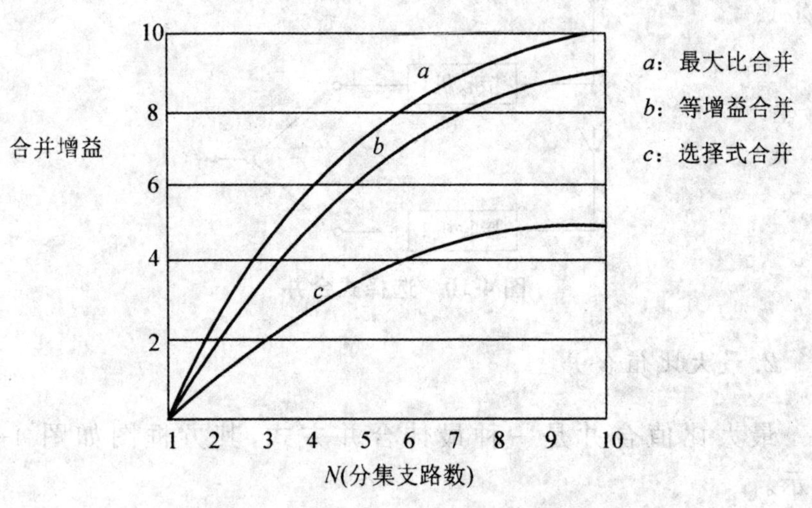

图 4-9 不同合并方式的增益比较

例 4-1 某空间分集系统采用 4 重分集，分别计算选择式合并、等增益合并及最大比合并方法的合并增益。

解：由于分集支路数 $N=4$，则选择式合并增益为

$$G_{\mathrm{M}}=\frac{\bar{r}_{\mathrm{M}}}{\bar{r}_0}=\sum_{k=1}^{N}\frac{1}{k}=1+\frac{1}{2}+\frac{1}{3}+\frac{1}{4}$$
$$=\frac{25}{12}=2.08$$

等增益合并时的增益为

$$G_{\mathrm{M}}=\frac{\bar{r}_{\mathrm{M}}}{\bar{r}_0}=1+(N-1)\frac{\pi}{4}=3.36$$

最大比合并增益为

$$G_{\mathrm{M}}=\frac{\bar{r}_{\mathrm{M}}}{\bar{r}}=4$$

通过该例题可见，最大比合并增益最大，性能最好；选择式合并增

益最小，性能最差。

1. 选择式合并[①]

在选择式合并器中，加权系数只有一项为1，其余均为0，如图4-10所示。

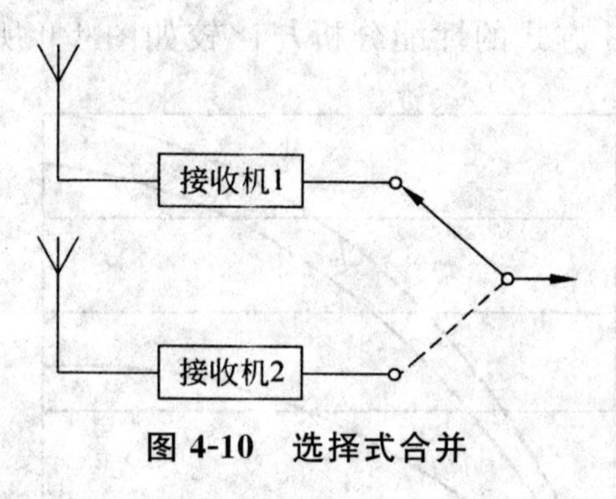

图 4-10 选择式合并

2. 最大比值合并

最大比值合并是一种最佳合并方式，其方框图如图4-11所示。

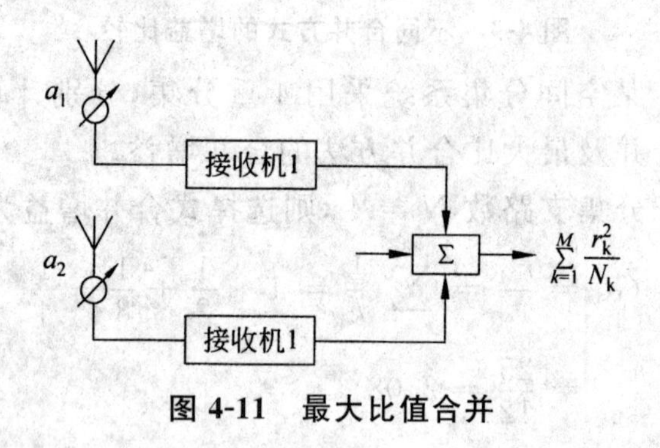

图 4-11 最大比值合并

3. 等增益合并

在等增益合并中，不需要对信号加权，各支路的信号是等增

① 选择式合并是检测所有分集支路的信号，以选择其中信噪比最高的那一个支路的信号作为合并器的输出。

益相加的，其方框图如图 4-12 所示。

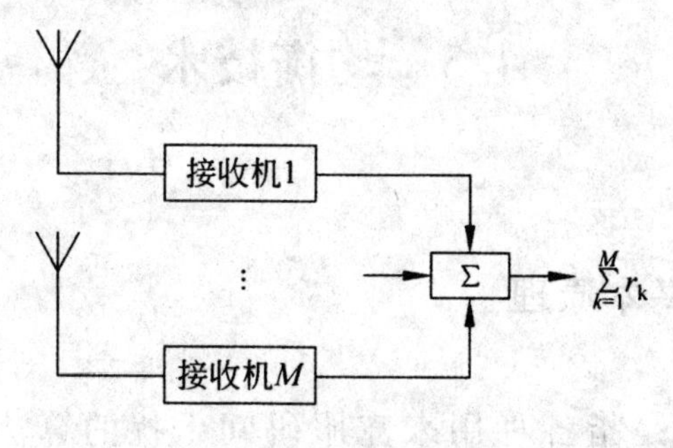

图 4-12　等增益合并

例 4-2　在二重分集情况，试分别求出三种合并方式的信噪比改善因子。

解：可知

$$[\overline{D}_S(M)] = [\overline{D}_S(2)] = 1.76(\text{dB})$$

$$[\overline{D}_R(M)] = [\overline{D}_R(2)] = 3(\text{dB})$$

$$[\overline{D}_E(M)] = 2.5(\text{dB})$$

图 4-13 给出了三种合并方式与 M 的关系曲线。

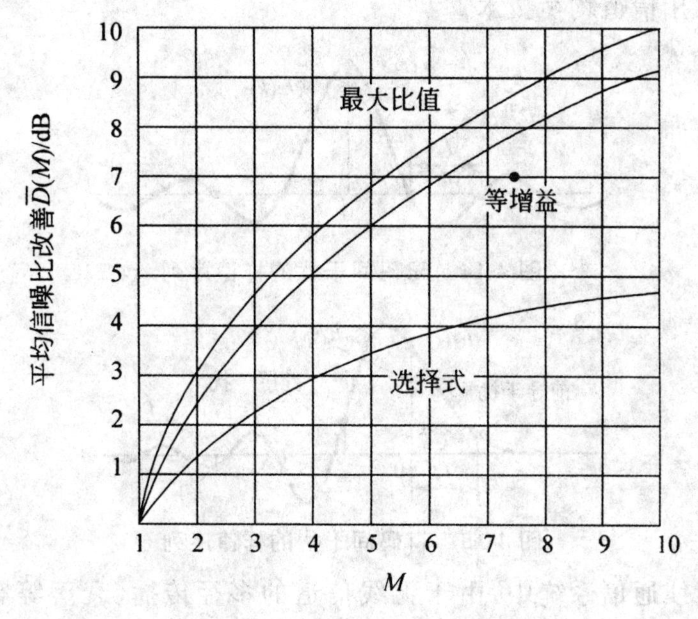

图 4-13　三种合并方式比较

4.3 均衡技术

4.3.1 基本原理

所谓均衡是指各种用来克服码间干扰的算法和实现方法。一个无码间干扰的理想传输系统，在没有噪声干扰的情况下，系统的冲激响应 $h(t)$ 应该具有如图 4-14 所示的波形。它除了在指定的时刻对接收码元的抽样值不为零外，在其余的抽样时刻均应该为零。由于实际信道的传输特性并不理想，冲激响应的波形失真是不可避免的，如图 4-15 所示的 $h_{\mathrm{d}}(t)$，信号的抽样值在多个抽样时刻不为零。这就造成样值信号之间的干扰，即码间干扰。严重的码间干扰会对信息比特造成错误判决。为了提高信息传输的可靠性，必须采取适当的措施来克服码间干扰的影响，方法就是采用信道均衡技术。

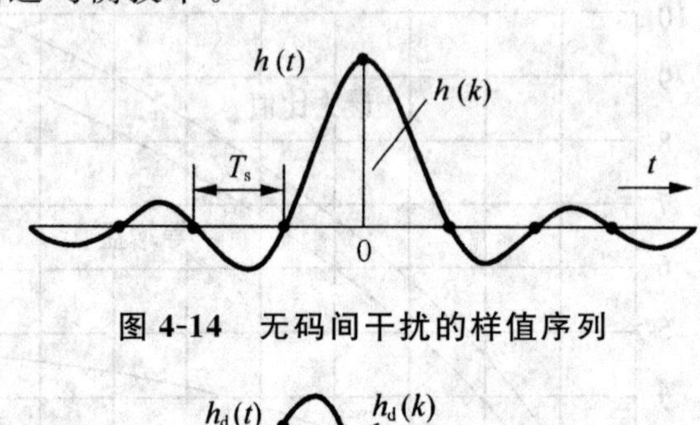

图 4-14　无码间干扰的样值序列

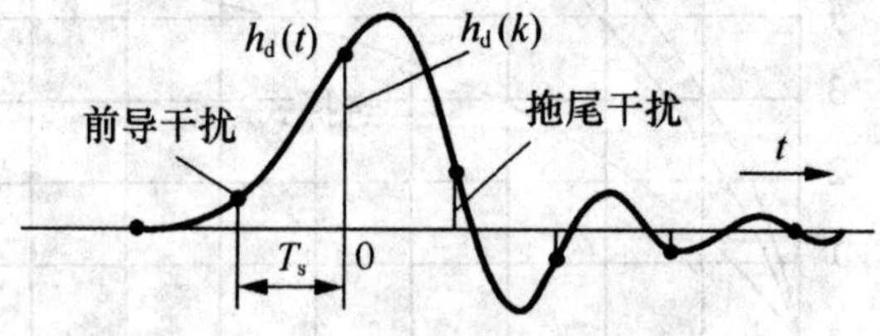

图 4-15　有码间干扰的样值序列

无线通信系统中，由于无线信道的多径传播、衰落等影响会使接收端产生严重的码间干扰，码间干扰会使被传输的信号产生畸变,从而导致接收时产生误码。为了克服码间干扰,提高通信系统的性能,在接收端需采用均衡技术来有效地解决码间干扰问题。均衡是指对信道特性的均衡,也就是接收端滤波器产生与信道相反的特性,用来减小或消除因信道的时变多径传播特性引起的码间干扰。在无线通信系统中,通过接收端插入一种可调(或不可调)滤波器来校正或补偿系统特性,减小码间串扰的影响,这种起补偿作用的滤波器称为均衡器。图 4-16 所示为无线信道均衡示意图。

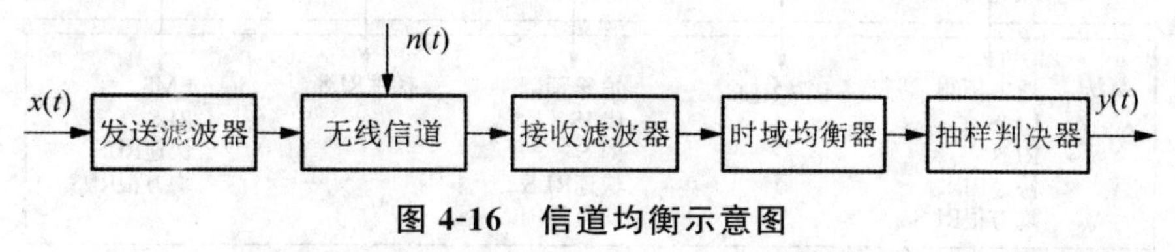

图 4-16　信道均衡示意图

实现均衡的途径有很多,目前主要是通过频域均衡和时域均衡两种途径来实现。频域均衡主要是从频域角度出发,使总的传输函数满足无失真传输条件,它是通过分别校正系统的幅频特性和群迟延特性来实现的。时域均衡主要是从时域响应考虑,使包含均衡器在内的整个系统中的冲激响应满足无码间干扰的条件。时域均衡实现起来比频域均衡更方便,性能一般也要优于频域均衡,故在时变的无线通信特别是移动信道中,几乎都采用时域均衡的实现方式。下面我们主要讨论时域均衡。

时域均衡器位于接收滤波器和抽样判决器之间(图 4-16),它的基本设计思想是将接收滤波器输出端抽样时刻上存在码间串扰的响应波形变换成抽样时刻上无码间串扰的响应波形。时域均衡在原理上分为线性均衡器和非线性均衡器两种类型,每一种类型均可分为多种结构,而每一种结构的实现又可根据特定的性能和准则采用多种自适应调整滤波器参数的算法。根据时域均衡器的使用类型、结构和算法的不同,对均衡器进行的分类如图 4-17 所示。下面将主要介绍几种典型的时域均衡器。

最常用的均衡器结构是线性横向(LTE)结构,如图 4-18 所示。

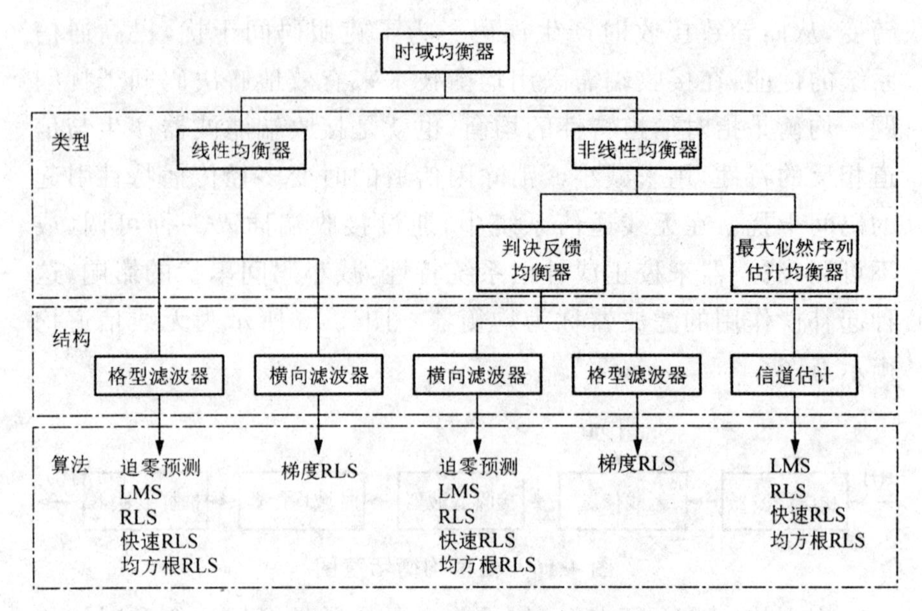

图 4-17 时域均衡器的分类

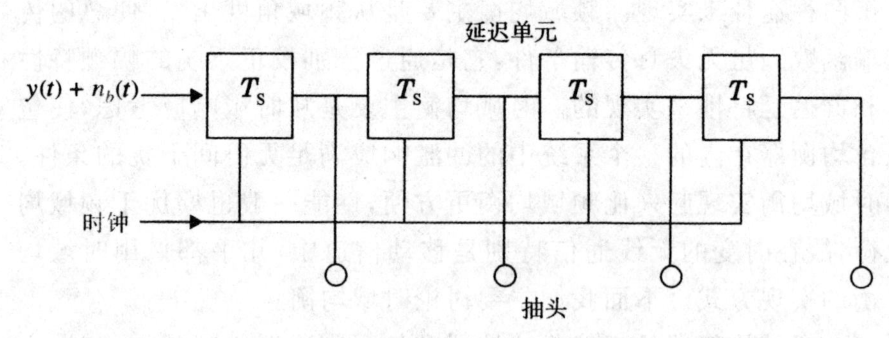

图 4-18 基本的线性横向均衡器的结构

图 4-19 为带前馈和反馈抽头的多级延迟线滤波器的示意图。

4.3.2 线性均衡技术

最基本的线性均衡器结构就是线性横向均衡器(LTE)型结构,它的结构如图 4-20 所示。它由 $2N$ 个延迟单元 (z^{-1})、$2N+1$ 个加权支路和一个加法器组成。c_i 为各支路的加权系数,即均衡器的系数。由于输入的离散信号从串行的延迟单元之间抽出,经过横向路径集中叠加后输出,故称为横向均衡器。最简单的线性横向均衡器只使用前馈延时，其传递函数是 z^{-1} 的多项式，有很多零点，并且极点都是 $z=0$，因此称为有限冲激响应(FIR)滤波器，或者简称横向滤波器。如果均衡器同时具有前馈和反馈链路，则其传递函数是 z^{-1} 的有理分式，称为无限冲激响应(IIR)滤波器，如图 4-21 所示。

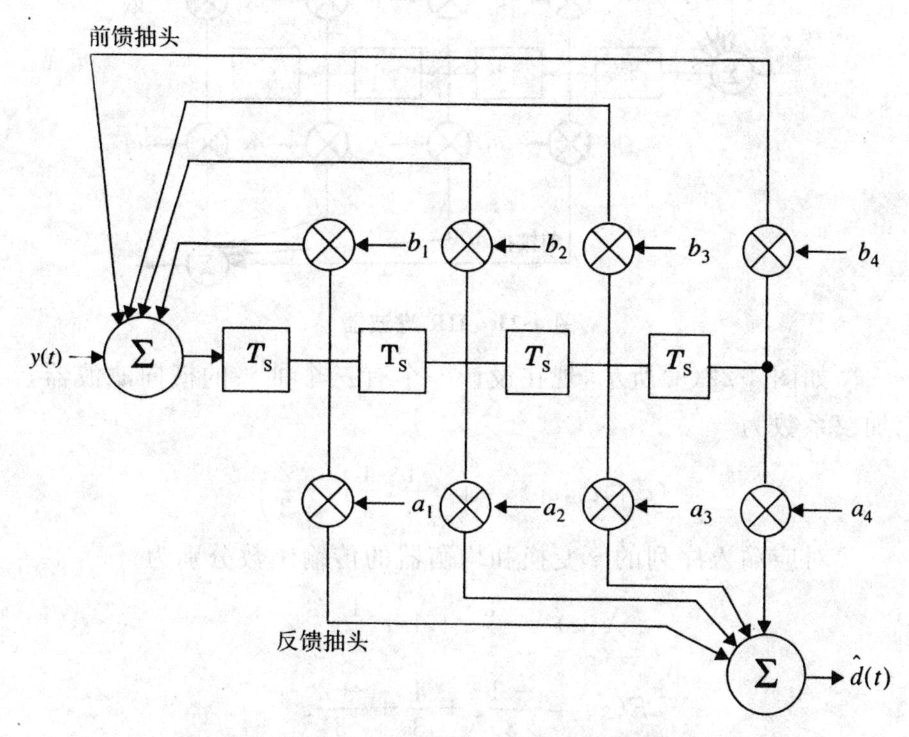

图 4-19　带前馈和反馈抽头的多级延迟线滤波器

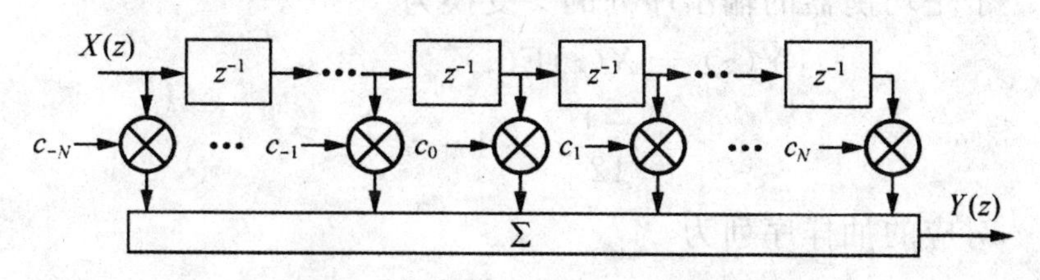

图 4-20　线性横向滤波器结构

当系统输入一个单位冲激信号时，均衡器的输入序列记为 $\{x_k\}$，则均衡器的输出序列 $\{y_k\}$ 中，除 y_0 以外的所有 y_k 都属于波形失真引起的码间干扰。对给定的输入 $X(z)$，适当地设计均衡器的系数就可以对输入序列进行均衡。当 $\{x_k\}$ 确定时，例如，如果均衡器的输入序列为 $\{x_k\}=\left(\frac{1}{4},1,\frac{1}{2}\right)$。

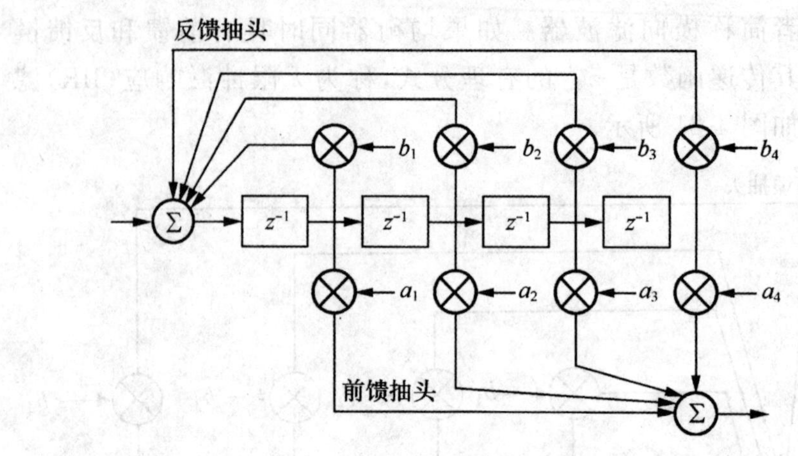

图 4-21 IIR 滤波器

如图 4-22(a)所示，现在设计一个有三个抽头的横向滤波器，加权系数为

$$(c_{-1},c_0,c_1)=\left(-\frac{1}{3},\frac{4}{3},-\frac{2}{3}\right)$$

对应输入序列的 z 变换和均衡器的传输函数分别为

$$X(z)=\frac{1}{4}z+1+\frac{1}{2}z^{-1}$$

$$E(z)=\frac{-1}{3}z+\frac{4}{3}+\frac{-2}{3}z^{-1}$$

于是均衡器的输出序列的 z 变换为

$$\begin{aligned}Y(z)&=X(z)E(z)\\&=\frac{-1}{12}z^2+1+\frac{-1}{3}z^{-2}\end{aligned}$$

对应的抽样序列为

$$\{y_k\}=\left(\frac{-1}{12},0,1,0,\frac{-1}{3}\right)$$

由图 4-22 可以看出，输出序列的码间干扰有所改善，但还是不能完全消除码间干扰，如 y_{-2}，y_2 均不为零，这是残留的码间干扰。可以预期，若增加均衡器的抽头数，均衡的效果会更好。

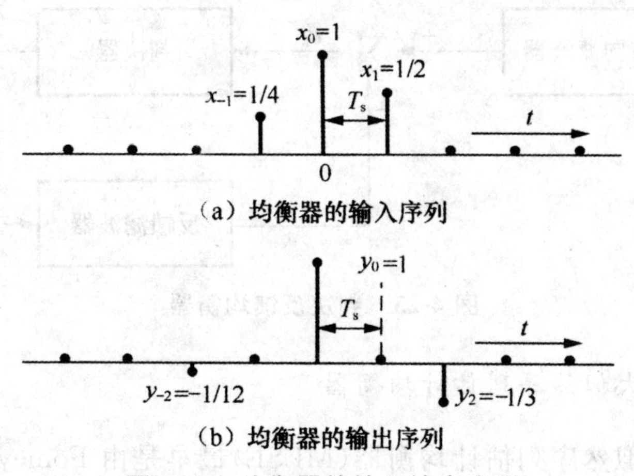

图 4-22　均衡器的输入输出序列

4.3.3　非线性均衡器

当信道中存在深度衰落而使信号产生严重失真时，线性均衡器会对出现深度衰落的频谱部分及周边的频谱产生很大的增益，从而增加了这段频谱的噪声，以致线性均衡器不能取得满意的效果，这时采用非线性均衡器处理效果比较好。常用的非线性算法有判决反馈均衡(DFE)、最大似然符号检测均衡及最大似然序列估计均衡(MLSE)。

1. 判决反馈均衡器

判决反馈均衡器(DFE)的结构如图 4-23 所示，它由两个横向滤波器和一个判决器构成，两个横向滤波器由一个前向滤波器和一个反馈滤波器组成，其中前向滤波器是一个一般的线性均衡器，前向滤波器的输入是接收序列，反馈滤波器的输入是已判决的序列。判决反馈均衡器根据接收序列预测前向滤波器输出中的噪声和残留的码间干扰，然后从中减去反馈滤波器输出，从而消除这些干扰。与线性均衡器相比，判决反馈均衡器的错误概率要小。

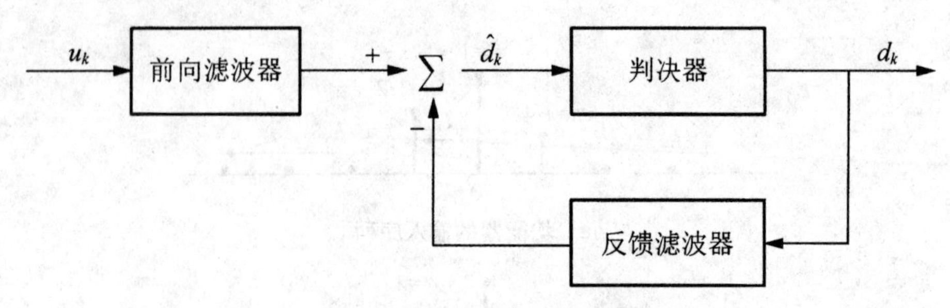

图 4-23 判决反馈均衡器

2.最大似然序列估计均衡器

最大似然序列估计均衡器(MLSE)最早是由 Fomey 提出的,它设计了一个基本的最大似然序列估计结构,并采用 Viterbi 算法实现。最大似然序列估计均衡器的结构如图 4-24 所示,最大似然序列估计均衡器通过在算法中使用冲击响应模拟器,并利用信道冲激响应估计器的结果,检测所有可能的数据序列,选择概率最大的数据序列作为输出。最大似然序列估计均衡器是在数据序列错误概率最小意义下的最佳均衡,这就需要知道信道特性,以便计算判决的度量值。

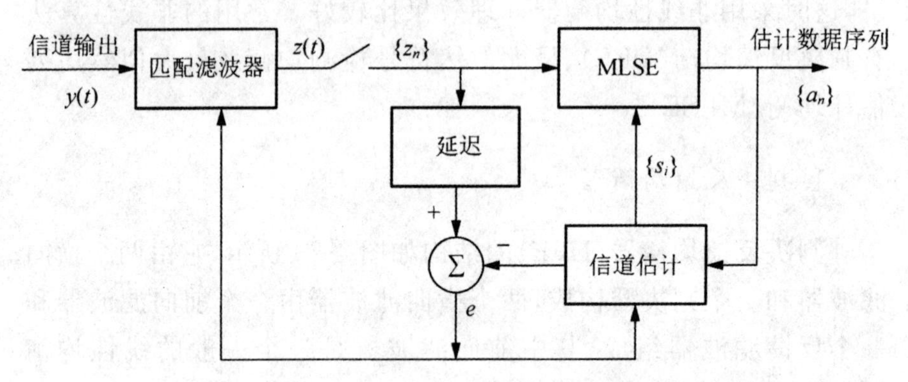

图 4-24 最大似然序列估计均衡器(MLSE)的结构

4.3.4 自适应均衡器

自适应均衡器(图 4-25)一般包含两种工作模式:训练模式和跟踪模式。

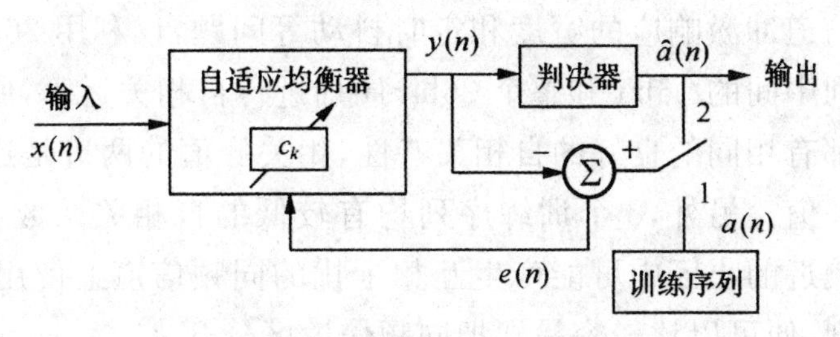

图 4-25 自适应均衡器

时分多址的无线系统发送数据时通常是以固定时隙长度定时发送的，特别适合使用自适应均衡技术。它的每一个时隙都包含有一个训练序列，可以安排在时隙的开始处，如图 4-26 所示。此时，均衡器可以按顺序从第一个数据抽样到最后一个进行均衡，也可以利用下一时隙的训练序列对当前的数据抽样进行反向均衡，或者在采用正向均衡后再采用反向均衡，比较两种均衡的误差信号的大小，输出误差小的均衡结果。训练序列也可以安排在数据的中间，如图 4-27 所示，此时训练序列可以对数据做正向和反向均衡。

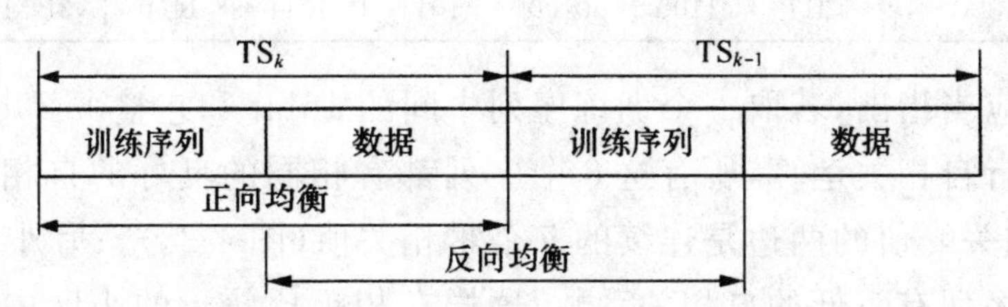

图 4-26 训练序列置于时隙的开始位置

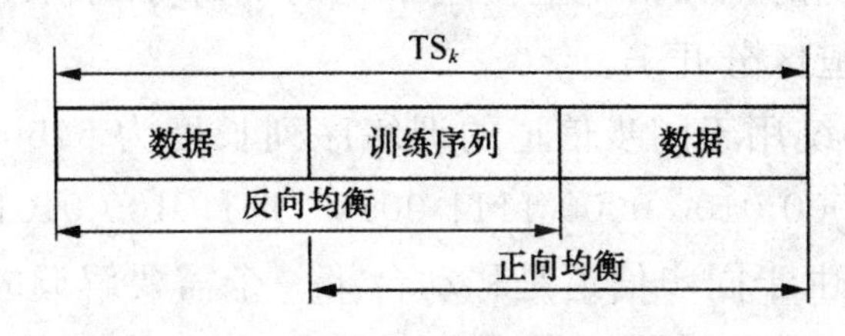

图 4-27 训练序列置于时隙的中间

GSM 移动通信系统设计了不同的训练序列，分别用于不同的逻辑信道的时隙。其中用于业务信道、专用控制信道时隙的训练序列长度为 26bit，共有 8 个，如表 4-1 所示。这些序列都是被安排在时隙中间，使得接收机能正确确定接收时隙内数据的位置。

考虑到信道冲激响应的宽度和定时抖动等问题，仅利用 26bit 长的训练序列中间的 16bit 和整个 26bit 序列进行自相关运算，所有这 8 个序列都有相同的良好的自相关特性，相关峰值的两边是连续的 5 个零相关值。另外，8 个训练序列均有较低的自相关系数，这样在相距比较近的小区中可能产生互相干扰的同频信道上使用不同的训练序列，便可以比较容易地把同频信道区分开来。

表 4-1 GSM 系统的训练序列

序号	二进制							十六进制
1	00	1001	0111	0000	1000	1001	0111	0970897
2	00	1011	0111	0111	1000	1011	0111	0B778B7
3	01	0000	1110	1110	1001	0000	1110	10EE90E
4	01	0001	1110	1101	0001	0001	1110	11ED11E
5	00	0110	1011	1001	0000	0110	1011	06B906B
6	01	0011	1010	1100	0001	0011	1010	13AC13A
7	10	1001	1111	0110	0010	1001	1111	29F629F
8	11	1011	1100	0100	1011	1011	1100	3BC4BBC

应当指出，若取一个训练序列中间的 16bit 和它整个 26bit 序列进行自相关运算，所有这 8 个序列都有相同的良好的自相关特性，相关峰值的两边是连续的 5 个零相关值(图 4-28)。另外，8 个训练序列有较低的自相关系数，这样在相距比较近的小区中可能产生互相干扰的同频信道上使用不同的训练序列，便可以比较容易把同频信道区分开来。

GSM 系统用于同步信道的训练序列长度为 64bit：1011 1001 0110 0010 0000 0100 0000 1111 0010 1101 0100 0101 0111 0110 0001 1011。由于同步信道是移动台第一个需要解调的信道，所以它的长度大于其他的训练序列，并具有良好的自相关特性。它是 GSM 系统同步信道唯一的训练序列，置于时隙的中间。

此外，GSM 系统的接入信道也有一个唯一的、长度为 41bit 的训练序列：0100 1011 0111 1111 1001 1001 1010 1010 0011 1100 0，置于时隙的开始位置。它也有良好的自相关性。

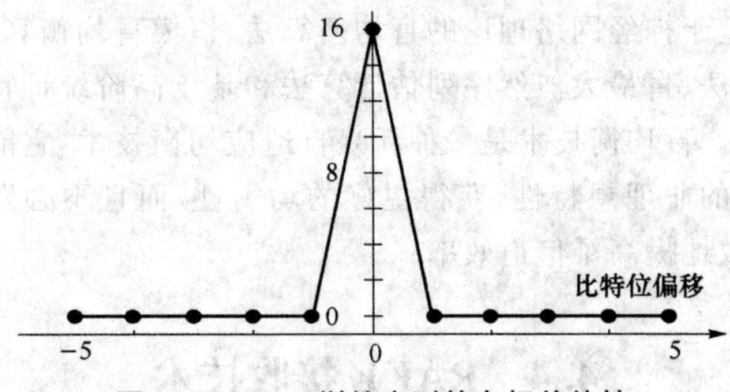

图 4-28　GSM 训练序列的自相关特性

4.3.5　盲均衡器

近年来,盲均衡在无线通信和信号处理领域受到了普遍关注,盲均衡技术是指均衡器能够不借助训练序列,仅利用接收序列本身的先验信息来均衡信道特性。盲均衡利用发送信号的已知特性对信道进行自适应均衡,通过使均衡器输出的统计特性与接收信号的已知统计特性相匹配来调整均衡器的参数,使其输出序列尽量逼近发送序列。盲均衡的原理框图如图 4-29 所示,图中,$x(n)$ 为发送序列,$h(n)$ 为传输信道的冲激响应(包括发射滤波器、传输媒介和接收滤波器的综合作用),$n(n)$ 为信道迭加噪声,$w(n)$ 为盲均衡器的冲激响应,$y(n)$ 为经过信道的接收序列,也是盲均衡器的输入序列,$\hat{x}(n)$ 为经过均衡后的恢复序列。

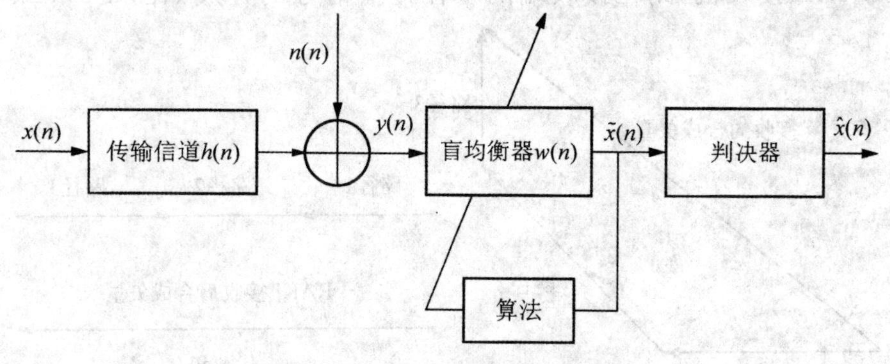

图 4-29　盲均衡的系统模型

目前,比较成熟的盲均衡算法有基于 Bussgang 技术的盲均衡算法、基于神经网络理论的盲均衡算法、恒模盲均衡算法、多模盲均衡算法、盲最大似然序列估计算法和基于高阶统计特性的盲均衡算法。盲均衡技术是一种新兴自适应均衡技术，它能有效地补偿信道的非理想特性，获得更好的均衡性，而且不必发送训练序列，有效地提高了信道效率。

4.4 RAKE 接收技术

RAKE 接收机所做的就是：为每一个多径信号提供一个单独的相关接收机，从而尽量获得原始信号的一个正确的时移版本。图 4-30 所示为一个 RAKE 接收机。

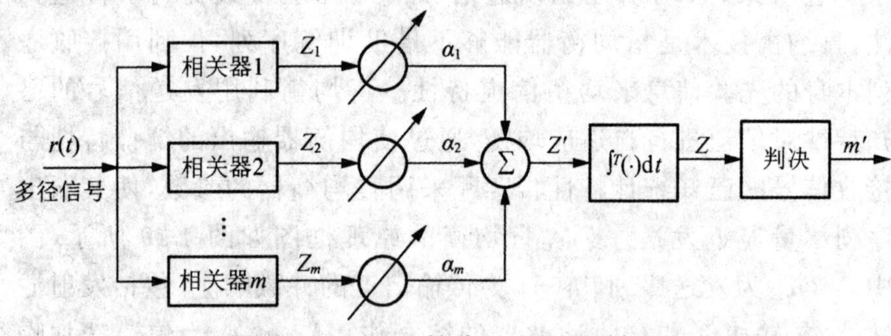

图 4-30　RAKE 接收机实现原理框图

RAKE 接收技术实际上是一种多径分集接收技术，若无 RAKE 接收机，则在接收端的多径传播信号的合成如图 4-31(a)

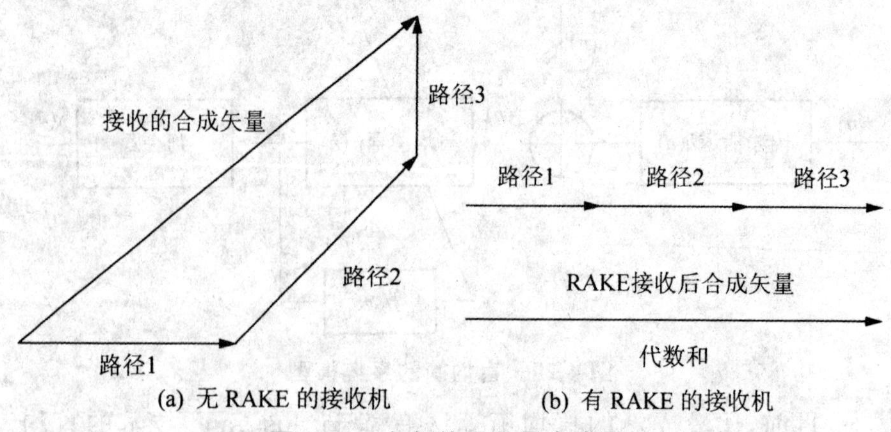

(a) 无 RAKE 的接收机　　(b) 有 RAKE 的接收机

图 4-31　多径信号矢量合成图

所示,若采用扩频信号设计与 RAKE 接收的信号处理后,多条路径信号矢量图的合成如图 4-31(b)所示,图中假设有 3 条主要传播路径。

4.5　多址接入技术

4.5.1　频分多址(FDMA)

图 4-32 是 FDMA 通信系统的频道划分及工作示意图。

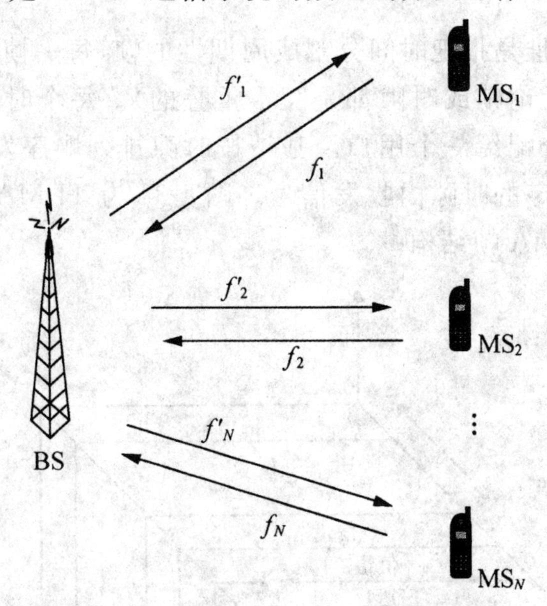

图 4-32　FDMA 系统的工作示意图

FDMA 系统频谱分隔如图 4-33 所示。由图可见,在频率轴上,前向信道占有较高的频带,反向信道占有较低的频带,两者之间留有保护频段,保护频段一般必须大于一定数值。此外,用户信道之间通常要设有载频间隔 Δf ,以避免系统频率漂移造成频道间的重叠。例如,在 GSM 900MHz 频段,收发频率间隔通常为 45MHz,载频间隔为 200kHz。

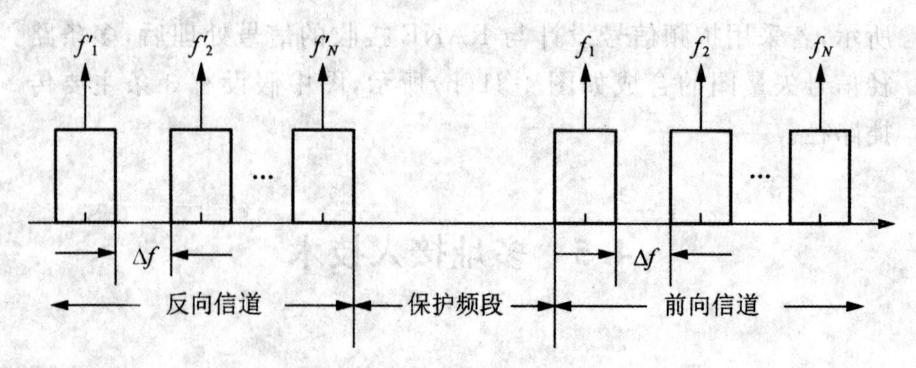

图 4-33 FDMA 系统频谱分隔示意图

4.5.2 时分多址(TDMA)

时分多址是指把时间分割成周期性的帧,每一帧再分割成若干个时隙(无论帧或时隙都是互不重叠的)。每个时隙就是一个通信信道,分配给一个用户。基站按时隙排列顺序发收信号,各移动台在指定的时隙内收发信号。图 4-34 为 TDMA 示意图,图 4-35 为 TDMA 帧结构。

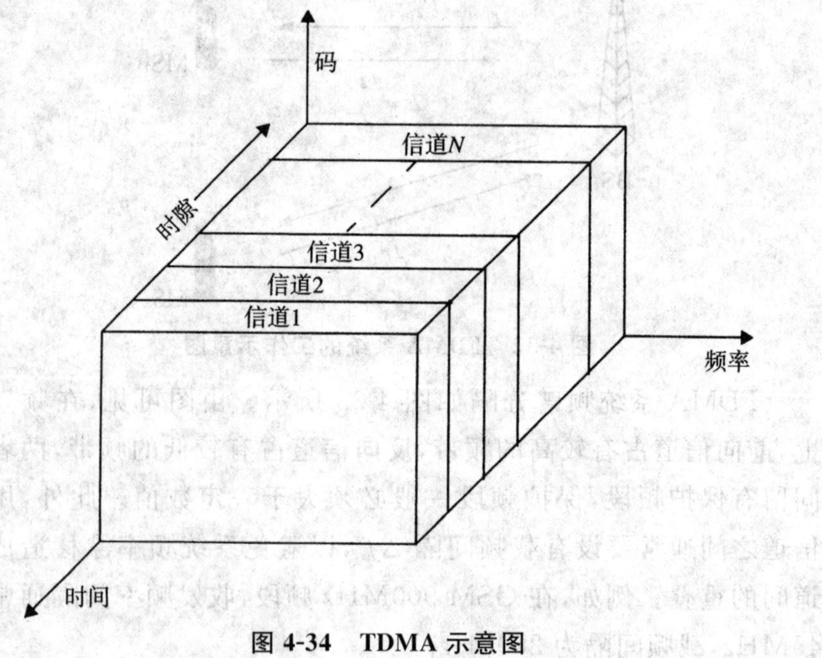

图 4-34 TDMA 示意图

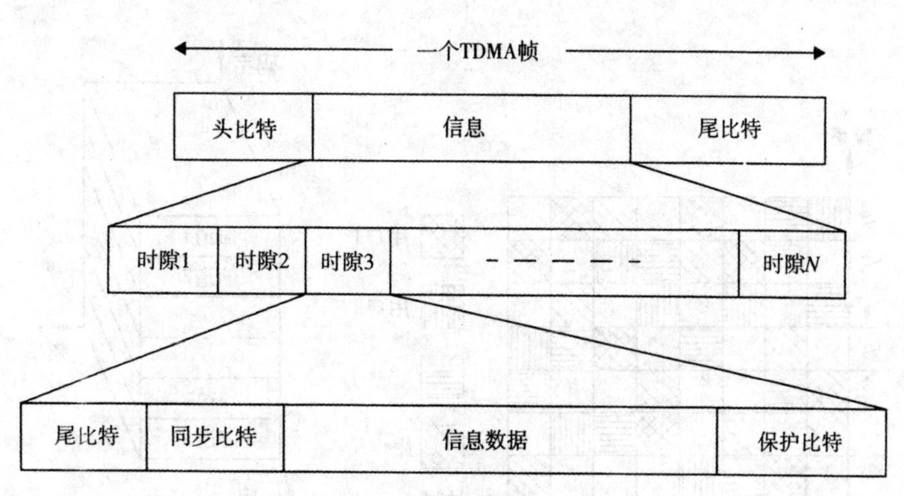

图4-35 TDMA帧结构

4.5.3 码分多址(CDMA)

CDMA系统框图如图4-36所示。

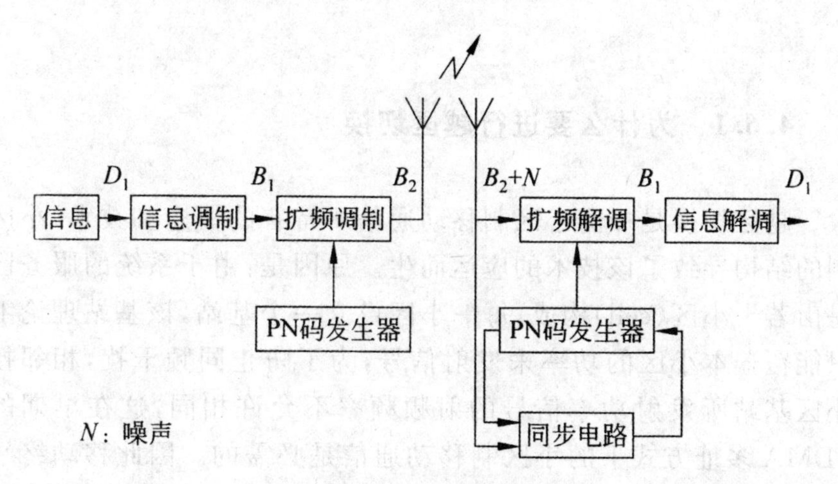

图4-36 码分多址系统框图

常用的扩频信号有两类:跳变频率扩频(FH)和直接序列扩频(DS)(图4-37)。

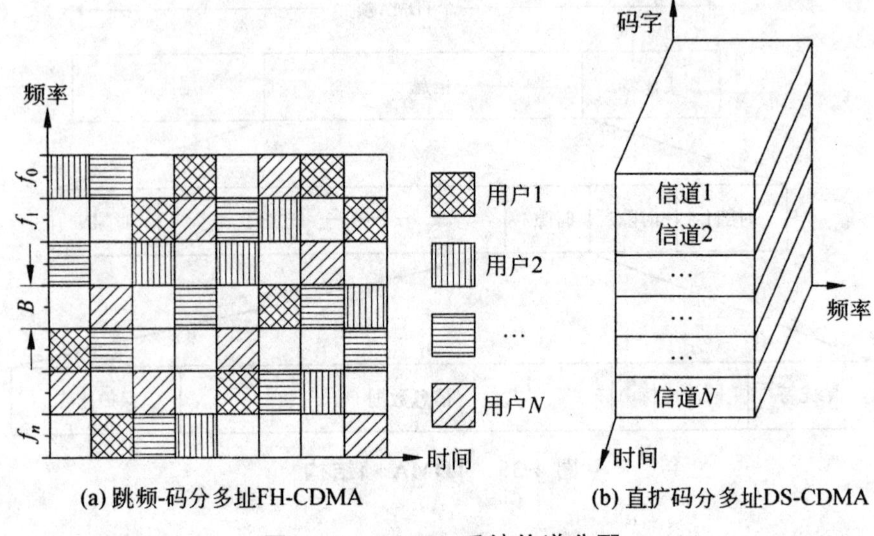

图 4-37　CDMA 系统信道分配

4.6　越区切换技术

4.6.1　为什么要进行越区切换

越区切换是蜂窝小区制移动通信所特有的概念和技术，小区制的结构导致了该技术的应运而生。原因是：由于系统的服务区是由若干小区（cell）构成，每一小区设立一个基站，该基站理论上只能覆盖本小区的功率来发射信号，为了防止同频干扰，相邻接小区基站所发射功率信号的射频频率不允许相同，这在早期的FDMA 多址方式下的小区制移动通信是必需的。因此移动终端在小区之间快速移动时，必然会发生穿越相邻小区（基站）的情况，当终端从原小区进入邻接的目标小区时，由于邻接基站的射频频率不同，为了保证移动终端通信的连续性，其射频通信链路必然进行转移，即将无线通信链路从原小区的射频频率转移到邻接的目标小区的射频频率上，这个过程就是越区切换，如图 4-38 所示。因此，在早期的蜂窝小区制移动通信体制下，越区切换是必需的，也是其关键及通用技术之一。

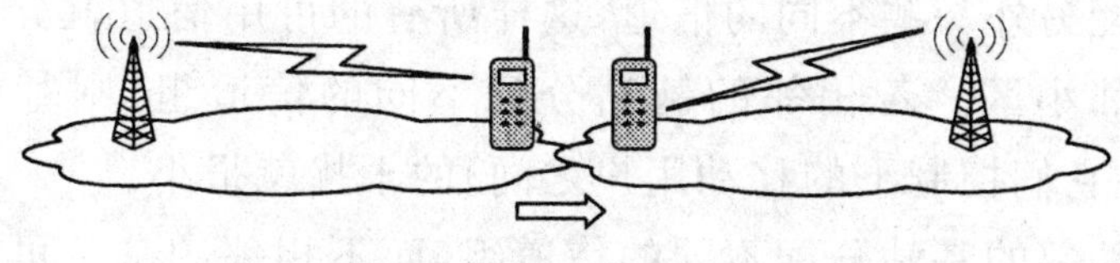

图4-38　越区切换示意图

4.6.2　越区切换准则

常用准则有以下四种：

①相对信号强度准则。

②具有门限规定的相对信号强度准则。

③具有滞后余量的相对信号强度准则。

④具有滞后余量和门限规定的相对信号强度准则。

4.7　小区制与大区制

应用有中心的无线通信网络实现对区域覆盖通信的组网方式有两种：一是大区制，另一种是小区制，也称蜂窝系统。

4.7.1　小区制

大区制的主要缺点是系统容量不高，它能够提供的容量由基站能够提供的可用信道数来决定。如何能在有限的频率资源上提供非常大的容量，覆盖非常大的区域是我们所关注的主要问题，解决的办法是蜂窝概念。

蜂窝概念是一种系统级的概念，其思想主要包括以下几个方面。

①用许多小功率的发射机来代替单个的大功率发射机，那么一个大覆盖区就由许多小覆盖区所代替。每个小覆盖区有一个基站，只提供服务范围内的一小部分区域覆盖，这些小覆盖区称为小区。通过基站天线的设计将覆盖范围限制在小区边界以内。

②每个小区基站分配整个系统可用信道中的一部分，相邻小区则分配另外一些不同的信道，这样所有的可用信道就分配给了一组相邻小区。若相邻的基站分配不同的信道组，则基站之间（以及在它们控制下的移动用户之间）的干扰就很小。

③相邻的基站分配不同的信道组，而不相邻的基站可以分配相同的信道组，即实现信道复用。要求这些同信道组的小区之间的距离足够远，从而使其相互间的干扰水平限制在可接受的范围内。通过系统地分配整个区域的基站及它们的信道组，可用信道就可以在整个通信系统的地理区域内分配。为整个系统中的所有基站选择和分配信道组的设计过程称为频率复用。

④随着服务需求的增长（如某一特殊地区需要更多的信道），基站的数目可能会增加（同时为了避免增加干扰，发射机功率应相应地减小），从而提供更多的容量，但没有增加额外的频率。

显然，蜂窝系统利用了信号功率随传播距离衰减的特点，把一个地理区域（如一个城市）划分为若干个互不重叠的小区，在不同的地理位置上重复使用频率。这一基本原理是蜂窝无线通信系统的基础，因为它通过整个覆盖区域复用信道就可以实现用固定数目的信道为任意多的用户服务。

1. 区域覆盖

为了使得服务区域达到无缝覆盖，就需要采用多个基站相连来覆盖。基于不同的服务区域形状一般分为一维小区（即带状服务区）和二维小区。

带状服务区主要用于覆盖公路、铁路、河流、海岸等，如图4-39所示。带状服务区中可以进行频率复用，标有相同字母的小区使用相同的信道组。图4-39中A、B小区各采用一组频率，一定距离间隔下可以重复使用。

二维小区即在平面区域内划分小区。由于地形的影响，实际上一个小区的无线覆盖是不规则的形状，并且取决于场强测量和传播预测模型。虽然实际小区的形状是不规则的，但需要有一个规则的小区形状用于系统设计，以适应未来业务增长的需要。全向天线辐射的覆盖区是个圆形，为了不留空隙地覆盖整个平面的服务区，各圆形覆盖区之间一定含有很多的重叠区域。在考虑了重叠区域之后，实际上每个覆盖区的有效区域是一个多边形。可以证明，要用正多边形无空隙、无重叠地覆盖一个平面区域，根据重叠区域不同，可用的形状有三种，分别为正三角形、正方形或正六边形，如图 4-40 所示。

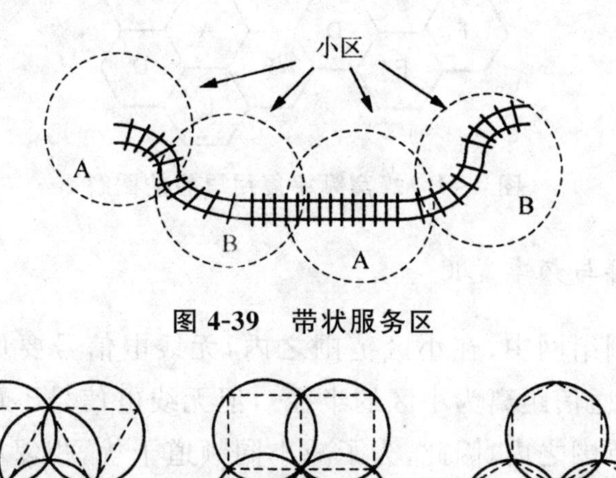

图 4-39　带状服务区

图 4-40　小区的形状

如果多边形中心与它的边界上最远点之间的距离是确定的，那么六边形在这三种几何形状中具有最大的面积。因此，如果用六边形作为覆盖模型，那么可用最少数目的小区覆盖整个地理区域，也就最经济。正六边形构成的网络形同蜂窝，因此把六边形小区形状的移动通信网称为蜂窝网。从图 4-41 可以看出一种概念上的六边形小区的基站覆盖模型。

移动通信系统用六边形来模拟覆盖范围时，基站发射机或者安置在小区的中心（中心激励小区），或者安置在小区顶点之上（顶点激励小区）。通常，全向天线用于中心激励小区，而扇形天线用于顶点激励小区。实际上，一般基站很难完全按照六边形设计图案来安置，大多数的系统设计都允许将基站安置的位置与理论上理想的位置有 1/4 小区半径的偏差。

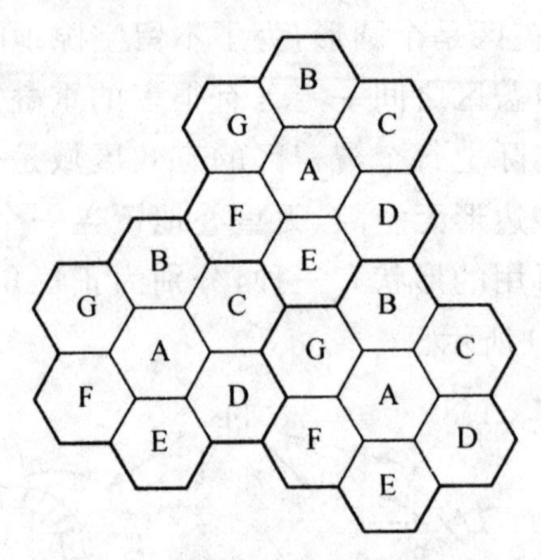

图 4-41　蜂窝频率复用思想的图解

2. 区群与频率复用

小区制组网中,在小区范围之内,无线电信号要保持足够的强度(有效通信距离为小区的半径),但无线电信号不可能只限制在小区的范围之内,因此,为了减小同频道干扰,相邻小区不能使用相同的频道,但如果两个小区足够远,则它们可以采用相同的频道。如何合理地分配信道,以保证使用相同信道的小区之间有足够的距离,这是摆在我们面前的问题,解决问题的方法是区群。

区群(或称小区簇)就是相邻的使用不同频道的所有小区。一个区群中的小区共同使用了系统提供的所有频道资源。也就是说,区群中的每个小区只使用了部分频率资源,但一个区群则包含了全部的频率资源。

在服务区域内由多个区群覆盖,其中采用相同频率段的小区称为同信道(频道)小区,同信道小区之间的干扰称为同信道干扰(同频干扰)。

考虑一个共有 S 个可用信道的蜂窝系统。一个区群由 N 个相邻小区组成,如果每个小区都分配 k 个信道,那么 S 个信道在 N 个小区中分为 N 个独立的信道组,可用信道的总数可表示为

$$S = kN \tag{4-1}$$

系统能够提供的信道总数 C 是系统容量的一个度量，若区群在整个通信系统(或整个服务区域)中复制了 M 次，则系统容量 C 有

$$C = MkN = MS \tag{4-2}$$

从式(4-2)中可以看出，蜂窝系统的容量直接与区群在某一固定范围内复制的次数 M 成正比。因数 N 称为区群的大小，如果区群的大小 N 减小而小区的大小保持不变，则需要更多的区群来覆盖给定的范围，从而获得更大的容量(C 值更大)。

蜂窝系统的频率复用因子为 $1/N$，因为一个区群中的每个小区都只分配到系统中所有可用信道的 $1/N$。图 4-41 给出了一个蜂窝频率复用思想的图解，图中标有相同字母的小区使用相同的频率集。区群的外围用粗线表示，并在覆盖区域内进行复制。在本例中，区群的大小 $N = 7$，频率复用因子为 1/7，即每个小区都要包含可用信道总数的 1/7。

例 4-3　一个蜂窝系统中有 1001 个用于处理通信业务的可用信道，设小区的面积为 6km^2，整个系统的面积为 2100km^2。

(1) $N = 7$，计算系统容量。

(2) $N = 4$，覆盖整个区域，需要将该区群覆盖多少次？计算系统容量。

(3)减小区群大小 N 能增大系统容量吗？减小小区的面积能增大系统容量吗？解释原因。

解：

$$S = 1001, A_{\text{cell}} = 6\text{km}^2, A_{\text{sys}} = 2100\text{km}^2$$

(1) $N = 7$ 时系统容量

$$C = MS = \frac{A_{\text{sys}}}{A_{\text{cluster}}} \times 1001 = \frac{2100}{6 \times 7} \times 1001 = 50050$$

(2) $N = 4$ 时需要覆盖的次数

$$M = \frac{A_{\text{sys}}}{A_{\text{cluster}}} = \frac{2100}{6 \times 4} \approx 88$$

$N = 4$ 时系统容量

$$C = MS \approx 88 \times 1001 = 88088$$

(3)当小区面积给定时，区群越小，为覆盖相同的区域，则区群

复制次数越多，则系统容量C越大；当区群大小不变时，小区面积越小，为覆盖相同的区域，则区群复制次数越多，则系统容量C越大。

3. 区群的组成与布局

区群的组成应满足两个条件：一是区群之间彼此相邻，无空隙、无重叠地对服务区域进行覆盖；二是各相邻同频道小区的距离相同。满足上述条件的区群形状和区群内的小区数不是任意的，可以证明，区群内的小区数应满足

$$N = i^2 + ij + j^2 \tag{4-3}$$

式中，i，j为任意非负整数，则有

$$N = 1,3,4,7,9,12,13,16,19,21,\cdots$$

相应的区群形状如图4-42所示。

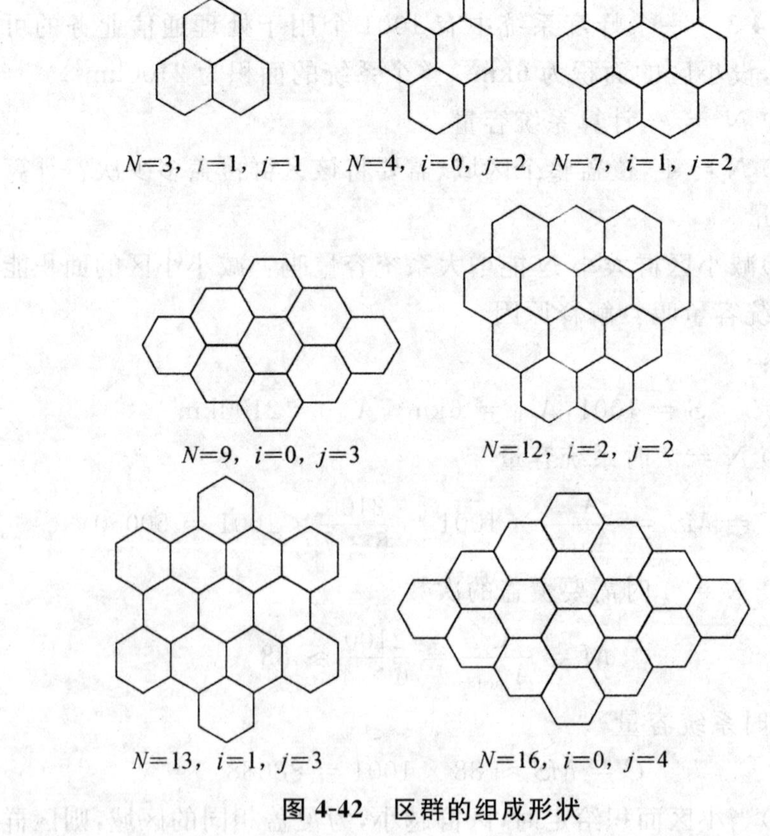

图4-42 区群的组成形状

由于六边形几何模式有六个等同的相邻小区，并且从任意小区中心连接到相邻小区中心的线可分成多个 60°的角，这样就生成了确定的小区布局。

图 4-43 显示了 $N=3$ 的一个实例，可见，对于六边形小区而言，每个小区有六个相邻的距离相同的 M 信道小区。同信道小区分层排列，当小区尺寸相同时，通常第 k 层有 $6k$ 个同信道小区。

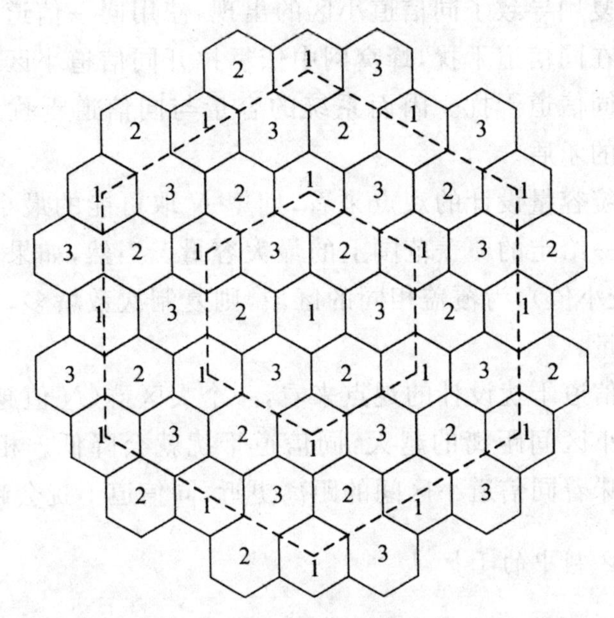

图 4-43　蜂窝系统中定位同频小区的方法（$N=3, i=1, j=1$）

设小区的半径（即正六边形外接圆的半径）为 R，如图 4-44 所示，可得相邻小区之间的中心距离

$$d_0 = 2 \times \sqrt{R^2 - (R/2)^2} = \sqrt{3}R \tag{4-4}$$

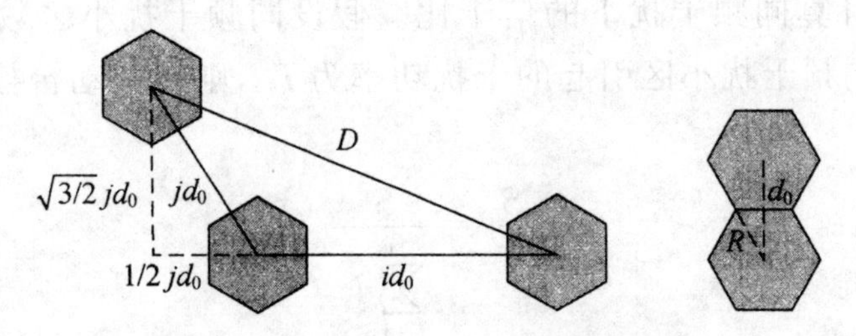

图 4-44　相邻同信道小区之间的距离

进而可以计算出相邻同信道小区中心之间的距离为

$$
\begin{aligned}
D &= \sqrt{(id_0 + id_0/2)^2 + (\sqrt{3}jd_0/2)^2} \\
&= \sqrt{i^2 + ij + j^2} \times d_0 \\
&= \sqrt{3N}R
\end{aligned} \tag{4-5}
$$

由式(4-5)显见，区群的大小 N 越大，同信道小区的距离就越远；小区半径 R 越大，同信道小区的距离就越远。

频率复用导致了同信道小区的出现，使用同一信道的小区之间势必存在同信道干扰，蜂窝网中依靠拉开同信道小区之间的距离来减小同信道干扰。因而系统的容量与同信道干扰之间显然存在一定的矛盾。

从系统容量设计的观点来看，期望 N 取可能的最小值，目的是取得某一给定的覆盖范围上的最大容量。当然，如果小区面积小(R 取较小值)，为覆盖相同的区域，则复制次数增多，也可以扩大系统容量。

从同信道干扰设计的观点来看，一个大区群(N 值越大)意味着同信道小区间距离的越大，同信道干扰就会降低。相反，一个小区群意味着同信道小区间的距离更近，同信道干扰会越严重。

4. 小区制中的干扰

蜂窝系统的主要干扰是同信道(同频)干扰和邻信道(邻频)干扰。

(1)同信道干扰

假设每个小区的大小都差不多，基站也都发射相同的功率，我们来计算同频干扰下的信干比。假设同频干扰小区数为 N_I ，第 i 个同频干扰小区引起的干扰功率为 I_i ，则有移动台接收机信干比为

$$
\frac{S}{I} = \frac{S}{\sum_{i=1}^{N_I} I_i}
$$

式中，S 是来自目标基站中的信号功率。由无线信道特性，我们知道距离发射台 d 处的接收信号功率 P_r ，与距离发射台 d_0 处的

接收信号功率 P_0 之间有如下关系：

$$P_r = P_0\left(\frac{d}{d_0}\right)^{-\kappa}$$

式中，κ 为路径损耗指数，在市区的蜂窝系统中，路径损耗指数一般为 2～5。设所有的基站发射功率都相同，路径衰减指数相同，移动台距所属小区基站的距离为 r，距第 i 个同频小区基站的距离为 D_i，那么移动台的信干比可以近似表示为

$$\frac{S}{I} = \frac{r^{-\kappa}}{\sum_{i=1}^{N_I} D_i^{-\kappa}}$$

若仅仅考虑第一层干扰小区（六个相邻的同信道小区），假设移动台处于小区的边界上，且所有干扰基站与移动台的距离是相等的，近似为相邻同信道小区中心之间的距离 D，则上式可以近似简化为

$$\frac{S}{I} = \frac{(D/R)^{\kappa}}{6} = \frac{(\sqrt{3N})^{\kappa}}{6}$$

我们还可以将上面的情况进行误差较小的近似。如图 4-45 所示，可以看出，对于一个在小区边界上的移动台，假设移动台与最近的两个同频干扰小区间的距离近似为 $D-R$，第一层其他的干扰小区间的距离分别近似为 D 和 $D+R$，得到移动台在小区边界处的信干比较为确切的表达式为

$$\frac{S}{I} = \frac{R^{-\kappa}}{2(D-R)^{-\kappa} + 2D^{-\kappa} + 2(D+R)^{-\kappa}}$$

例 4-4　设在某蜂窝通信系统中可以接收的信号与同信道干扰之比为 $\frac{S}{I} = 18\text{dB}$，由测量得出 $\kappa = 4$，区群尺寸为 7 能否满足要求？若信干比要求提高到 20dB，区群尺寸为 7 能否满足要求？

解：由题意有

$$\frac{S}{I} = \frac{(\sqrt{3N})^{\kappa}}{6} \geqslant 18\text{dB}$$

代入 $\kappa = 4$ 有

$$N \geqslant \frac{1}{3} \times (6 \times 10^{1.8})^{\frac{1}{2}} = 6.49$$

在这种情况下，为了获得至少 18dB 的信干比，区群尺寸为 7 能满足要求。若信干比要求提高到 20dB，则有

$$N \geqslant \frac{1}{3} \times (6 \times 10^{2})^{\frac{1}{2}} \approx 8.165$$

可见区群尺寸至少为 9 才能满足要求。

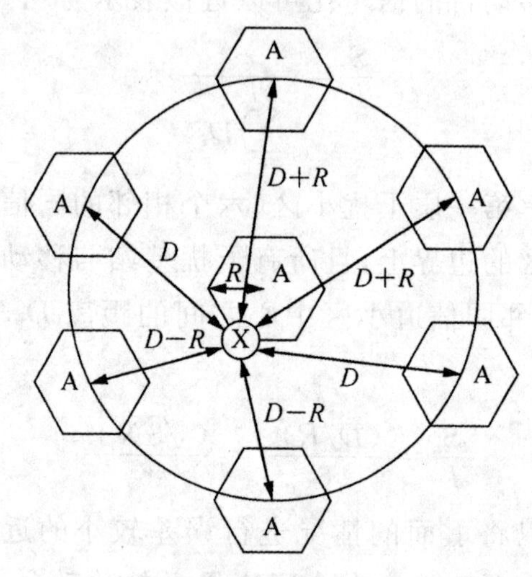

图 4-45　$N=7$ 时移动台在小区边界处的同频干扰图例

例 4-4 中，虽然区群尺寸由 7 增大到 9 后可以达到信干比的要求，但同时频率复用时提供给每个小区的频谱利用率由 1/7 下降为 1/9，最终导致系统容量的下降。

例 4-5　某蜂窝系统中有 416 个信道用于处理话务量，其中 20 个为控制信道，区群尺寸为 9，一次呼叫的平均占用时间为 3min，忙时阻塞概率为 2%，信道阻塞控制选择 LCC 制。

(1)求单位小时内每个小区的呼叫数量。

(2)路径损耗指数为 4，求信号与同频干扰比 S/I。

解：(1)每个小区的业务信道数为

$$(416-20)/9=44$$

代入 Erlang-B 公式，在信道数为 44、呼损为 2%时的流入话务量

$$A=34.68\text{Erlang}$$

根据

$$A = \lambda s$$

已知

$$s = \frac{3}{60}$$

则单位小时内每个小区的呼叫数量

$$\lambda = \frac{A}{s} = 34.68 \times 60/3 = 693$$

(2)已知区群尺寸 $N = 9, \kappa = 4$,可求得信干比

$$\frac{S}{I} = \frac{(\sqrt{3N})^{\kappa}}{6} = 121.5(20.8\text{dB})$$

(2)邻信道干扰[①]

邻频干扰是由于接收滤波器不理想,使得相邻频率的信号泄漏到了传输带宽内而引起的。如果相邻信道的用户在离用户接收机很近的范围内发射,而接收机是想接收使用预设信道的基站信号,则这个问题会变得很严重。另外,远近效应也是邻频干扰一个主要来源,一个在基站附近的相邻频道发射机信号,往往对较远距离处的用户的发射机信号造成不可忽略的影响。

5. 扩大系统容量的方法

(1)小区分裂

小区分裂是将拥塞的小区分成面积更小的小区的方法。在讲解小区分裂方法之前,我们先了解一下小区中的激励方式,主要分为两种:中心激励与顶点激励,如图 4-46 所示。

为了节约资源,一般考虑小区分裂方案时,都采用保留原小区基站的方法。假设每个小区都按半径的一半来分裂,如图 4-47(a)所示为中心激励下保留原小区基站的一种分裂方法,如图 4-47(b)所示为顶点激励下保留原小区基站的一种分裂方法。如

① 邻信道干扰主要指邻频干扰,来自所使用信号频率相邻频率的信号干扰称为邻频干扰。

图 4-47(b)所示,小区面积的缩小最终导致小区数目的增加,进而将增加覆盖区域内的区群数目,这样就增加了覆盖区域内的信道数量,从而增加了容量。小区分裂通过用更小的小区代替较大的小区来获得系统容量的增长。

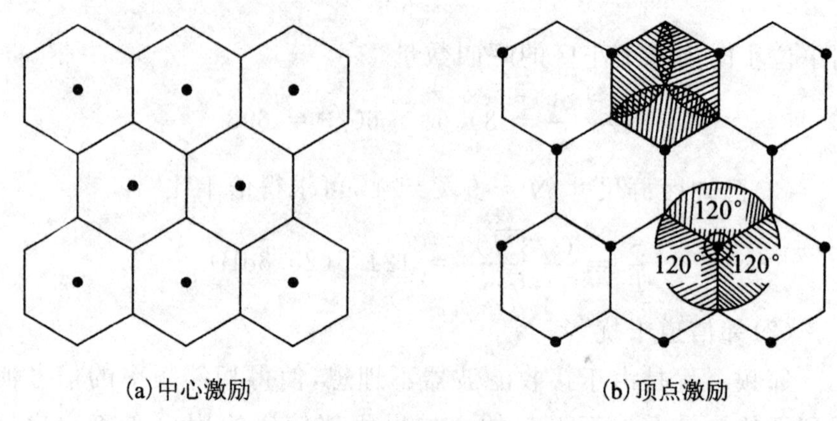

图 4-46　小区激励方式

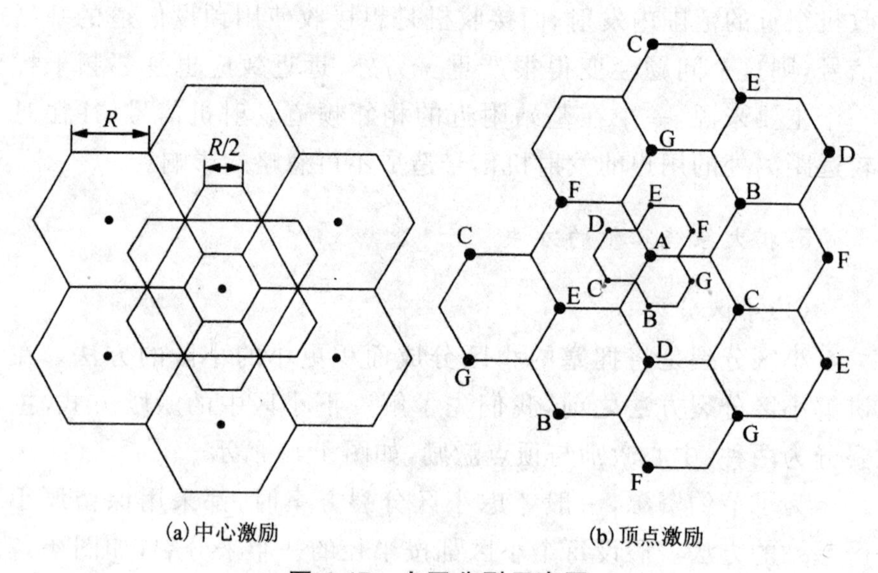

图 4-47　小区分裂示意图

以图 4-47(b)为例,我们更进一步讨论小区分裂的情况。如图 4-47(b)中所示,假设基站 A 服务区域内的话务量已经饱和(即基站 A 的阻塞超过了可接受的阻塞率)。因此该区域需要新的基站来增加区域内的信道数目,并减小单个基站的服务范围。在图

4-47(b)中注意到，更小的小区是在不改变系统的频率复用计划的前提下增加的。例如，标为 G 的微小区基站安置在两个使用同样信道的、也标为 G 的大基站中间。图 4-47(b)中其他的微小区基站也是一样。从图 4-47(b)中可以看出，小区分裂只是按比例缩小了区群的几何形状。这样，每个新小区的半径都是原来小区的一半。

对于在尺寸上更小的新小区，它们的基站发射功率也应该下降。设 P_{t1} 与 P_{t2} 分别为分裂前与分裂后小区基站的发射功率，设分裂前后小区半径分别为 R_1 和 R_2，在分裂前小区中边界接收功率与 $P_{t1}R_1^{-\kappa}$ 成正比，在分裂后小区中边界接收功率与 $P_{t2}R_2^{-\kappa}$ 成正比，小区分裂前后在小区边界接收到的功率必须相等，且假设分裂前后小区路径参数相同，因此有

$$\frac{P_{t1}}{P_{t2}} = \left(\frac{R_1}{R_2}\right)^{\kappa}$$

或

$$\frac{P_{t1}}{P_{t2}}(\mathrm{dB}) = 10\kappa\log_{10}\left(\frac{R_1}{R_2}\right)$$

假设每个小区都按半径的一半来分裂，即

$$R_2 = \frac{R_1}{2}$$

则有

$$\frac{P_{t1}}{P_{t2}} \approx 3\kappa(\mathrm{dB})$$

也就是说，若将半径为 R 的小区分裂为 $\frac{R}{2}$ 的小小区，则基站的发射功率需降低 3κdB。

分裂前后两个信道组的大小决定于分裂的进程情况。在分裂过程的最初阶段，在小功率的组里信道数会少一些。随着需求的增长，小功率组会需要更多的信道。这种变化过程一直持续到该区域内的所有信道都用于小功率的组中。此时，小区分裂覆盖整个区域，整个系统中每个小区的半径都更小。

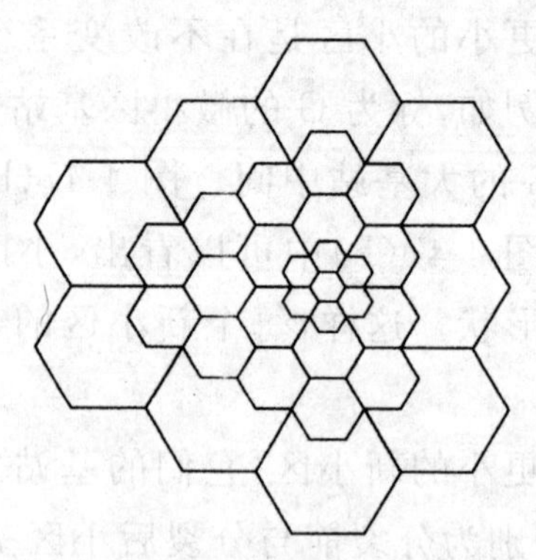

图 4-48　不同规模的小区同时存在示意图

例 4-6　采用全向天线的蜂窝通信系统，将半径 $R=1\text{km}$ 的原小区分裂为半径为 $\frac{R}{2}$ 的小小区，且不论小区大小每个基站均分配 60 个信道。整个地理覆盖区域为 16km^2，路径损耗指数为 3。

(1)分裂前后的基站发射功率如何变化？

(2)估计分裂前后的系统容量。

解：(1)分裂后的基站发射功率降低 $3\kappa=9\text{dB}$。

(2)半径为 R 的六边形小区面积

$$A_{\text{cell}}=\frac{3\sqrt{3}}{2}R^2$$

分裂前小区面积

$$A_{\text{cell}\_1}=3\sqrt{3}\div 2\approx 2.6$$

分裂后小区面积

$$A_{\text{cell}\_2}=3\sqrt{3}\div 8\approx 0.65$$

则分裂前小区数$=16\div 2.6\approx 6.15$，则系统容量 $C=60\times 7=420$；分裂后小区数$=16\div 0.65\approx 24.6$，则系统容量 $C=60\times 25=1500$。

(2)划分扇区

小区分裂通过减小小区面积，不改变区群尺寸 N，增加了单位面积上的信道数而获得系统容量的增加。另一种增大系统容量的方法是保持小区面积不变，而设法减小区群尺寸 N，同样能够增大单位面积上的信道数以增大系统容量，这就是划分扇区法。在这种方法中，使用定向天线控制干扰，降低同频干扰的影响，在保证接收端相同信干比的前提下，可以采用更小的区群尺寸，从而为覆盖相同的区域，则区群复制次数更多，得到系统容量越大。

使用定向天线来减小同频干扰，从而提高系统容量的技术称为裂向（或称划分扇区）。如图 4-49 所示。

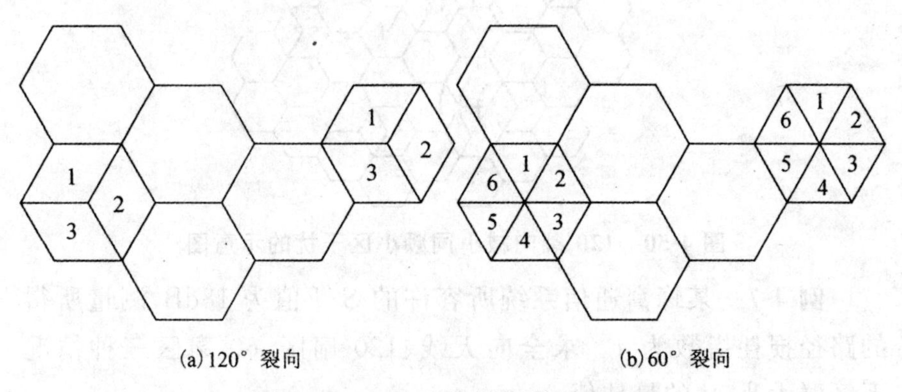

图 4-49　定向天线划分扇区示意图

使用定向天线划分扇区可以减小同频干扰，如图 4-50 所示，假设为 7 小区复用，对于 120°扇区，第一层的干扰源数目由 6 个下降到 2 个。这是因为 6 个同频小区中只有 2 个能接收到相应信道组的干扰。如图 4-50 所示，考虑在标号“5”的中心小区移动台所受到的干扰，在这 6 个同频小区中，只有两个小区的天线覆盖方向包含了中心小区，因此中心小区的移动台只会受到来自这两个小区的前向链路的干扰。这种情况下的信干比为

$$\left(\frac{S}{I}\right)_{120^\circ} = \frac{(\sqrt{3N})^\kappa}{2}$$

对于 60°扇区，则第一层的干扰源数目由 6 个下降到 1 个，信干比为

$$\left(\frac{S}{I}\right)_{60^\circ} = (\sqrt{3N})^\kappa$$

对比全向天线的情况，可见信干比有显著的提高。实际上，由划分扇区带来的干扰的减少，使得设计人员能够减小区群的大小 N，给信道分配附加一定的自由度，增大系统容量。

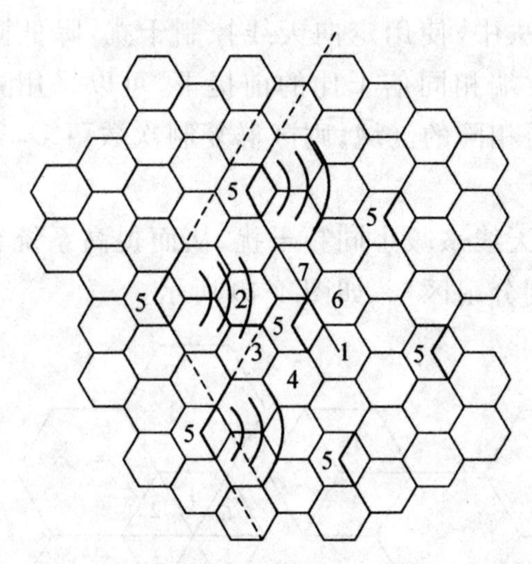

图 4-50　120°裂向减小同频小区干扰的示意图

例 4-7　某蜂窝通信系统所容许的 S/I 值为 18dB，测量所得的路径损耗指数为 4。求全向天线、120°扇区、60°扇区三种情况下区群大小 N 的最佳值。

解：

$$S/I = 18\text{dB} = 63.1$$

全向天线：

$$\left(\frac{S}{I}\right)_{360^\circ} = \frac{(\sqrt{3N})^4}{6} \geqslant 63.1$$

则有

$$N \geqslant 6.48 \Rightarrow N = 7$$

120°扇区：

$$\left(\frac{S}{I}\right)_{120^\circ} = \frac{(\sqrt{3N})^4}{2} \geqslant 63.1$$

则有

$$N \geqslant 3.74 \Rightarrow N = 4$$

60°扇区：

$$\left(\frac{S}{I}\right)_{60^\circ} = (\sqrt{3N})^4 \geqslant 63.1$$

则有

$$N \geqslant 2.64 \Rightarrow N = 3$$

4.7.2　大区制

只用一个基台来覆盖全地区(单工或双工、单信道或多信道)的组网方式都称为大区制。早期的大区制移动通信网只是单一频率组网,即所有电台均工作于同一频率上,因而同时只能有一对用户通信。一般其中有一台为主台,其余为属台。工作方式较多,一般主台可以呼叫任意属台进行通信,属台也可以呼叫主台,在一定规则下属台之间也可进行通信,但属台都服从主台管理。工作方式有单工或半双工方式。这种情况最初用于警察通信,后来功能扩展推广到汽车调度通信、集群通信等。这种方式下,主台一般都是固定的,升高主台天线可以扩大它的无线覆盖范围。

随着应用的扩展,为了进一步扩大覆盖范围,天线进一步升高,把主台改为了基站,且基站本身不是用户,只是起转发作用。任何移动用户要通信,都必须将信息发送给基站,由基站转发。对于双工通信,显然有上下行信道,一般采用频分双工的方式,即每个用户都有一对收发信道,如图 4-51 所示的 f_1 与 f'_1。显然,对于多用户系统,就存在多对收发信道,多址方式常用 FDMA 或 TDMA,图 4-51 显示的是 FDD/FDMA 的示意图。

在移动台中,由于收发共用一根天线,为避免发射机功率进入接收机,还必须在收、发信机之间设置一个双工器,以隔离发射和接收模块。为此,收发频率必须有一定间隔,这个间隔随频段不同而有不同的规定。在 150MHz 频段,收发间隔规定为 5.7MHz;在 450MHz 频段,收发间隔规定为 10MHz;在 900MHz 频段,收发间隔规定为 45MHz。

大区制的设计一般是在用户的使用要求的基础上进行的。使用要求一般包括用户数、用户平均业务量、忙时集中系数、通话方式(单工或双工)、覆盖范围(一般应有地形图)、要求的通信概率或服务等级、要求的话音质量、基站的位置、可能的天线高度及批准使用的频段等其他一些情况。

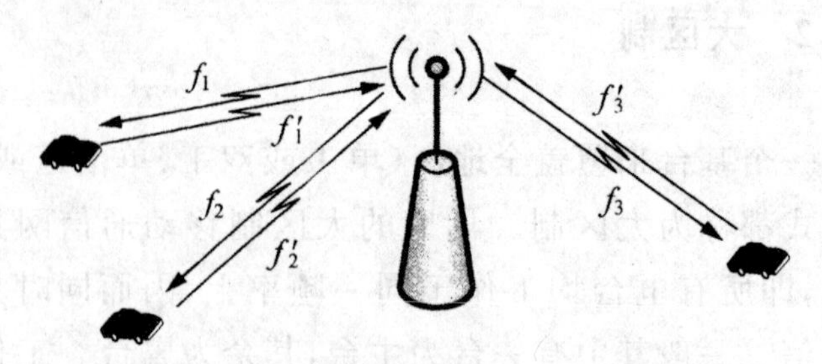

图 4-51　大区制 FDD/FDMA 组网示意图

鉴于大区制的组网特点，其参数要求应该在合理的范围之内。大区制中只有一个基站，它的信道数不可能太多（一般很少超过 96 个），用户数也不可能太多，否则大区制是无法承受的。覆盖范围也应合理，不能过大，半径一般不超过 50km，否则发射功率将会过大或天线要求过高。基站的位置一般应位于覆盖范围的中心附近，应在山峰或高楼上。

大区制虽然是最简单的移动组网方式，其设计所涉及的问题还是很多的，在此我们主要讨论大区制设计中的用户设计问题、链路设计问题和覆盖范围问题。

例 4-8　若需设计一个专用移动通信系统。已知使用方的设计要求为用户数为 100，每个用户平均每天发起呼叫 2 次，每次平均通话时间为 3min，忙时呼叫集中系数为 0.2，服务等级（阻塞率）为 0.05，LCC 制接收机灵敏度为－120dBm，通信覆盖半径为 25km，工作频率 450MHz。基站设于覆盖中心的高楼楼顶（楼高 50m），天线高于楼顶 20m，天线馈线为 40m，馈线在 450MHz 每米损耗 0.1dB，移动台天线高 3m，应用中等城市哈塔模型。该地区的传播损耗标准偏差为 5.3dB，要求边界通信中断率小于 7%。试求基站发射功率。

解：系统每天的总业务量为

$$A=\frac{100\times 2\times 3}{60}=10(\text{Erlang})$$

忙时集中系数为 0.2，即忙时业务量为 100×0.2＝2（Erlang)，通过查表可得 LCC 制阻塞率为 0.05，达到以上业务量至少需要 5 个信道。即按照题中所述的参数，要达到要求的服务等级，这个大区制系统至少要提供 5 个上下行信道，也就是 5 个频率对。

下面进行链路设计。对于大区制而言，用户之间不存在同一信道的问题，因而没有同信道干扰，其干扰主要来自无线信道与噪声。

接收机灵敏度是接收机能够进行正常通信的最小接收功率，即保证通信的接收信号功率门限为 $\gamma=-120\text{dBm}$。保证边界通信中断率小于 7%，即有

$$P[P_{\mathrm{r}}(d_{\max})>\gamma]=Q\left(\frac{\gamma-\overline{P}_{\mathrm{r}}(d_{\max})}{\sigma_{\varepsilon}}\right)=93\%$$

查表可得

$$\frac{\gamma-\overline{P}_{\mathrm{r}}(d_{\max})}{\sigma_{\varepsilon}}=-1.5$$

$$\overline{P}_{\mathrm{r}}(d_{\max})=-120+1.5\times5.3=-112.05(\text{dBm})$$

应用中等城市哈塔模型计算边界路径损耗：

$$\begin{aligned}a(h_{\mathrm{r}})&=[1.1\lg f_{\mathrm{c}}-0.7]h_{\mathrm{r}}-[1.56\lg(f_{\mathrm{c}})-0.8]\\&=3.32(\text{dB})\end{aligned}$$

$$\begin{aligned}L_{\mathrm{p}}&=69.55+26.16\lg(f_{\mathrm{c}})-13.82\lg(h_{\mathrm{t}})-a(h_{\mathrm{r}})\\&\quad+[44.9-6.55\lg(h_{\mathrm{t}})]\lg(d)\\&=156.06(\text{dBm})\end{aligned}$$

若设发射机等效全向辐射功率，天线均为单位增益，则有发射功率

$$\begin{aligned}P_{\mathrm{t}}&=\overline{P}_{\mathrm{r}}(d_{\max})+L_{\mathrm{p}}+L_{\text{馈线}}\\&=-112.05+156.06+40\times0.1\\&=48.01(\text{dBm})\\&=156.06(\text{W})\end{aligned}$$

以上分析表明这一大区制系统应使用 63.24W 发射机，在基站天线高 70m 的情况下，信道参数如题所述时，在半径为 25km 的边界上可达到 93%的通信概率。

大区制设计中一个重要的问题就是覆盖范围的研究，当给定了基站的位置、天线高度、信道参数及发射功率等条件后，则可估计出其覆盖范围。无线通信是一个面覆盖的问题，如上面所述的例子中，半径为 25km 的边界上可达到 93%的通信概率，随着半径的增加，边界上的通信概率将随之下降，区域覆盖范围内的通信概率也随之下降。

在大区制设计中我们还应注意以下几个问题。

1. 静区

由于高山或障碍物的影响而使覆盖区内的某一部分信号太弱，以致移动台无法正常工作。这一区域称为静区（空洞）。如图 4-52 所示的情况，C 点就有可能收到的信号非常微弱，即处于静区。

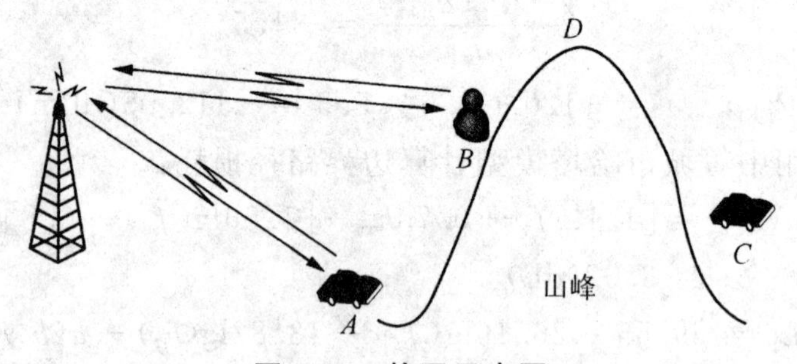

图 4-52　静区示意图

解决静区问题一般有两种方法：一种是把基站的位置移到最高处，如图 4-52 中的 D 点，只不过由于 D 点并非原定覆盖区的中心点，因而新覆盖区和原定的覆盖区范围有差别，可采用增大发射功率，使新覆盖区包含原定覆盖区；另一种是基站位置不变，建立中继台（或称转发台），把基站信号转发以覆盖静区，即中继台是用来扩展特定的覆盖范围的。中继台的方案有两种：异频转发和同频转发。异频转发中继台的输入与输出频率不同，因此它们不会出现干扰。异频转发的示意图如图 4-53 所示。

同频转发中继台示意图如图 4-54 所示。它实际是一个射频放大器，接收到基站信号后，一般要下变频、滤波、放大，然后上变频到同一频率放大输出。因而频率上没有变化，所以对移动台而言，无须改变频率，并不会因为处于静区而造成使用的任何改变，使用起来很方便。对于中继台而言，设计相对复杂，安装时应尽量分隔，避免耦合，中继站的两个天线应该用定向天线并指向不同方向。

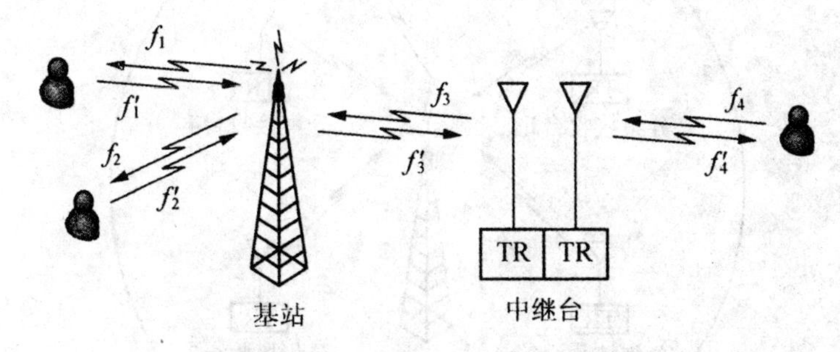

图 4-53　异频转发中继台示意图

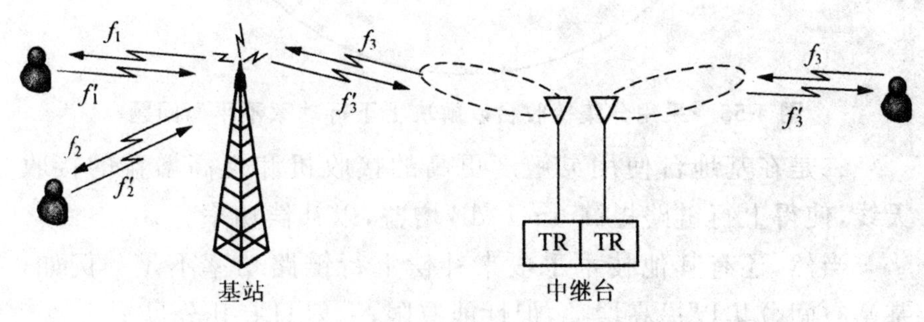

图 4-54　同频转发中继台示意图

2. 上下行功率不平衡

由于大区制覆盖范围通常较大，所需的发射功率大，有时达到 50W 甚至 100W 以上。对于基站，由于可以固定供给能源不成问题。但在上行链路中，移动台的功率不可能这么大(车载台一般为 25W 以下，手持台一般 5W 以下)，则移动台在覆盖区边缘时，基站可能收不到信号或信号太弱，这种现象称为上下行功率不平衡。解决上下行功率不平衡问题的方法有以下几种。

一是采用分集接收台的方法，如图 4-55 所示。在基站覆盖区域内选择适当的地点设立分集接收台，移动台即使在区域边缘处，也可以通过就近的分集接收台转发上行信号，以此来解决上行功率不足的问题。

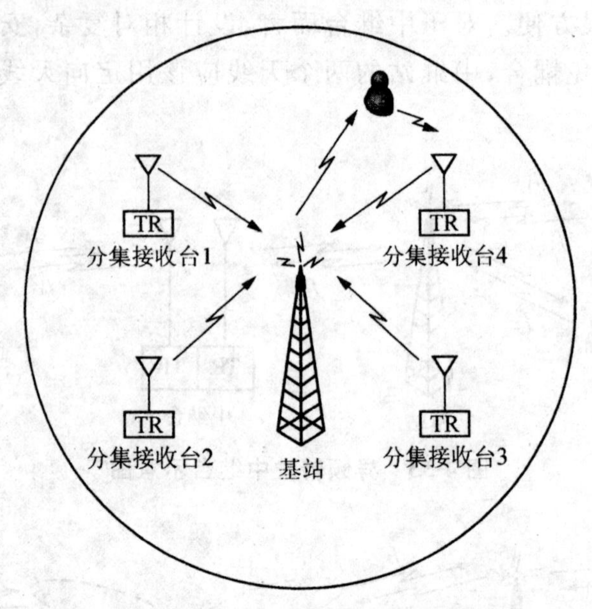

图 4-55　采用分集接收台以解决上下行功率不平衡问题

二是在基地台使用灵敏度更高的接收机和更高增益的接收天线，使得上行链路提高 6～10dB 增益，以补偿功率。

当然，还有其他技术手段来补偿上行链路功率不足。例如，基站空间分集以提高增益，但性能有限，一般只有几分贝。

3. 互调干扰

大区制中通常存在较大的功率信号，因此互调干扰一般不可忽略。当有两个以上不同频率信号作用于一个非线性电路时，不同频率互相调制将产生新频率，新频率正好落于某信道并被该信道的接收机所接收，即构成对该接收机的干扰，称为互调干扰。一个非线性电路，采用级数展开方法，其输入输出特性可用下述关系表述：

$$u_0 = f(u_1) = a_0 + a_1 u_1 + a_2 u_1^2 + a_3 u_1^3 + \cdots \qquad (4\text{-}6)$$

式中，u_1 为输入信号；u_0 为输出信号；$a_0, a_1, a_2, \cdots$ 为多项式系数，由非线性电路决定。假设输入信号为双音信号，即包含两个

频率，写为

$$u_1 = u_A\cos(\omega_A t) + u_B\cos(\omega_B t)$$

代入式(4-6)可得

$$u_0 = a_0 + a_1 u_A\cos(\omega_A t) + a_1 u_B\cos(\omega_B t) + b_1\cos(2\omega_A t) + b_2\cos(2\omega_B t) + \frac{3}{4}a_3 u_A^2 u_B\cos(2\omega_A - \omega_B)t + \frac{3}{4}a_3 u_A u_B^2\cos(2\omega_B - \omega_A)t + \cdots \tag{4-7}$$

显见输出信号由于存在非线性产生了新的频率成分。我们知道，无线通信设备收发端均有滤波器，在信号频段之外的分量会被滤除。因此，式(4-7)中仅需要注意有可能落入信号频段的频率分量，如 $2\omega_A-\omega_B$ 与 $2\omega_B-\omega_A$ 这些频率分量，由于这两个分量是由非线性表示式中的三阶项得到的，故称三阶互调。另外可能落入信号频段的频率分量还有五阶互调分量 $3\omega_A-2\omega_B$ 与 $3\omega_B-2\omega_A$，其他高阶互调分量由于系数太小，一般就不予考虑了。

移动通信中互调干扰主要有两种：发射机互调和接收机互调。发射机互调是指当两个发射机靠近时，由于射频能量的互相耦合，发射机 A 的电波将会进入发射机 B，若发射机的功率放大器均工作于非线性状态，互调将产生新频率，若新频率信号正好落于某接收机通带之中，而接收机与发射机的距离又较近的话，则必定受到此互调产物的干扰。互调产物的功率和原发射机功率、两天线的耦合损耗（或天线共用器的隔离损耗）及功率放大器的非线性程度有关，它不易计算，一般实际测量或估算。

接收机互调是指接收机的前端也存在非线性，而且有较宽的辐射带宽，当有 f_A 及 f_B 频率同时进入前端放大器，并和接收端接收的有用信号功率构成互调关系时，即产生互调干扰，接收机互调干扰是比较重要的一种干扰。

接收机互调产物的电平和进来的信号强度及非线性程度有关。当互调产物很大时，如果有用信号强度不够，不能大于所要求的干扰信号比，则通信就受到影响。因此，最大互调干扰是发生于移动台到基台附近，此时由于进来的信号最大，产生的互调产物最大，而有用信号往往因距离太近而功率自动控制得较低，所以这时的信干比最小。接收机指标经计算，一般当接收机进入离基台 100m 以内时才可能发生有害的互调干扰。

当有两个以上的移动台在距基站很近地方发射信号时，如果频率满足互调关系，也会在基台接收机中产生互调干扰。信号首先在基站接收天线共用器中产生互调产物，然后在基站接收机中又一次产生互调产物。前一种互调产物还会在接收机中经过放大并与后一种互调产物相加（频率相同），因此会更加严重。

一般设计中在接收机具备了较好的抗互调指标后，大区制中除了距基台 50～100m 的范围，一般不会产生明显的互调干扰。

4. 邻道干扰

邻道干扰是指工作于不同信道的发射机对接收机的干扰，尤以相邻信道的干扰最为主要。

邻道干扰的原因是发射机的带外辐射和接收机选择性共同作用而造成的，发射机的辐射并非单一频率而是一个频带。它在邻道的辐射功率可以和有用信号一起直接进入接收机。而接收机的响应又对邻道发射机的主辐射衰减不够大，因此邻道发射机主信号也要进入接收机，它们一起构成邻道干扰。关键就在于邻道辐射的大小和接收机对邻道频率的响应，以及发射机和接收机的距离（即路径损耗）。

为了减小邻道干扰，必须限制发射机的邻道辐射，减小调制信号的旁瓣泄露。另一方面对接收机的响应即接收滤波器也有要求。例如，AMPS 中当信道间隔为 12.5kHz 时应不低于 60dB，工作于邻道的发射机在相距 50m 时可不致发生干扰。

在大区制中，当移动台接近基台时邻道干扰和互调干扰均有可能发生。限制或消除这些干扰，主要需考虑两个方面：一是提高发射机和接收机的抗互调指标和邻道辐射及选择性指标；二是采用发射机功率控制。

综上所述，无线通信中采用大区制的组网方式，其特点很明显，如网络结构简单，频道数目少，无须无线交换，直接与 PSTN 连接，一般覆盖范围为 30～50km，发射功率为 50～200W，天线很高（>30m）。其局限性也很突出，如信号传输损耗大，覆盖范围有限；服务的用户容量有限；服务性能较差；频谱利用率低。

第 5 章　无线通信系统

5.1　GSM 移动通信系统

5.1.1　GSM 及主要特点

20 世纪 80 年代初，第一代蜂窝移动通信网在欧洲快速发展，许多国家都竞相发展自己的系统，但互不兼容。无论从设备制造和应用还是经济的角度来说，这都是不能接受的。所以，在 1982 年，欧洲成立了一个研究性组织——移动特别小组（Group Special Mobile，GSM），为欧洲制定一个统一的蜂窝移动通信系统标准。由于模拟蜂窝系统的容量问题日益严重，GSM 小组决定将新的标准建立在数字技术上。1988 年，GSM 标准颁布，包括 GSM900 和 DCS1800 两个并行的系统，其差别只是工作频段不同。1989 年，GSM 标准正式生效。1991 年，GSM 数字蜂窝移动通信网问世，并开始投入商业运营，占据了移动通信市场大部分份额。

GSM 是一种基于时分多址（TDMA）的数字蜂窝移动通信系统，其特点可概括如下：

①漫游功能，可实现国际漫游。

②提供多种业务，主要提供语音业务，开放有各种承载业务、补充业务以及与 ISDN 相关的业务，与 ISDN 网络兼容。

③有较好的抗干扰能力和保密性能。

④越区切换功能，保证移动台跨区时能继续通信。

⑤系统容量大,通话质量好。

⑥组网灵活、方便。

5.1.2 GSM 系统的组成

GSM 系统是第二代蜂窝移动系统中最典型、最成功、应用最广泛的系统,它由基站子系统(Base Station Subsystem,BSS)、网络交换子系统(Network and Switching Subsystem,NSS)、操作支持子系统(Operational Support Subsystem,OSS)和移动台(Mobile Station,MS)组成,如图 5-1 所示。

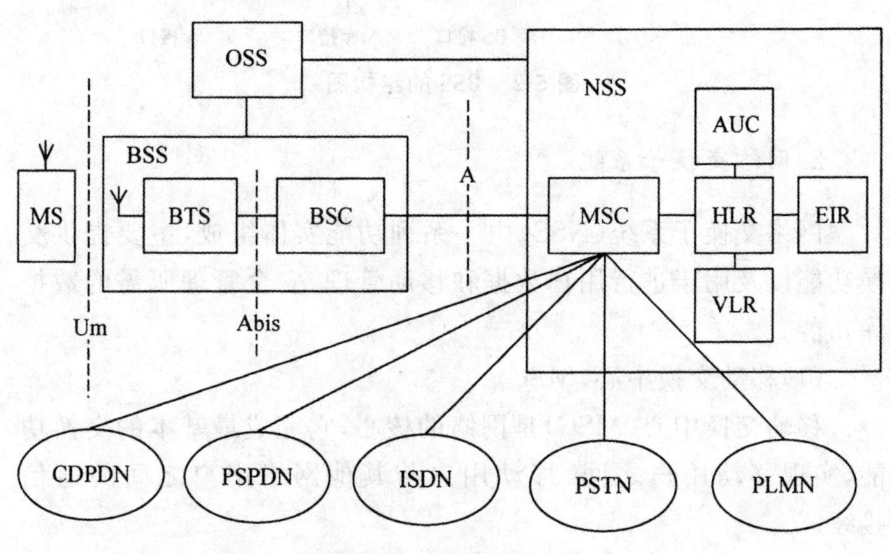

图 5-1 GSM 系统组成

1. 基站子系统

基站子系统(BSS)由基站收发信台(BTS)和基站控制器(BSC)组成。BSS 的结构如图 5-2 所示。图 5-2 中,TC(Trans Coder)是码型变换器;SM(Sub Multiplexing)是子复用;BIE(Base station Interface Equipment)是基站接口设备。

BTS 在其覆盖的小区内建立并保持与移动台(MS)之间的连接,MS 和 BTS 之间的接口称为 Um 接口。BTS可以直接与 BSC

相连接，也可以通过基站接口设备(BIE)采用远端控制的连接方式与BSC相连接。BSC保留无线电频率，在BSS中管理移动台由一个蜂窝小区到另一个小区之间的越区切换。

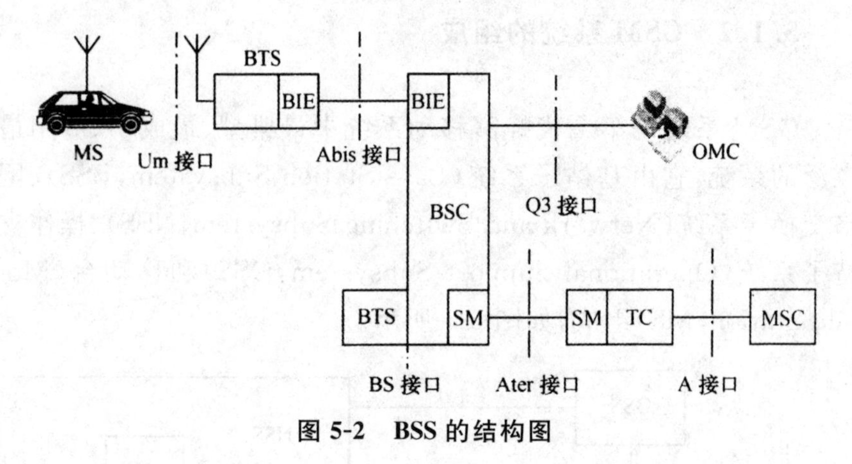

图 5-2　BSS 的结构图

2. 网络交换子系统

网络交换子系统(NSS)由一系列功能实体组成，主要提供交换功能以及用于进行用户数据和移动管理、安全管理所需的数据库功能。

(1)移动交换中心(MSC)

移动交换中心(MSC)是网络的核心，它完成最基本的交换功能，实现移动用户之间、移动用户与其他网络用户之间的通信接续。

(2)归属位置寄存器(HLR)

HLR是一个数据库，用来存储本地用户的数据信息，如用户注册信息和位置信息，每个移动用户都应在其HLR进行注册登记。

(3)访问位置寄存器(VLR)

VLR也是一个数据库，存储MSC处理辖区中MS的来电、去电呼叫所需的信息，如用户的号码、所处位置区域等信息。当用户离开所处的VLR服务区而在另一个VLR重新登记时，该移动用户的相关信息将被删除。

(4)鉴权中心(AUC)

AUC是确定用户身份和对呼叫进行保密、鉴权处理时,提供所需参数的实体,具体参数包括:随机号码RAND、符号响应SRES和密钥K_c。

(5)设备识别寄存器(EIR)

EIR也是一个数据库,存储有关被盗或者不正常使用的移动设备的集中信息,完成对移动设备的识别、监视、闭锁等功能,防止非法移动台的使用。

3. 操作支持子系统

操作支持子系统(OSS)是操作人员与设备之间的中介,负责系统的组织和运行维护,完成包括移动用户管理、移动设备管理和网络操作维护等功能。

4. 移动台

对用户而言,直接感知和体会移动通信的就是移动台(手机),它也是整个系统唯一由用户所直接使用的设备。除了手机之外,移动台是一个大家族,还包括车载台、GSM便携台等。移动台的主要功能虽然表现在通信方面,但其物理性能也是很重要的。例如,体积、电池、操作的便捷性、智能型、外观、各种外设的接口等。MS组成如图5-3所示。

5.1.3 GSM系统的工作参数

GSM系统的主要参数见表5-1。

表5-1 GSM系统的主要参数

参数	GSM900	GSM1800
工作频段MHz	935～960(基站发) 890～915(移动台发)	1805～1880(基站发) 1710～1785(移动台发)
带宽MHz	25	75

续表

参数	GSM900	GSM1800
双工间隔 MHz	45	95
载频间隔 kHz	200	200
信道数量	124	374
多址方式	TDMA/FDMA	
调制方式	GMSK	
语音编码	脉冲激励长线性预测编码(RPE-LTP),速率为 13Kbps	
信道比特率	每时隙信道比特率为 22.8Kbps,信道总速率为 270.83Kbps	
蜂窝半径(km)	最大 35,最小 0.5	

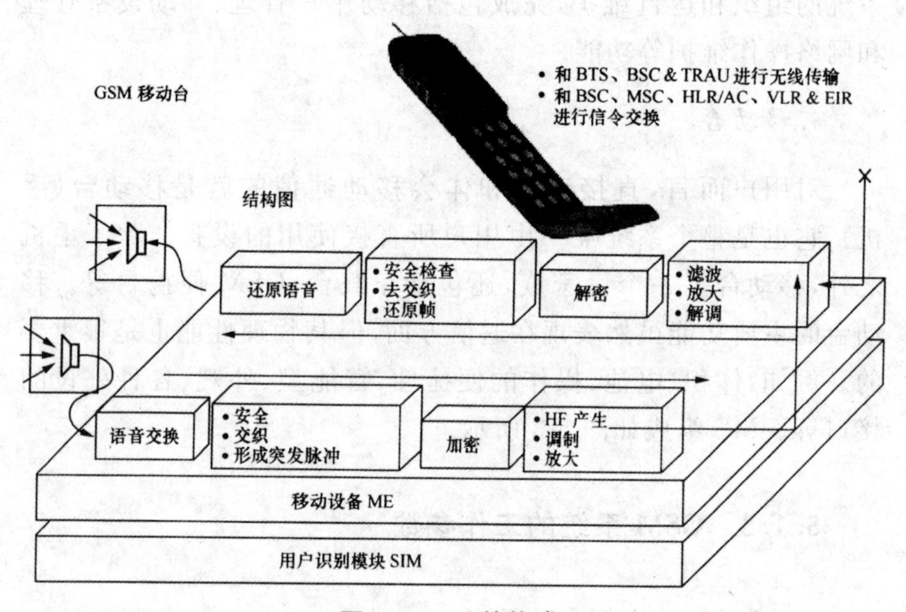

图 5-3　MS 的构成

5.1.4　无线空中接口

无线空中接口(Um 接口)规定了移动台与 BTS 间的物理链路特性和接口协议,是系统最重要的接口,下面重点进行介绍。

1. GSM 系统无线传输特性

(1)工作频段

GSM 系统包括 900MHz 和 1800MHz 两个频段。早期使用的是 GSM900 频段，随着业务量的不断增长，DCS1800 频段投入使用，构成“双频”网络。

GSM 使用的 900MHz、1800MHz 频段如表 5-2 所示。在我国，上述两个频段又被分给了中国移动和中国联通两家移动运营商。

表 5-2　GSM 系统工作频段

GSM 系统	上行频段（MHz）	下行频段（MHz）	双工带宽（MHz）	双工间隔（MHz）	频道数
GSM800	824～849	869～894	2×25	45	124
GSM900	890～915	935～960	2×25	45	124
GSM900E	880～915	925～960	2×35	45	274
GSM1800	1710～1785	1805～1880	2×75	95	374
GSM1900	1850～1910	1930～1990	2×60	80	299

注：GSM900E 为 GSM 扩展频段。

(2)频率与频道序号

下面将绝对频点号 n 和标称频道中心频率 $f(n)$ 的关系列出。在 GSM 中移动台采用较低频段发射，传播损耗较低，有利于补偿上、下行功率不平衡的问题。我们以 GSM900 和 GSM1800 为例。

1)GSM900 系统

上行 890～915MHz

下行 935～960MHz

收、发频率间隔为 45MHz。

下行频段　$f(n)=(890+0.2n)$MHz

上行频段　$f(n)=(935+0.2n)$MHz

n 取 1～124。其实际频段见图 5-4。

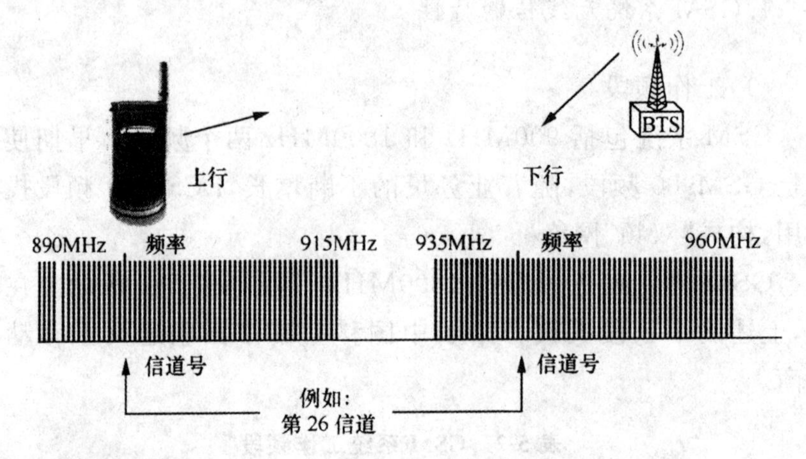

图 5-4 GSM900 频率使用示意图

2)GSM1800 系统

上行(移动台发、基站收)1710～1785MHz

下行(基站发、移动台收)1805～1880MHz

收、发频率间隔为 95MHz。

下行频段 $f(n)=(1710+0.2n)$MHz

上行频段 $f(n)=(1805+0.2n)$MHz，n 取 1～374。

3)多址方式及信道分配

GSM 系统载频间隔为 200kHz。每个载频在时间上又分为 8 个时隙，每个时隙就是一个物理信道(全速率)，这就是时分多址(TDMA)方式，由于载频也是按顺序被分割的，所以 GSM 的多址方式为 TDMA 和 FDMA 混合多址，即频分再时分，记为 TDMA/FDMA。原理图如图 5-5 所示。

在 GSM 标准中后期可以采用半速率语音编码方式，用户信息速率减半，这样在一个时隙信道中可允许两个用户通信，从而一个信道变成两个信道，容量扩大一倍，代价是语音质量的下降。

4)频率配置

GSM 蜂窝电话系统多采用 4 小区 3 扇区(4×3)的频率配置

和频率复用方案，即把所有可用频率分成 4 大组 12 个小组分配给 4 个无线小区而形成一个单位无线区群，每个无线小区又分为 3 个扇区，然后再由单位无线区群彼此邻接，覆盖整个服务区域，如图 5-6 所示。当采用跳频技术时，多采用 3×3 频率复用方式。

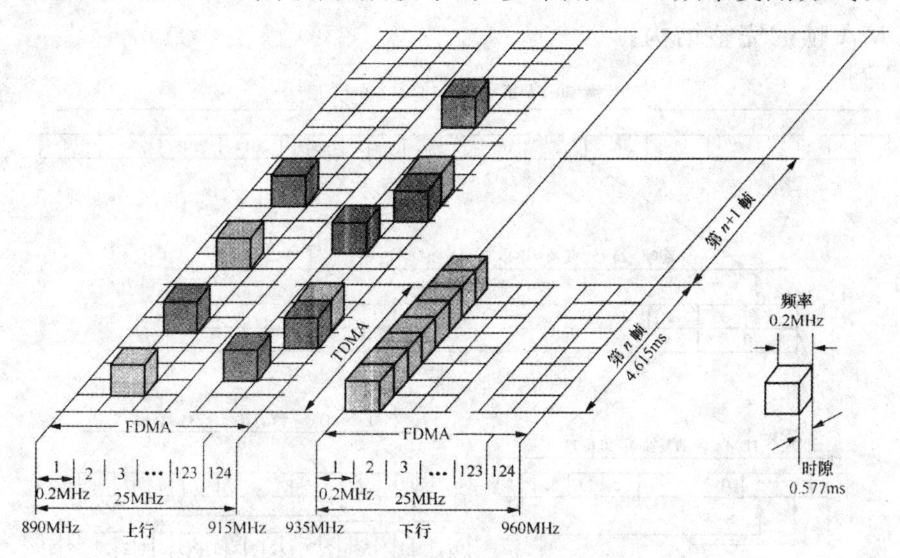

图 5-5　TDMA/FDMA 接入方式

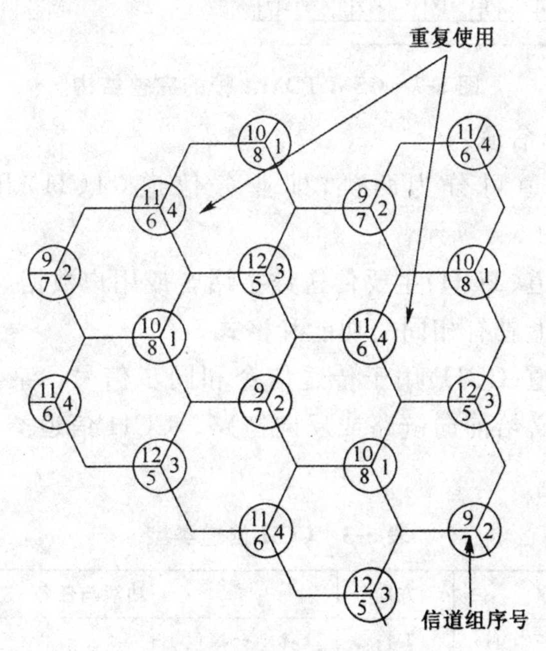

图 5-6　4×3 频率复用

2.无线空中接口信道定义

(1)物理信道

GSM 的无线接口采用 TDMA 接入方式,图 5-7 给出了 TDMA 帧的完整结构。

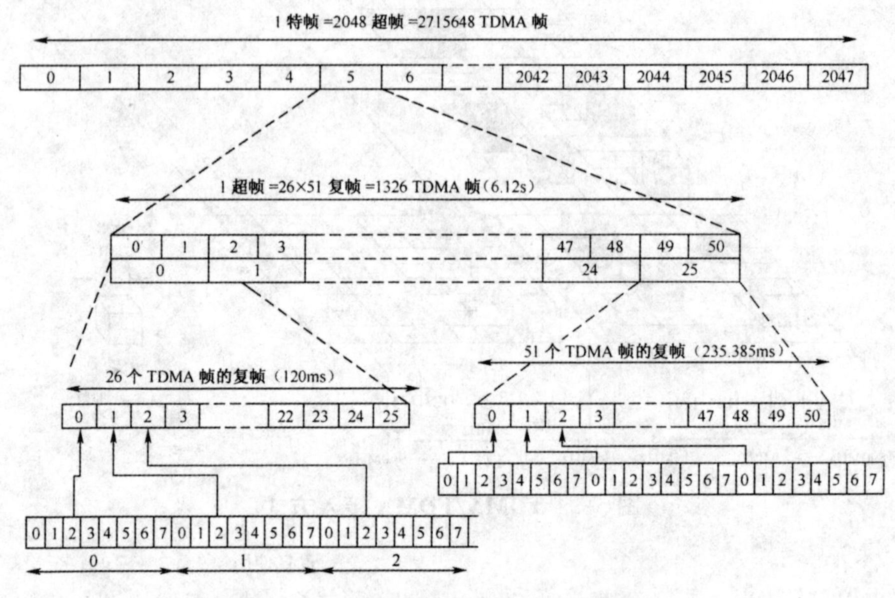

图 5-7 GSM TDMA 帧的完整结构

(2)逻辑信道

逻辑信道可分为两类,即业务信道(TCH)和控制信道(CCH),如图 5-8 所示。

业务信道(TCH)主要传送数字话音或用户数据,在前向链路和反向链路上具有相同的功能和格式。

控制信道(CCH)用于传送信令和同步信号。某些类型的控制信道只定义给前向链路或反向链路。CCH 信道类型总结如表 5-3 所示。

表 5-3 CCH 信道类型

信道名称	方向	功能与任务
频率校正信道(FCCH)	下行	给移动台提供 BTS 频率基准

续表

信道名称	方向	功能与任务
同步信道(SCH)	下行	BTS 的基站识别及同步信息(TDMA 帧号)
广播控制信道(BCCH)	下行	广播系统信息
允许接入信道(AGCH)	下行	SDCCH 信道指配
寻呼信道(PCH)	下行	发送寻呼消息,寻呼移动用户
小区广播信道(CBCH)	下行	发送小区广播消息
独立专用控制信道(SDCCH)	下/上行	TCH 尚未激活时在 MS 与 BTS 间交换信令消息
慢速随路控制信道(SACCH)	下/上行	在连接期间传输信令数据,包括功率控制、测量数据、时间提前量及系统消息等
快速随路控制信道(FACCH)	下/上行	在连接期间传输信令数据(只在接入 TCH 或切换等需要时才使用)
随机接入信道(RACH)	上行	移动台向 BTS 的通信接入请求

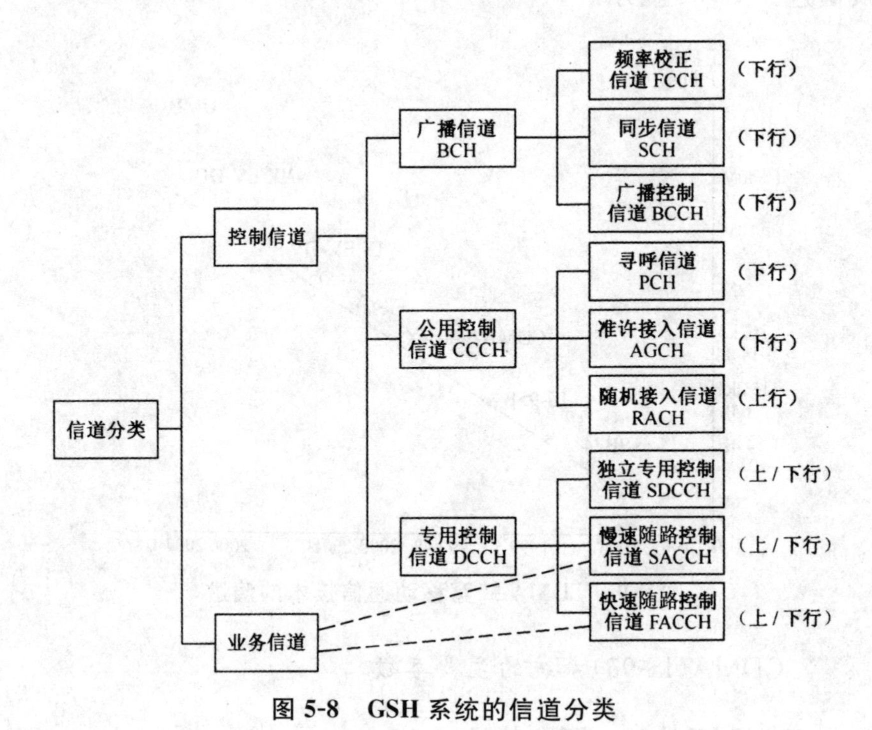

图 5-8　GSH 系统的信道分类

5.2 CDMA蜂窝移动通信系统

5.2.1 CDMA系统的演进及主要参数

1. CDMA蜂窝移动通信技术的演进

基于IS-95标准的移动通信系统简称为IS-95 CDMA系统或N-CDMA(窄带码分多址)系统,俗称CDMA网或C网。1995年CDMA网在香港和美国开始投入商用,随后世界上许多国家生产和建设了许多码分多址数字移动通信系统。与此同时,IS-95标准也在不断发展和完善,并朝着第三代移动通信方向演进。其发展演进如图5-9所示。

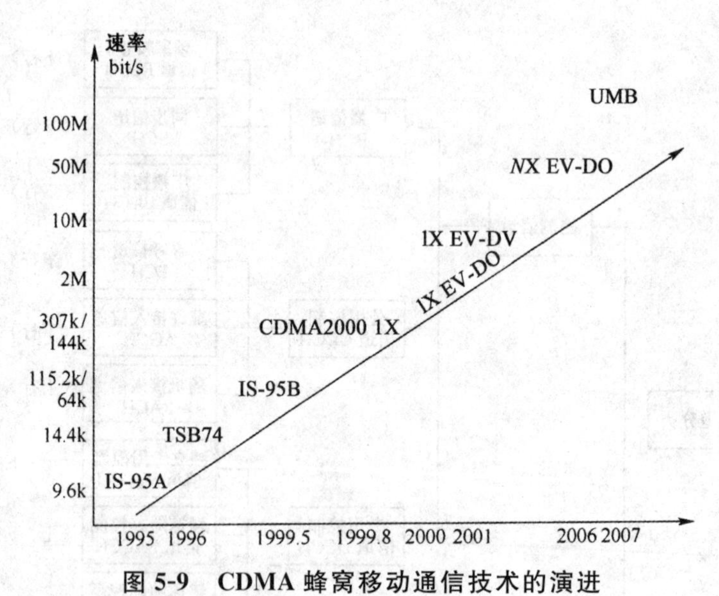

图5-9 CDMA蜂窝移动通信技术的演进

2. CDMA(IS-95)系统的主要参数

CDMA系统的主要参数见表5-4。

表 5-4　CDMA 系统的主要参数

工作频段/MHz	869～894(基站发)、824～849(移动台发)
带宽/MHz	25
双工间隔/MHz	45
载频间隔/MHz	1.25
信道数	64
多址方式	CDMA
调制方式	基站 QPSK、移动台 OQPSK
扩频方式	直接序列扩频(DSSS)
语音编码	可变速率 CELP 编码器,最大速率 8Kbps
数据速率/Kbps	9.6、4.8、2.4、1.2
信道速率/Kbps	1.2288
信道编码	卷积编码、交织编码
分集接收	RAKE 接收方式,移动台为 3 个,基站为 4 个

5.2.2　CDMA 蜂窝系统的特点

CDMA 数字蜂窝移动通信系统主要有两方面的特点。

(1)频谱利用率高,系统容量较大

以往的 FDMA 与 TDMA 系统容量主要受带宽的限制,为提高频谱利用率、增大容量,必须进行频率复用(如 7×3、4×3 等)。CDMA 系统所有小区可采用相同的频谱,因而频谱利用率很高,其容量仅受干扰的限制,任何在干扰方面的减少将直接、线性地转变为容量的增加。

(2)通话质量好,近似有线电话的语音质量

Oualcomm CDMA 蜂窝系统开发的声码器采用码激励线性预测(CELP)编码算法,其基本速率是 8kbit/s,但是可随输入话音的特征而动态地变为 8、4、2 或 0.8kbit/s。后期又改进为采用增强型可变速率声码器(EVRC),这种声码器能降低背景噪声而提高通话质量,特别适合移动环境使用。

5.2.3 CDMA 系统接口与信令协议

1. 系统接口

CDMA 系统有如下主要接口(图 5-10)。

Um——MS 与 BSS 间的接口

F——MSC 与 EIR 间的接口

A——BSS 与 MSC 间的接口

G——VLR 与 VLR 间的接口

B——MSC 与 VLR 间的接口

H——HLR 与 AUC 间的接口

C——MSC 与 HLR 间的接口

A_i——MSC 与 PSTN 间的接口

D——VLR 与 HLR 间的接口

P_i——MSC 与 PSPDN 间的接口

E——MSC 与 MSC 间的接口

D_i——MSC 与 ISDN 间的接口

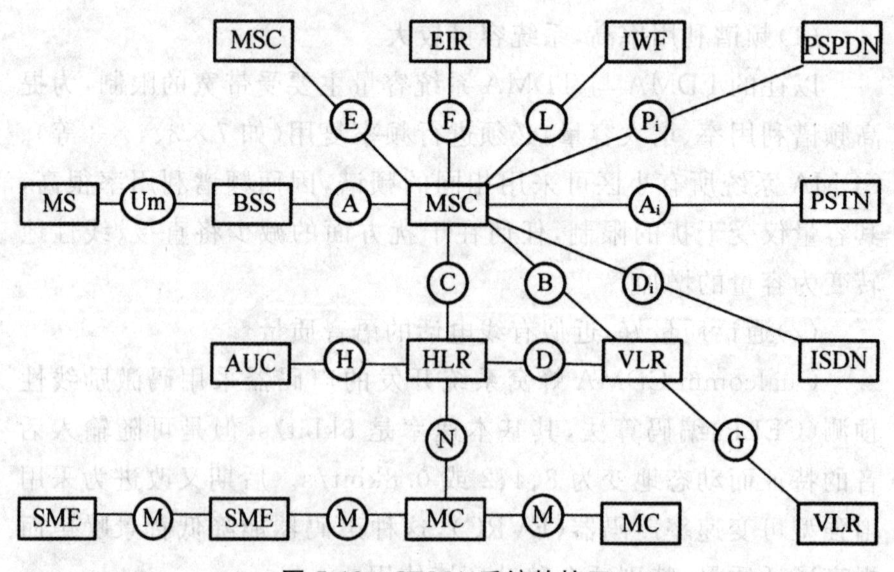

图 5-10 CDMA 系统的接口

2. 信令协议

CDMA系统的信令协议包括各个接口间的信令协议，所有信道上的信令均使用面向比特的同步协议，所有信道上的报文使用同样的分层格式。最高层的格式是报文囊，它包括报文和填充物，次一层的格式是将报文分成报文长度、报文体和CRC。

(1)空中接口信令协议

在CDMA系统中，最重要的信令协议是空中接口Um信令协议，图5-11中定义了各层的结构关系。由图5-11所示，空中接口的信令协议分为三层，即物理层、链路层和控制处理层。物理层、复用子层、信令二层、寻呼/接入信道二层、同步信道二层、移动控制处理三层是CDMA系统的基础。

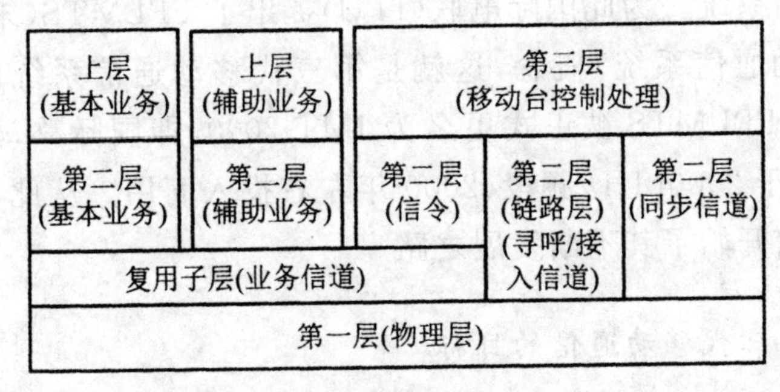

图5-11　空中接口Um协议层次结构

(2)A接口的信令协议

A接口是BSC和MSC之间的接口，支持向CDMA用户提供的业务。A接口信令协议参考模型如图5-12所示。

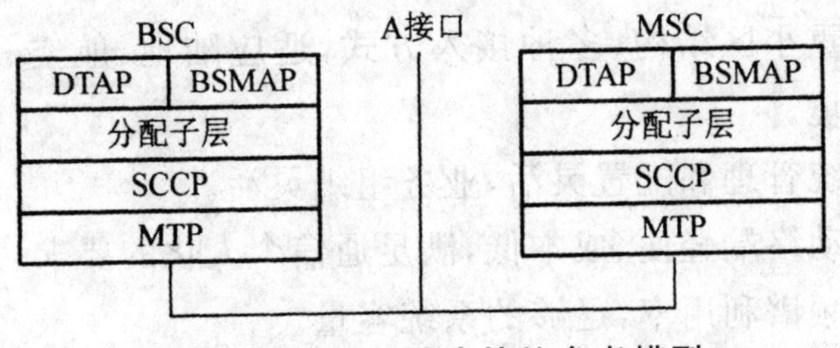

图5-12　A接口信令协议参考模型

5.3 第三代移动通信系统

5.3.1 第三代移动通信系统概述

20 世纪 80 年代末，第二代移动通信系统的出现将移动通信带入了数字化的时代，但第二代移动通信也只实现了区域内制式的统一，而且数据能力很有限，随着 Internet 应用的快速普及，用户迫切希望有一种能够提供真正意义的全球覆盖，具有宽带数据能力，业务更为灵活，同时其终端设备又能在不同制式的网络间漫游的新系统。为此国际电联(ITU)提出了 FPLMTS(未来公共陆地移动通信系统)概念，这就是第三代移动通信系统的前身。1996 年，FPLMTS 被正式更名为 IMT-2000，即国际移动通信系统，工作于 2000MHz 频段、2000 年左右投入商用。从此，第三代移动通信开始了其不断发展之路。

1. 第三代移动通信的目标

第三代移动通信系统应具有以下特点，实现以下目标：

①提供全球无缝覆盖和漫游(见图 5-13)。

②提供高质量的话音、图像、可变速率的数据等多种多媒体业务。

③多重小区结构、多种接入方式，适应陆地、航空、海域等多种运行环境。

④系统管理和配置灵活，业务组织灵活。

⑤移动终端轻便、成本低，满足通信个人化的要求。

⑥高频谱利用率，足够的系统容量。

⑦全球范围设计上的高度一致，与现有网络之间各种业务的

相互兼容,支持系统平滑升级和现有系统的演进。

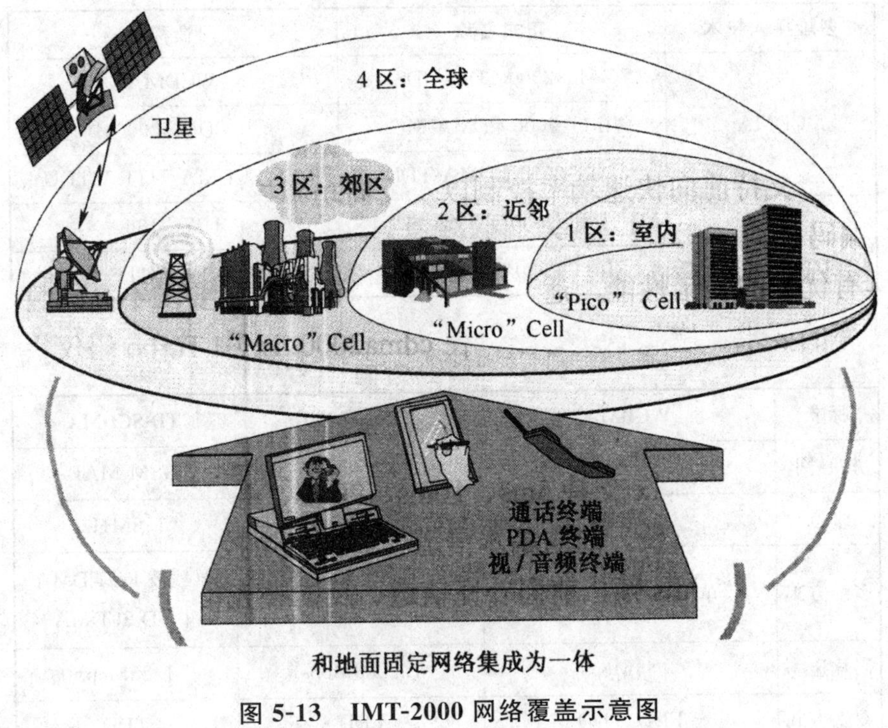

图 5-13　IMT-2000 网络覆盖示意图

2.3G 的发展

第三代移动通信系统简称 3G,又被国际电联(International Telecommunication Union,ITU)称为 IMT-2000。3G 致力于为用户提供多类型、高质量、高速率的多媒体业务服务,主要是应用小型便携式终端,在任何时间、任何地点、进行任何种类的通信,实现全球无缝覆盖,具有全球漫游能力,并与其他移动通信系统、固定网络系统、数据网络系统相兼容。

3G 系统的研究工作最初开始于 1985 年,1999 年确定了 5 种技术标准作为第三代移动通信的基础,见表 5-5。其中以 WCDMA、CDMA2000 和 TD-SCDMA 最引人注目,被称为 3G 的三大主流技术。这 3 种主流技术的技术特点对比见表 5-6。

表 5-5 IMT-2000 无线接口的 5 种技术标准

多址接入技术	正式名称	习惯称呼
CDMA	IMT-2000 CDMA-DS	WCDMA
	IMT-2000 CDMA-MC	CDMA2000
	IMT-2000 CDMA-TDD	TD-SCDMA/UTRA-TDD
TDMA	IMT-2000 TDMA-SC	UWC-136
	IMT-2000 TDMA-MC	EP-DECT

表 5-6 3G 主流标准参数与特性对比

标准	WCDMA	CDMA2000	TD-SCDMA
核心网	GSM MAP	ANSI-41	GSM MAP
带宽	5MHz	1.25MHz	1.6MHz
多址方式	单载波 DS-CDNA	单载波 DS-CDMA	单载波 DS-CDMA +TD-SCDMA
码片速率	3.84Mcps	1.2288Mcps	1.28Mcps
双工方式	FDD/TDD	FDD	TDD
帧长	10ms/15 时隙/帧	5、10、20、40、80ms/16 时隙/帧	5×2ms/7×2 时隙/2 子帧/帧
语音编码	AMR	CELP	EFR
信道编码	卷积码和 Turbo 码	卷积码和 Turbo 码	卷积码和 Turbo 码
信道化码	前向 OVSF,扩频因子 512～4 反向 OVSF,扩频因子 256～4	前向:Walsh 和长码 反向:Walsh 和准正交码	OVSF,扩频 因子 16～1
扰码	前向:18 位 GOLD 码 反向:24 位 GOLD 码	长码和短 PN 码	扰码(v1-v16), 长度固定为 16
功率控制	开环+闭环	开环+闭环	开环+闭环
切换	软切换	软切换	接力切换
导频结构	上行专用导频 下行公共或专用导频	上行专用导频 下行公共或专用导频	下行公共导频 DwPTS 上行同步 UpPTS
基站同步	同步/异步	GPS 同步	同步

续表

标准	WCDMA	CDMA2000	TD-SCDMA
调制	数据调制:BPSK/QPSK 扩频调制:HPSK/QPSK	数据调制:64 位正交码 扩频调制:OQPSK	数据调制:QPSK 扩频调制:正交可变扩频因子
检测方式	相干解调	相干解调	联合检测

3.3G 系统的组成

3G 系统由三大部分构成,即核心网(CN)、无线接入网(RAN)、移动终端,如图 5-14 所示。3G 系统的网络结构是无线接入网+核心网形式。

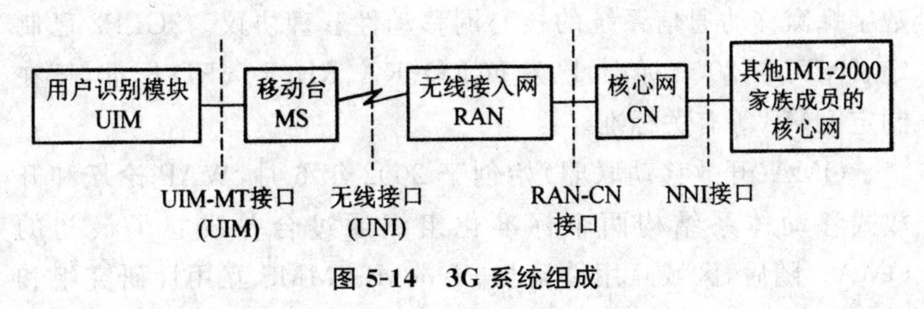

图 5-14 3G 系统组成

4.3G 标准化组织

第三代移动通信的标准化组织有 3 个:3GPP、3GPP2 和 OMA。

3GPP 是由欧洲的 ETSI、日本的 ARIB、日本的 TTC、韩国的 TTA 以及美国的 T1P1 这 5 个标准化组织在 1998 年 12 月正式成立的。中国无线通信标准化组织(CWTS)于 1999 年在韩国正式签字加入 3GPP,成为 3GPP 的组织伙伴。3GPP 的主要工作是为研究制定并推广基于演进的 GSM 核心网络的 3G 标准,即制定以 GSM 移动应用部分(GSM Mobile Application Part,GSM MAP)为核心网,通用陆地无线接入网(Universal Terrestrial Radio Access,UTRA)为无线接口的标准。3GPP 已制定了 WCDMA、CDMA-TDD(含 TD-SCDMA 和 UTRA-TDD,其中 TD-SC-

DMA标准由中国提出)、EDGE等标准。3GPP的标准目前有多个版本,包括R99、R4、R5、R6、R7和R8等有关标准。

3GPP2是由美国TIA、日本ARIB和TTC、韩国TTA等4个标准化组织发起,在1999年1月正式成立的。实际上3GPP2是从2G的CDMA One(IS-95)发展而来的CDMA2000标准体系的标准化机构,它受到拥有多项CDMA关键技术专利的高通公司的较多支持。中国无线通信标准化组织(CWTS)于1999年6月在韩国正式签字加入3GPP2,成为3GPP2的组织伙伴。3GPP2的主要工作是制定以ANSI/IS-41为核心网、CDMA2000为无线接口的3G标准。其中ANSI(American National Standards Institute)是美国国家标准学会,IS-41协议是CDMA第二代数字蜂窝移动通信系统的核心网移动性管理协议。3GPP2已制定了CDMA2000标准,已发布RO、RA、RB、RC、RD标准,正在制定UMB等有关标准。

OMA(开放移动联盟)始创于2002年6月,WAP论坛和开放式移动体系结构两个标准化组织通过合并成立了最初的OMA。随后,区域互用性论坛、SyncML、MMS互用性研究组和无线协会,这些致力于推进移动业务规范工作的组织又相继加入OMA。此外,移动博弈互用性论坛(MGIF)和移动无线因特网论坛(MWIF)都表明了自己想加入OMA的意图。截至成立当年11月份,OMA就已发展成员公司约300家。

5.第三代移动通信的特征与目标

第三代移动通信主要特征如下:

①3G系统具有大容量语音、高速数据和图像传输的能力。

②3G系统可以基于第二代移动通信系统平滑过渡和演进。

③3G系统采用了新的通信技术。

第三代移动通信的目标如下:

①全球统一频谱、标准,实现全球无缝漫游。

②更高的频谱效率,更低的建设成本。

③能提供较高的服务质量和保密性能。

④能提供足够的系统容量，方便2G系统的过渡和演进。

⑤能提供多种业务，适应多种环境。快速移动环境中最高传输速率可达144Kbps，室外到室内或步行环境中最高传输速率达到384Kbps，室内环境中最高传输速率达到2Mbps。

6. 国内3G的发展

我国3G牌照发放后，电信运营商获得了不同技术标准开展移动业务的权利。中国电信获得的CDMA2000牌照是美国标准，该标准主要在北美、日本和韩国开通网络。中国联通获得的WCDMA牌照是欧洲标准，也是世界最为成熟、使用人群最多的标准。中国移动获得的TD-SCDMA牌照是我国自主知识产权的3G标准，它作为一项国产技术，是国内最早投入使用运营的3G网络，并得到我国政府的大力支持。目前在我国中国移动、中国电信和中国联通3G网络都已经开通。三大运营商3G技术对比见表5-7。

表5-7　三大运营商3G技术对比

		中国移动 TD-SCDMA	中国联通 WCDMA	中国电信 CDMA2000
速率	下行	2.8Mbps	14.4Mbps	3.1Mbps
	上行	384Kbps	5.76Mbps	1.8Mbps
功能		可视电话、高速数据上网、WAP、彩信、话音、短信	可视电话、高速数据上网、WAP、彩信、话音、短信	可视电话、高速数据上网、WAP、彩信、话音、短信
代表运营商		中国移动	中国联通、英国沃达丰、日本NTT DoCoMo、西班牙电信、德国电信、法国电信、意大利电信、美国AT&T等	中国电信、美国Verizon＋Alltel、美国Sprint、日本KDDI、印度Reliance、移动Tata
主要终端商		中兴、新邮通、三星、LG等	诺基亚、摩托罗拉、三星、索爱、华为等	中兴、三星、LG、多普达、酷派、诺基亚等
主要设备商		大唐移动、中兴、上海贝尔、鼎桥	爱立信、诺基亚、西门子、华为、中兴、阿尔卡特朗讯	阿尔卡特朗讯、北电、中兴、华为、摩托罗拉

中国移动的3G网络采用TD-SCDMA技术,其业务品牌是"G3",还包括的其他业务有可视电话、视频留言、视频会议、多媒体彩铃、视频共享、G3随意上网卡业务、TD行业应用等。中国电信的3G网络采用CDMA2000技术标准,其业务品牌是"天翼",还包括可视电话、C+W手机版高速上网、多媒体彩铃、移动全球眼、整首移动音乐下载等业务。中国联通的3G网络采用WCDMA技术标准,其业务品是"沃",还包括可视电话、手机上网、手机音乐、手机电视、手机报等业务。

5.3.2 WCDMA

1. WCDMA系统结构

WCDMA是基于GSM网发展出来的3G技术规范,并以日本的WCDMA技术和欧洲的宽带CDMA使用的最初UMTS平台为基础。WCDMA运营商遵循WCDMA、HSPA、LTE演进路线。WCDMA系统由用户设备(UE)、无线接入网(UTRAN)和核心网(CN)三部分组成,如图5-15所示。

2. WCDMA的信道结构

WCDMA系统中承载用户业务的信道被分为逻辑信道、物理信道和传输信道3类。

(1)逻辑信道

WCDMA在定义逻辑信道时基本上遵从ITU M-1035建议,WCDMA系统的逻辑信道主要分为两类,即公共控制信道和专用信道。

(2)物理信道

WCDMA的物理信道包括超帧、帧和时隙3层结构。

物理信道可分为上行物理信道(UE至Node B)和下行物理信道(Node B至UE)。按照物理信道是由多个用户共享还是一个用户使用分为公共物理信道和专用物理信道，如图 5-16 所示，其中 HS-SCCH、HS-PDSCH、HS-DPCCH 为在 R5 中引入的信道。

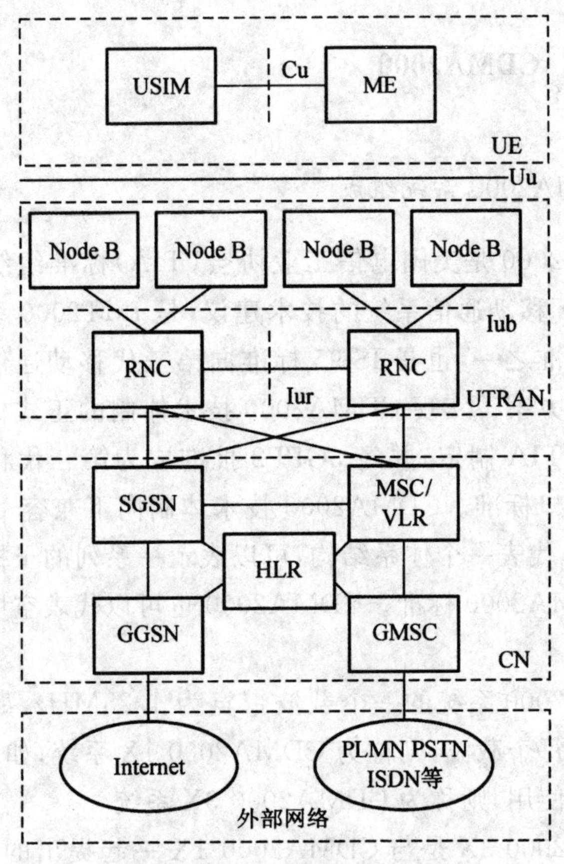

图 5-15　WCDMA 系统结构

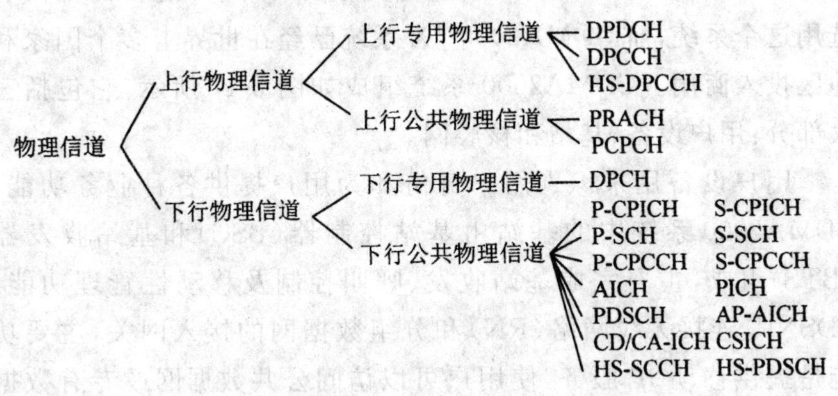

图 5-16　WCDMA 物理信道分类

(3)传输信道

传输信道分专用传输信道和公共传输信道。

5.3.3 CDMA2000

1. CDMA2000 系统组成

CDMA2000 是美国电信工业协会(TIA)标准组织提出的第三代 CDMA 移动通信系统的技术建议,是 IMT2000 系统的三大主流技术标准之一,也是 IS-95 标准向第三代移动通信系统演进的技术体制方案。实现 CDMA2000 技术体制的正式标准名称为 IS-2000,由 TIA 制定,并经 3GPP2 批准成为第三代移动通信系统的空中接口标准。CDMA2000 技术体制向下兼容 IS-95 系统。CDMA2000 代表一个体系结构,可以表示一系列的子标准或不同版本的 CDMA2000 标准。CDMA2000 也可以代表空中接口所采用的技术。

CDMA2000 系统的一个载波带宽为 1.25MHz,如果系统分别独立使用每个载波,则称为 CDMA2000 1X 系统;如果系统将 3 个载波捆绑使用,则称为 CDMA2000 3X 系统。

CDMA2000 3X 是与 CDMA2000 1X 一起提出的规范,但由于各种原因,在这个领域开展的研究很少,厂商和运营商都没有选用这个系统,而 CDMA2000 1X 系统已经在世界上多个国家和地区投入商用。CDMA2000 系统组成如图 5-17 所示,它包括三大部分:用户设备、基站和核心网。

用户设备用来识别用户身份和为用户提供各种业务功能。CDMA2000 系统中的基站由基站控制器(BSC)和基站收发器(BTS)组成,主要完成基站收发、呼叫控制及移动性管理功能。PDSN 是连接无线网络(RN)和分组数据网的接入网关,主要功能是提供移动 IP 服务,使用户可以访问公共数据网或专有数据网。PDSN 可以为每一个用户终端建立、终止点对点协议(Point to Point Protocol,PPP)连接,以向用户提供分组数据业务。

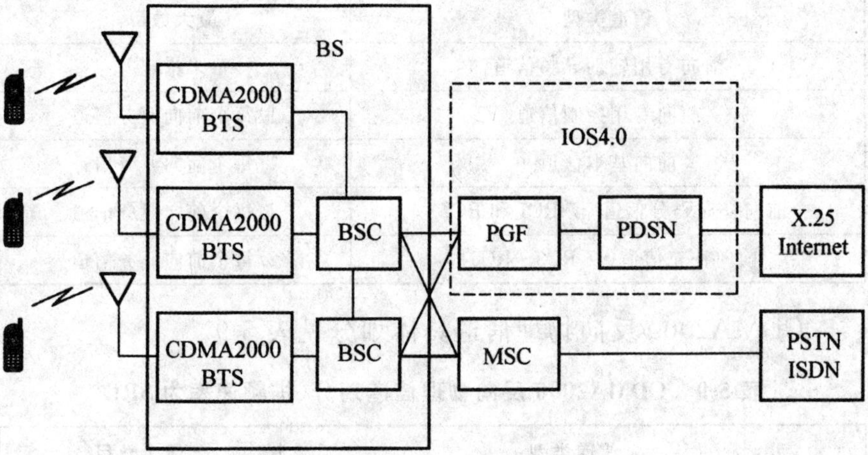

图 5-17　CDMA2000 系统组成

2. CDMA2000 物理信道结构

CDMA2000 物理信道同样分前向和反向物理信道,其中前向物理信道又分为前向公共物理信道和前向专用物理信道两大类,具体划分见表 5-8。

表 5-8　CDMA2000 前向物理信道划分(扩频速率为 SR1)

信道类型	最大数目
前向导频信道	1
发送分集导频信道	1
辅助导频信道	未指定
辅助发送分集导频信道	未指定
同步信道	1
寻呼信道	7
前向公共控制信道	7
广播信道	8
快速寻呼信道	3
公共功率控制信道	15
公共指配信道	7

续表

信道类型	最大数目
前向专用辅助导频信道	未指定
前向专用控制信道	1/每个前向业务信道
前向基本信道	1/每个前向业务信道
前向补充码分信道(仅 RC1 和 RC2)	7/每个前向业务信道
前向补充信道(仅 RC3～RC5)	2/每个前向业务信道

CDMA2000 反向物理信道具体划分见表 5-9。

表 5-9 CDMA2000 反向物理信道划分(扩频速率为 SR1)

信道类型	最大数目
反向导频信道	1
接入信道	1
增强接入信道	1
反向公共控制信道	1
反向专用控制信道	1
反向基本信道	1
反向补充码分信道(仅 RC1 和 RC2)	7
反向补充信道(仅 RC3 和 RC4)	2

3. CDMA2000 技术特点

CDMA2000 标准中不同系列的技术特点见表 5-10,IMT2000 标准中 CDMA2000 系列的技术特点如下:

①n×1.25MHz 多种信道带宽。

②可以更加有效地使用无线频率资源。

③具备先进的媒体接入控制,可以有效地支持高速分组数据业务。

④可以在 CDMA One 的基础上实现向 CDMA2000 系统的平滑过渡。

⑤核心网协议可使用 IS-41、GSM-MAP 以及 IP 骨干网标准。

⑥采用了前向发送分集、快速前向功率控制、Turbo 码、辅助导频信道、灵活帧长、方向链路相干解调、选择较长的交织等技术，进一步提高了系统容量、增强了系统性能。

表 5-10　CDMA2000 不同系列的技术特点

CDMA2000 NX	N=1	N=3	N=6	N=9	N=1.2
带宽/MHz	1.25	3.75	7.5	11.5	15
无线和业务接口来源	IS-95				
码片速率/Kcps	1.2288	3.6864	7.3728	11.0592	14.7456
帧长/ms	典型为 20				
同步方式	使用 GPS 同步				
导频方式	使用公共导频方式				

5.4　第四代移动通信系统

5.4.1　4G 的产生背景

随着互联网和多媒体通信的发展，市场对移动通信的容量和数据能力提出了更高的要求。自 3G 标准诞生之日起，各个 3G 标准都在不断演进，以适应高速无线网络数据传输的要求。

第三代移动通信演进路线如图 5-18 所示。其中，第一条路线是以 3GPP 为基础的技术轨迹，即从第二代的 GSM、2.5 代的 GPRS 到第三代的 WCDMA、TD-SCDMA、第三代增强型的 HSDPA/HSUPA，以及 LTE 的发展路线，最后演进到 IMT-Advanced，即 B3G/4G。第二条路线是以 3GPP2 为基础的技术路线，即从第二代的 CDMA2000 到 2.75 代 CDMA2000 1X，再到第三代的 CDMA2000 1X EV-DO/DV，以及长期演进的 UMB 升级版本，最后演进到 IMT-Advanced(B3G/4G)。这两条路线是移动通信演进的两个主流路线，也是占世界绝大多数移动通信市场的路线。第三条路线是以 WiMAX 为基础的技术路线，是宽带无线接入技术向着高移动性、高服务质量的方向演进的结果。最终 3 条路径演进至 IMT-Advanced(B3G/4G)。为满足移动宽带数据业务对传输速率和网络性能的要求，研究开发速率更高、性能更先进的新一代移动通信技术正成为世界各国和相关机构关注的重点。在第三代移动通信之后的新技术也被称为 B3G/后 3G (B3G-sysytem/beyond IMT-2000)技术或第四代移动通信技术(4G)。WiMAX、LTE 和 UMB 技术性能相对 3G 技术大幅提升，已经可以满足 B3G 系统高速移动场景的需求，并且 WiMAX、LTE 和 UMB 技术将沿着无线宽带接入和宽带移动通信两大主线向 4G 演进。

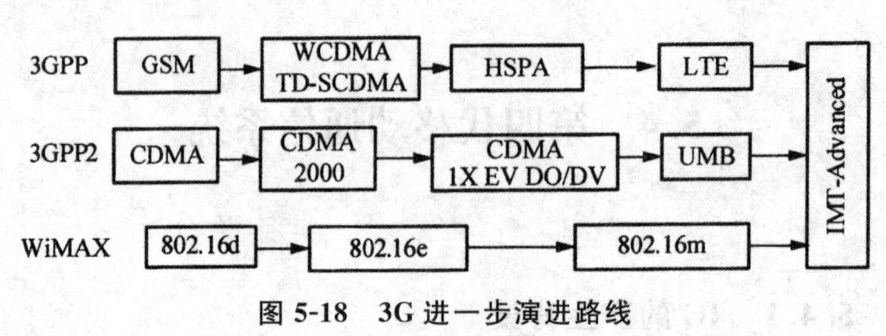

图 5-18　3G 进一步演进路线

LTE(Long Term Evolution，长期演进)是 3GPP 为 3G 进一步演进而于 2004 年 11 月启动的一项新的研究工作，它改进并增强了 3G 的空中接入技术，采用 OFDM 和 MIMO 作为其无线网络演进的唯一标准。作为从 3G 向 4G 演进的主流技术，LTE 也被通俗地称为 3.9G。名义上 LTE 是对 3G 的演进，但事实上它对 3GPP 的整个体系架构作了革命性的变革，逐步趋近于典型的 IP 宽带网结构。在 3GPP 进行 LTE 技术研究的同时，国际电信联盟(ITU)一直在开展关于下一代移动通信系统的市场需求和频率规划等方面的调研工作，为制定 4G 技术的国际标准建议做准备，以满足未来 10～15 年全球移动通信的需求。ITU 为了推动移动通信的进一步发展，提出了 IMT-Advanced（高级国际移动通信）标准化进程。不同组织在对 4G 技术的设想上存在着很大的差异。下一代网络的研究将着眼于 IP 连通层面上的异构网络的融合、移动性和 QoS 管理、异构网络安全、网络的可扩展性等方面。

5.4.2　4G 的网络体系结构

第四代移动通信系统的网络体系分层结构如图 5-19 所示。该分层结构自上而下分别为应用层、网络业务执行层和物理层。

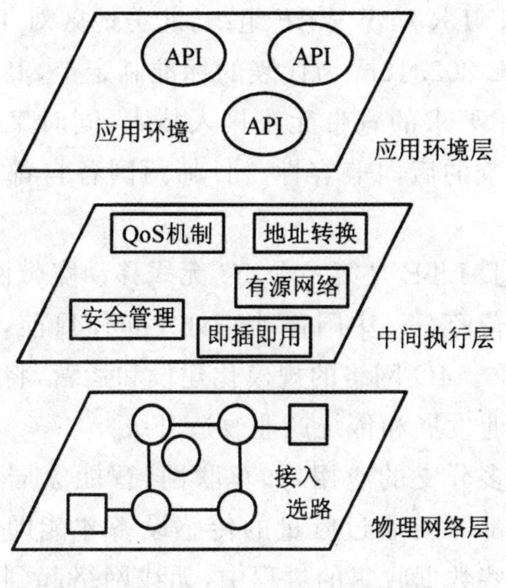

图 5-19　4G 网络体系分层结构

5.4.3　4G 的关键技术

4G 的关键技术包括 OFDM、多输入多输出技术（MIMO）、智能天线、软件无线电等技术。

在 4G 移动通信中，还存在需要进一步研究完善和解决的问题，如定位技术、切换技术、软件无线电技术、智能天线技术、网络协议与安全、调制和信号传输技术等。紧随着4G通信技术的发展，人们的生活、工作中将会出现越来越多的IP地址，也推动了越来越多的网络设备的使用，使得信息得到更大范围的传播。4G通信系统采用IPv6技术作为下一代网络的核心协议，其主要目的是扩大地址空间、提高网络的整体吞吐量、改善QoS、使网络更有安全性保证。

5.4.4 4G通信的发展

目前，许多国家和地区都在加紧对4G的研究，欧洲地区较为有名的有WINNER和WWRF组织，北美地区对4G的研究主要集中在以IEEE 802.16m为代表的标准制定上，其具有目标实验支付和4G技术要求的宽带无线接入技术，同时又保持与现有移动WiMAX标准的后向兼容性。日韩两国各自都在进行着独立的研究。

在中国，TD-LTE是第一个4G无线移动宽带网络数据标准，由中国电信运营商——中国移动修订发布。目前，TD-LTE已成为4G国际标准。4G网络的规模化建设和运营，将有助于推动城市的信息服务业发展和传统产业改造升级。

物联网诸多分支的应用，如车联网、智能家居、智能交通、智慧城市等方面都需要通过巨量的传感设备才能即时接收各类感知数据。在这些数据收集的过程中，无线网络起到决定性的联络作用。

4G与物联网的融合应用，极大丰富了无线智慧城市应用。我国已建立多个4G试点城市，全面开启了4G无线智慧城市的建设。目前，TD-LTE已在上海、杭州、南京、广州、深圳、厦门等城市展开试点，其中，广州、深圳建成全国最大规模的TD-LTE网络，并率先迈入4G时代。2013年2月27日，深圳移动与广州移动一起同步启动国内最大规模的4G体验。4G网络是建设无线智慧城市的基础，各大城市都在积极地推进 4G 进公交、4G 进游船、4G 进景区、4G 进地铁等应用体验，不断启动 4G 友好客户体验活动，让 4G 网络真正走向每一位移动用户，让人们体验到高速的移动通信网络。

4G 与物联网的融合应用，将使移动办公、远程协同工作、远程医疗、远程教育惠及每一位移动用户。移动用户通过智能手机就能随时看电视、听音乐、上课、参观博物馆、参加聚会，甚至就医，走在路上随时可以和朋友分享自己看到的一切。同时，4G 技术的发展也为科幻电影中经常出现的机动车无人驾驶、远程人机对话等场景提供了网络基础。对于个人而言，高速下载电影、刷微博、玩游戏再也不用为网速慢而发愁，生活将变得更便捷、更悠闲。对于企业来说，4G 的发展让生产控制、企业管理变得更易操作、成本更低，企业效率和竞争力相应的都将得到提升。对于城市来说，4G 的发展将让城市更具活力。更多的人力资源将从繁琐、高强度的重复劳动中解放出来，进入更具创造性的领域，文化、艺术、科技、教育都将得到促进。

2013 年 8 月 30 日，我国工信部发放了国内首批 4G 手机入网许可，目前已有 4 家厂商的 4 个产品率先获得 4G 入网许可，这 4 部获得入网许可的 4G 手机分别来自三星、索尼、中兴和华为，手机型号为三星 GT-N7108D、索尼 M35T、中兴 U9815、华为 D2-6070。

5.5　下一代移动通信系统展望

5G 又称为 IMT-2020，5G 是整合了新型无线接入技术和现有无线接入技术（WLAN，4G、3G、2G 等），通过集成多种技术来满足不同的需求，是一个真正意义上的融合网络，预期在 2020 年实现商用。5G 在吞吐率、时延、连接数量和能耗指标等方面相比 4G 进一步提升系统性能。5G 将提供超级容量的带宽，如支持传输高质量视频图像,短距离传输速率是 10Gbit/s,并将各种无线接入方式相融合,支持各种泛在业务。

要实现随时随地接入的需求,5G 的主要研究方向涉及多个层面,包括网络系统体系架构、无线组网、无线传输、新型天线与射频以及新频谱开发与利用等关键技术的支撑。

第6章　无线局域网 WLAN 与蓝牙技术

无线局域网(WLAN)是使用无线信道作为传输媒介的计算机局域网,是有线联网方式的重要补充和延伸,并逐渐成为计算机网络中一个至关重要的组成部分。它使用无线电波作为数据传送的媒介,传送距离一般为几十米,广泛应用于需要移动数据处理或无法进行物理传输介质布线的领域。

随着 IEEE 802.11 无线网络标准的制定与发展,无线网络技术日趋成熟与完善。广泛应用于众多行业,如金融证券、教育、大型企业、工矿港口、政府机关、酒店、机场等。产品主要包括:无线接入点、无线网卡、无线路由器、无线网关、无线网桥等。

6.1　无线局域网的概述

6.1.1　无线局域网的发展

20 世纪 90 年代以来,国际互联网(Internet)在办公区和私人住宅区都得到了广泛应用。人们用数字用户线(DSL)与有线局域网(LAN)连接电脑提供几 Mbit/s 甚至更高速率的 Internet 接入。笔记本电脑的大量普及也刺激了人们对无线连接的需求,人们需要从笔记本电脑到最近的有线以太网(Ethernet)端口的高速率接入。

无线局域网(WLAN)的要求与有线局域网相比有很大不同。首先,无线传输要求分配相应的无线电频段,并且有严格的频率带宽和功率限制;其次,无线信号传输环境比较恶劣,不仅会受到多径衰落的影响，而且还不可避免地受到其他电子设备的干扰，同时无线局域网还可能与其他无线通信系统在同一区域共用相同频段，因而需要解决相互干扰、共存共容的问题。另外，无线局域网系统应该支持终端的移动性，以及支持连接检查管理、可靠性管理和功率管理等功能。

WLAN 应用如图 6-1 所示。

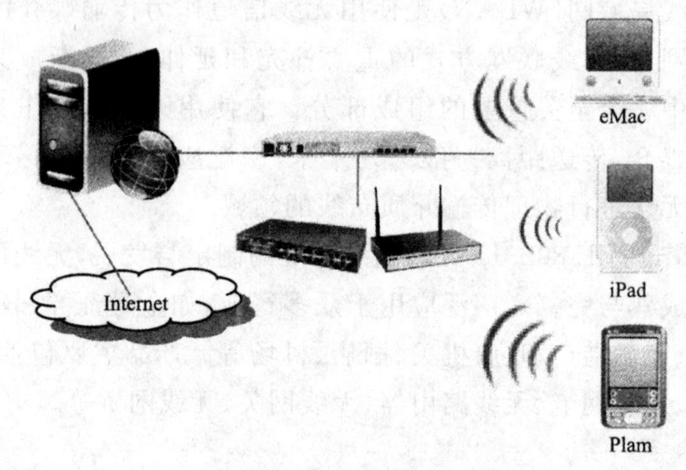

图 6-1　WLAN 应用

WLAN 技术近几年来受到广泛的关注并发展为网络技术市场上一个耀眼的亮点，原因有如下：

①WLAN 定位为无线局域网技术，提供慢速移动和游牧状态宽带接入。

②WLAN 弥补固定网络的移动性不足、移动网络的宽带性不足，作为固定和移动网络数据业务的补充。

③发展 Wi-Fi＋3G 融合业务双模数据卡，分流 2G/3G 网络数据流，降低 2G/3G 网络投资。

WLAN 目前是国内各大运营商重新圈地、实现全业务运营的战略资源保障。中国移动设置宽带接入预覆盖建设专项资金，加强"TD＋Wi-Fi"网络建设；中国联通筹划"WCDMA＋Wi-Fi"组网，重视 Wi-Fi、宽带、GSM、GPRS、3G 技术的结合；中国电信推出"CDMA2000＋Wi-Fi"战略组合，增强固网和移动宽带业务开展。

6.1.2 无线局域网工作频率

世界上大多数国家政府都预留出了一些频段，称为 ISM(工业、科学、医疗)频段，用于非授权用途。ISM 频段无须许可证，只需要遵守一定的发射功率(一般低于 1W)，并且不要对其他频段造成干扰即可使用。

目前常用的 ISM 有三个频段：900MHz、2.4GHz 和 5.8GHz，主流的 802.11 系列 WLAN 产品使用 ISM 的后两个(2.4GHz 和 5.8GHz)频段。

除 WLAN 以外，现在大多数短距离的无线装置，如电视遥控器、无线鼠标、无线电控制的玩具及诸多的红外、ZigBee、蓝牙设备等也都在使用着 ISM。为了使这些未经协调的设备之间干扰尽可能地小，工作在 ISM 上的设备大多采用了扩频技术。

(1)2.4GHz 频段

802.11b 和 802.11g 的工作频段在 2.4GHz(2.401～2.483GHz)，其可用带宽为 83.5MHz，划分为 13 个信道，每个信道带宽为 22MHz，见表 6-1。

表 6-1 2.4GItz 频段 WLAN 信道配置 单位：MHz

信道	中心频率	信道低端/高端频率	信道	中心频率	信道低端/高端频率
1	2412	2401/2423	8	2447	2426/2448
2	2417	2406/2428	9	2452	2441/2463
3	2422	2411/2433	10	2457	2446/2468
4	2427	2416/2438	11	2462	2451/2473
5	2432	2421/2443	12	2467	2456/2478
6	2437	2426/2448	13	2472	2461/2483
7	2442	2431/2453			

13 个信道之间有重叠，频谱划分如图 6-2 所示。在多个频道同时工作的情况下，为保证频道之间不相互干扰，要求两个频道的中心频率间隔不能低于 25MHz。所以 2.4GHz 频段中，同一

个信号覆盖范围内最多容纳1个互不重叠的信道组，每个信道组包括2或3个信道，其中的信道互不重叠。

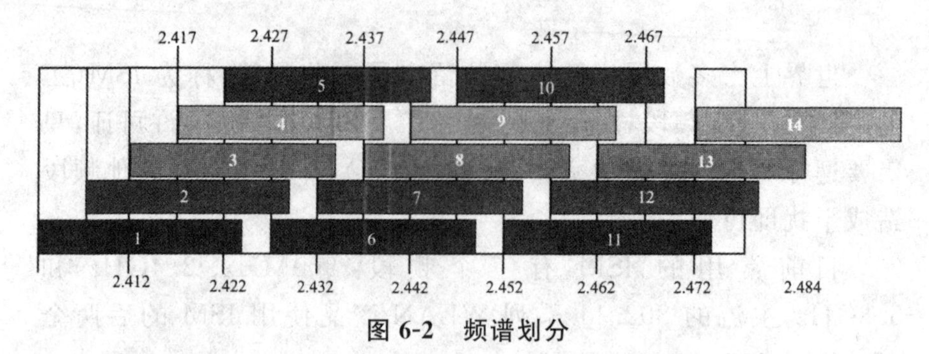

图6-2 频谱划分

信道组1:CH1、CH6、CH11。

信道组2:CH2、CH7、CH12。

信道组3:CH3、CH8、CH13。

补盲信道组1:CH4、CH9。

补盲信道组2:CH5、CH10。

现网中一般使用CH1、CH6、CH11三个互不干扰的信道进行蜂窝覆盖，如图6-3所示。

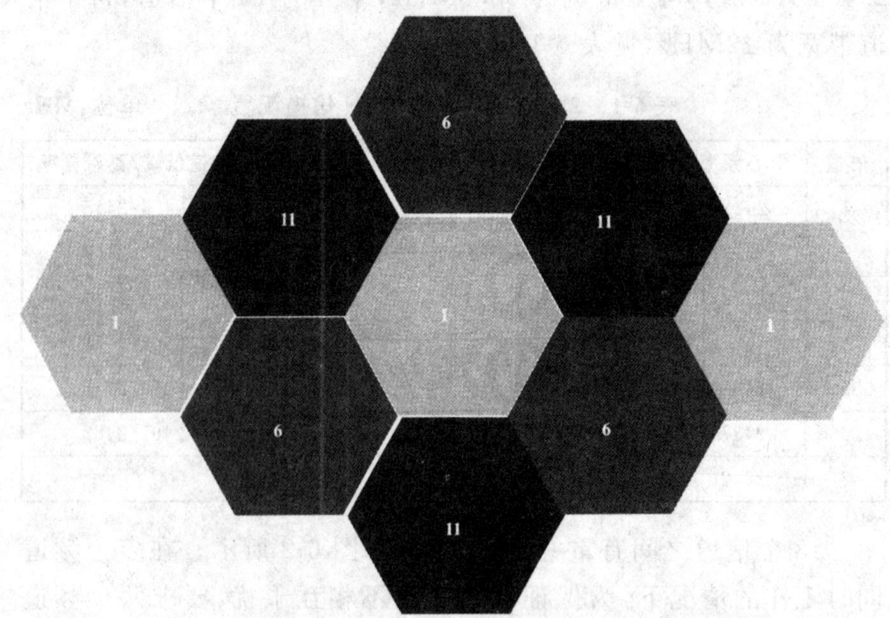

图6-3 CH1、CH6、CH11三个信道进行蜂窝覆盖

下面给出楼宇内 WLAN 频率复用模板：

①单层单 AP 方案。

方案一：每层布放一个 AP，三频率交替使用，频率分配参考方案如图 6-4 所示。

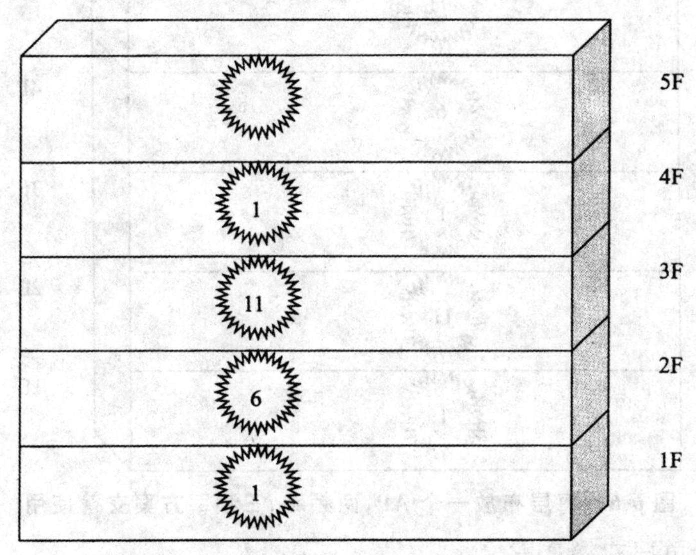

图 6-4　每层布放一个 AP，三频率交替使用

方案二：每层布放一个 AP，两频率交替使用，频率分配参考方案如图 6-5 所示。

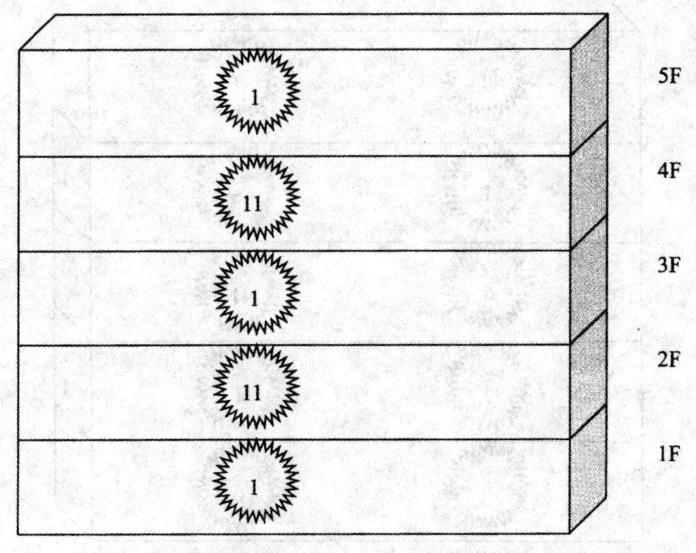

图 6-5　每层布放一个 AP，两频率交替使用

方案三:每层布放一个 AP,两频率、三频率方案交替使用,如图 6-6 所示。

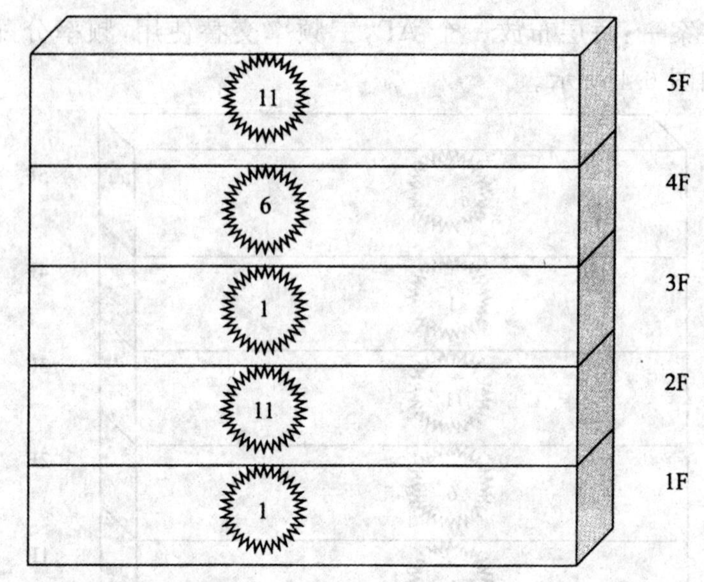

图 6-6　每层布放一个 AP,两频率、三频率方案交替使用

②单层双 AP 方案。

方案一:每层布放两个 AP,三频率交替使用,频率分配参考方案如图 6-7 所示。

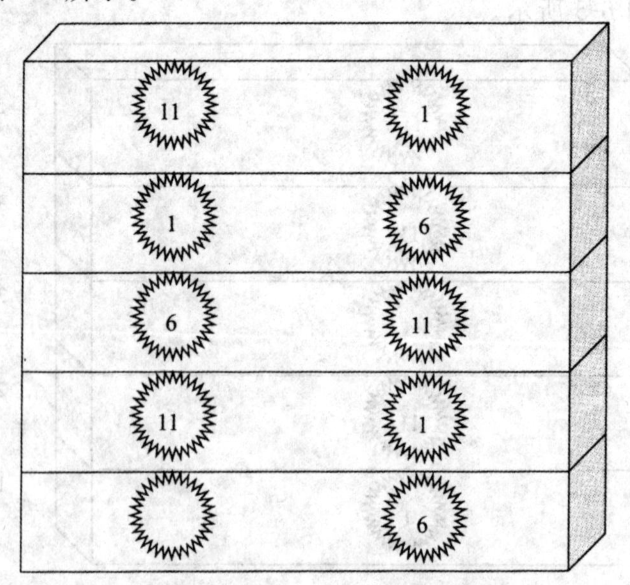

图 6-7　每层布放两个 AP,三频率交替使用

方案二:每层布放两个 AP,两频率交替使用,频率分配参考方案如图 6-8 所示。

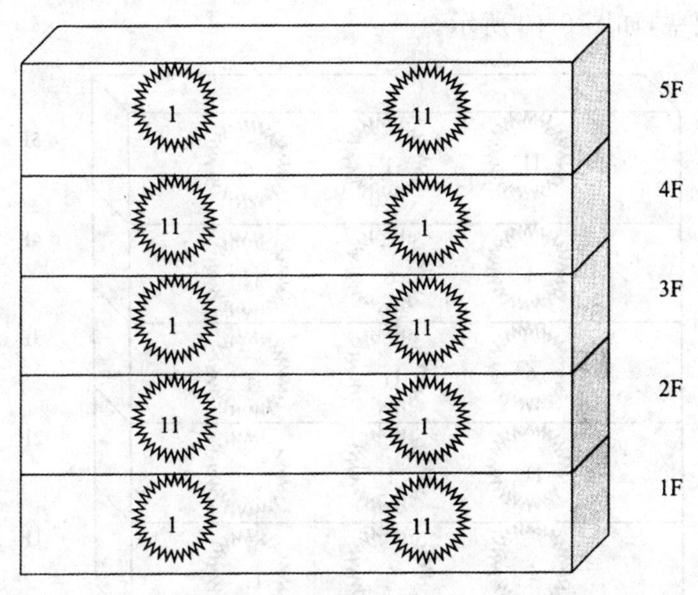

图 6-8　每层布放两个 AP,两频率交替使用

方案三:每层布放两个 AP,两频率、三频率方案交替使用,如图 6-9 所示。

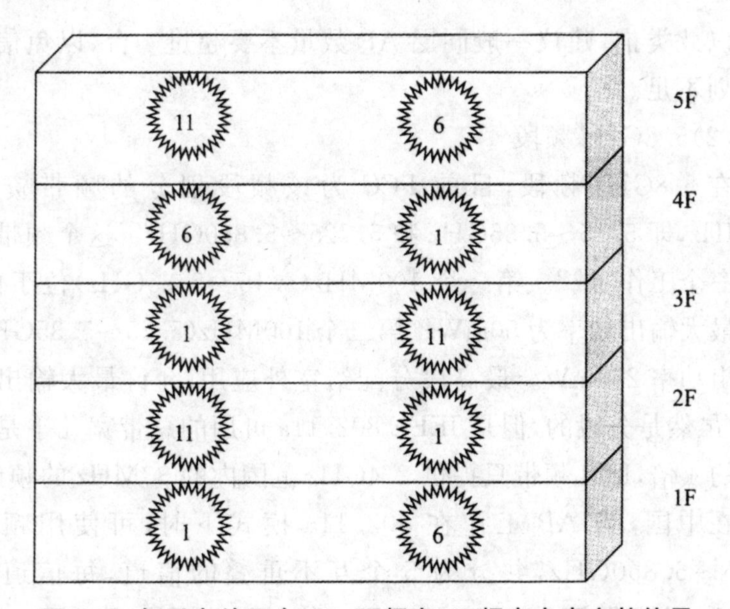

图 6-9　每层布放两个 AP,两频率、三频率方案交替使用

③单层三 AP 方案。

每层布放三个 AP，平层和楼层间交替使用 CH1、CH6、CH11 三个频率，如图 6-10 所示。

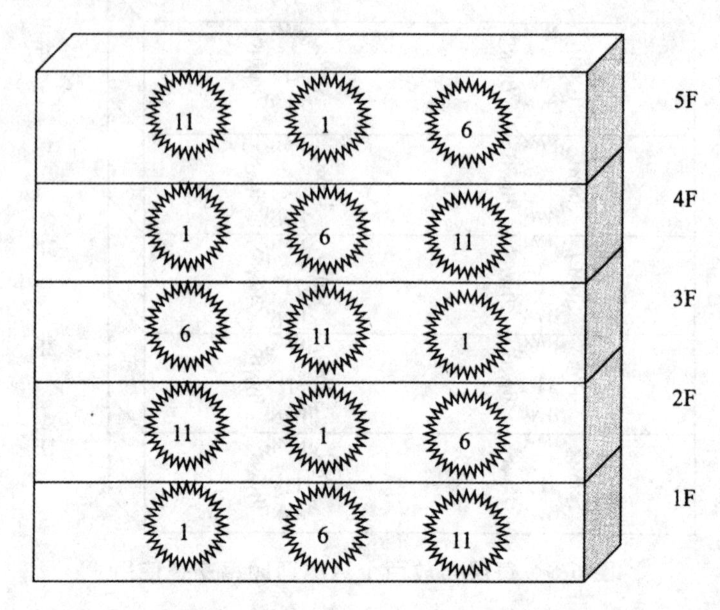

图 6-10　每层布放三个 AP，平层和楼层间交替使用 CH1、CH6、CH11 三个频率

以此类推，建议一般同层 AP 数量不要超过 4 台，以免信道数量规划不足。

(2)5.8GHz 频段

在 5.8GHz 频段，目前 FCC 为该频段划分的频带资源为 300MHz，即 5.15～5.35GHz 和 5.725～5.850GHz。这个频带被切分为三个工作“域”。第一个 100MHz(5.15～5.25GHz)位于低段，限制最大输出功率为 50mW。第二个 100MHz(5.25～5.35GHz)允许输出功率 250mW。最高段分配给室外应用，允许最大输出功率 1W。虽然是分段的，但是 IEEE 802.11a 可用的总带宽几乎是 ISM 频带的 4 倍，ISM 频带只提供 2.4GHz 范围内的 83MHz 的频谱。

在中国，当 AP 工作在 802.11a 模式下时，可使用频段为 5.725～5.850GHz，共分为 5 个互不重叠的信道，每信道占用 20MHz 频带带宽，如图 6-11 所示。信道号分别为：149、153、157、

161、165，以 5MHz 为步进划分信道，信道编号 n =（信道中心频率 GHz-5GHz）×1000/5。其频率表如表 6-2 所示。

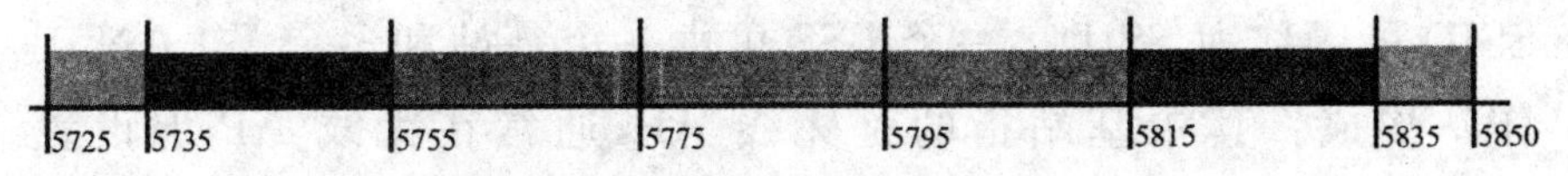

图 6-11　5 个互不重叠的信道

表 6-2　5.8GHz 频段 WLAN 信道配置　　　　单位：MHz

信道	中心频率	低端/高端频率
149	5745	5735/5755
153	5765	5755/5775
157	5785	5775/5795
161	5805	5795/5815
165	5825	5815/5835

6.1.3　WLAN 的基本构成

无线局域网是一个基于蜂窝的架构，每一个蜂窝称为 BSS。每一个蜂窝被一个基站（即访问点或 AP）控制，或是在蜂窝内的点对点网络（Ad Hoc 模式）。BSS 的基本构成如图 6-12 所示。

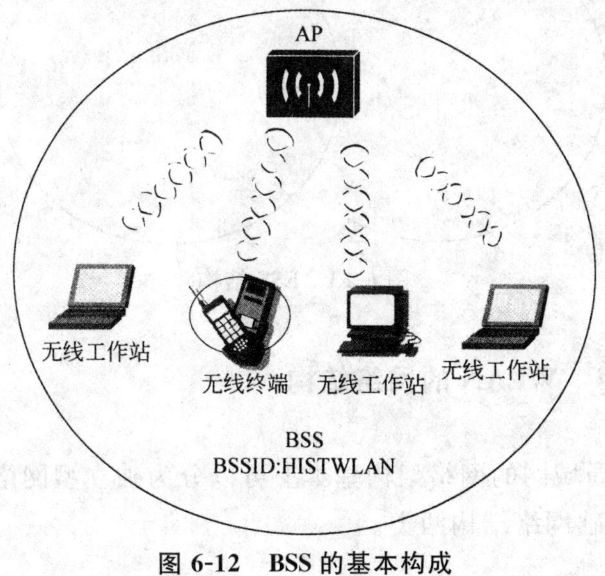

图 6-12　BSS 的基本构成

可以看到一个无线分布式系统是由多个 BSS 构成，为了标识一个 BSS，通常可以采用给其设置的 SSID 来进行区分，这个 SSID 可以称为 SSID。一个 BSS 可由一个基站和多个 WLAN 工作站构成。其中基站指的是无线 AP，通常在无线 AP 上设置 SSID，WLAN 工作站通常指的是安装有无线网络接口的计算机等终端设备。这些设备采用和无线 AP 相同的 SSID 来连接到同一个蜂窝之中。

SSID(Service Set Identifier)，即服务集标识，用来区分不同的网络，最多可以有 32 个字符。每个接入点都有一个 SSID，通过为多个 AP 设置同一个 SSID，可允许在广泛的范围内漫游，SSID 区分大小写。

如图 6-13 所示，多个无线蜂窝就构成了一个扩展服务集合(Extended Service Set，ESS)，分布式系统和多个 BSS 允许 IEEE 802.11 构成一个任意大小和复杂的无线网络。IEEE 802.11b 把这种网络称为扩展服务集网络。同样，ESS 也有一个 SSID 标识名称，即 ESSID。

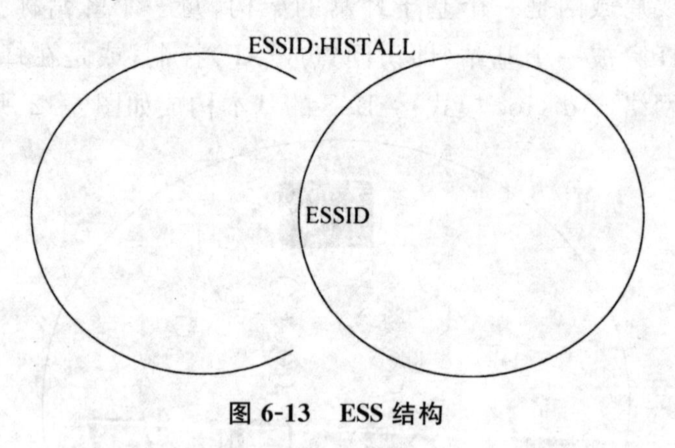

图 6-13　ESS 结构

6.1.4　WLAN 的网络结构

无线局域网的网络架构基本上可以分为独立型网络结构(Ad Hoc)和基础网络结构两类。

1. 独立型网络结构

独立型网络结构无须AP支持，站点间可相互通信。独立型网络结构由一组有无线接口卡的计算机组成。无线自组织网络结构如图6-14所示。

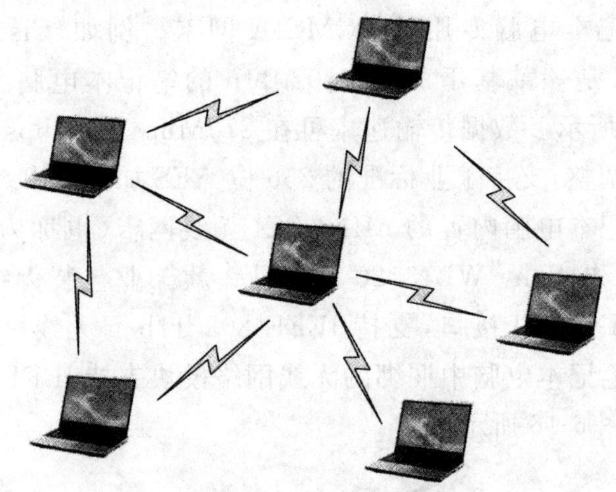

图6-14　Ad Hoc网络结构

2. 基础网络结构

基础网络结构可分为BSS和ESS两种。在BSS中，站点间不能直接通信，必须依赖AP进行数据传输。AP提供到有线网络的连接，并为站点提供数据中继功能。

ESS是一种基础网络结构的应用，一个或多个以上的BSS，即可被定义成一个ESS，使用者可于ESS上漫游及存取BSS中的任何资料，其中AP必须设定相同的ESSID及信道才能允许漫游。

6.1.5　WLAN的组成

1. 无线站点(STA)

无线站点又叫移动站，支持802.11的终端设备，通常由计算机加无线网卡构成，通过 AP 进行通信。无线网卡是以无线方式连接用户终端进行上网使用的计算机配件。具体来说它就是使电脑能以无线方式接入 Wi-Fi 系统的一个装置。

无线网卡分类包括外置网卡和迅驰平台内置的无线网络模块。

①笔记本电脑专用的 PCMCIA 网卡。例如，Cisco-Linksys WPC300N 是一款基于 IEEE 802.11n 的笔记本电脑无线网卡，如图 6-15 所示。数据传输速率可在 270Mbps、54Mbps 至 1Mbps 之间自动调整，支持工业标准的 256 位 AES 加密技术。

②笔记本电脑内置的 MINI-PCI 无线网卡（也称为无线网络模块）。例如，Sony WL13020-D92 是一款工业包装无线网卡，采用标准 MINI-PCI 接口，支持 IEEE 802.11b/g 无线标准。再如迅驰 4 代笔记本电脑中捆绑的无线网络模块支持 IEEE 802.11a/b/g/n，如图 6-16 所示。

图 6-15　笔记本电脑专用的 PCMCIA 网卡

图 6-16　笔记本电脑内置的 MINI-PCI 无线网卡

③台式机专用的 PCI 无线网卡。例如,WMP54GS 最高可以达到 125Mbps 的物理传输速率,完全兼容 IEEE 802.11b/g 标准,可与其他品牌或不同速率的无线网络产品混合使用,如图 6-17 所示。

图 6-17　台式机专用的 PCI 无线网卡

④USB 无线网卡。这种网卡不管是台式机还是笔记本都可以使用,是目前最常见的。例如,WUSB54G 兼容 IEEE 802.11b/g 标准,采用 USB2.0 接口,可提供 54Mbps 的高速数据传输,并支持自动速率退调功能,可视网络连接环境自动降为 5.5Mbps、2Mbps、1Mbps,最大覆盖范围 500m,支持 128 位的 WEP 数据加密,如图 6-18 所示。

图 6-18　USB 无线网卡

⑤SD/CF 无线网卡。主要应用于掌上电脑、智能手机等数码设备。SD 接口的无线网卡比一般的 SD 卡要长一些,通常不能用于内置式 SD 卡插槽。

2. 无线 AP

无线接入点将各无线站点连接到一起,相当于以太网的集线器或交换机,使装有无线网卡的 PC 通过 AP 共享整个 Wi-Fi 网络的资源。

无线电波在传播过程中会不断衰减,导致无线 AP 的通信范围被限定在几十到上百米范围之内。一个无线 AP 虽然理论上最多可以连接 255 台无线客户端,但要达到比较理想的性能,最好不要超过 20 台。

无线 AP 将无线网络接入以太网甚至广域网,故其需要将 802.11 帧转换为其他类型有线网络的帧,相当于完成无线和有线之间的桥接。

经过多年的发展历程,现在 AP 主要分为两种——FAT AP(胖 AP,独立型 AP)与 FIT AP(瘦 AP,轻量级无线 AP)。

(1)FAT AP

AP 实现无线局域网和有线网络之间的桥接工作,提供 802.11 无线接口及 802.3 以太网接口,承担着自己区域的数据的接收、转发、过滤、加密,客户端的接入、断开、认证等任务。

其适合在家庭和中小型网络中使用。家庭或 Soho 网络的组网模式、企业网络的组网模式,如图 6-19、图 6-20 所示。

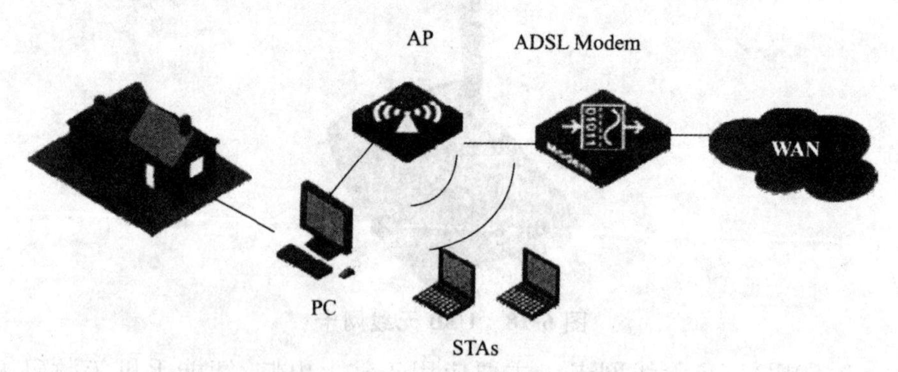

图 6-19 家庭或 Soho 网络的组网模式

FAT AP 组网无法满足大型的无线企业网络的需求,原因如下:

①无线接入点完全自主进行管理、数据转发、安全控制等功能，管理员必须针对每一台无线AP进行配置（包括网管IP地址、SSID和加密认证方式等无线业务参数、信道和发射功率等射频参数、ACL和QoS等），组建大型网络对于AP的配置工作量巨大。

②维护都需要逐个完成，当企业的无线局域网规模较大时，对众多无线AP的管理就成为网络管理员的沉重负担。

③AP功能多造成成本高，大规模部署时价格贵。

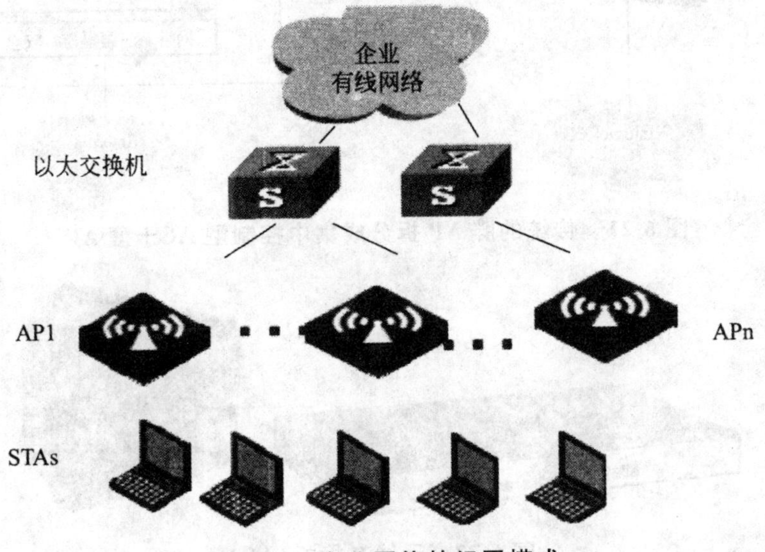

图6-20　企业网络的组网模式

(2)FIT AP

FIT AP的组网很大程度上改善了FAT AP不能灵活管理和维护的不足。FIT AP借鉴了现在成熟的移动网络分层部署的概念，将传统的胖AP拆分成集中控制型AC＋瘦AP，如图6-21所示。AC相当于移动网络的基站控制器，无线网络和安全处理功能转移到集中的无线AC中实现，如图6-22所示；而瘦AP相当于移动网络的基站AP只作为无线数据的收发设备，大大简化了AP的管理和配置功能，非智能化，操作简单，如图6-23所示。

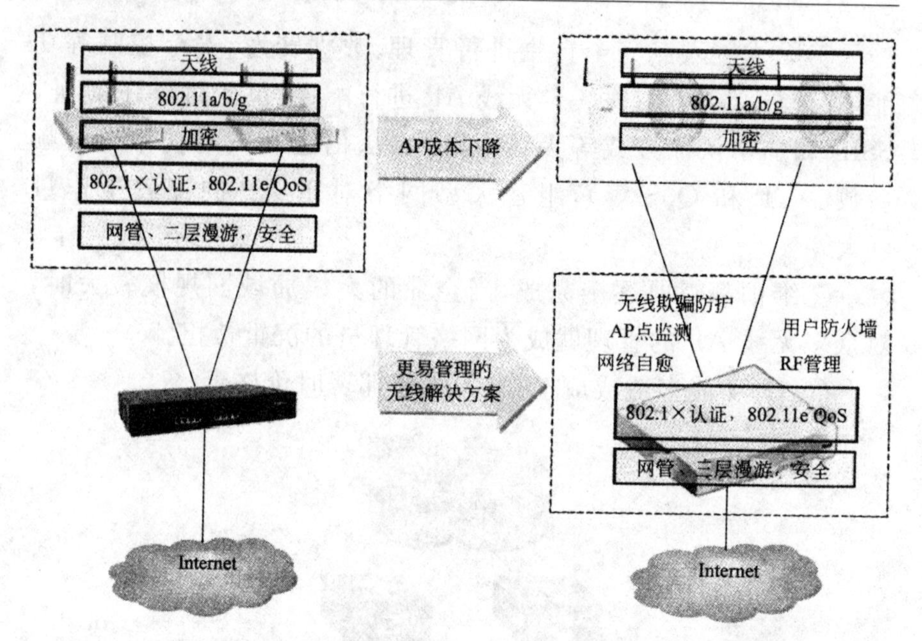

图 6-21 传统的胖 AP 拆分成集中控制型 AC+瘦 AP

图 6-22 无线交换机(AC)

3. 天线

(1)天线的功能

天线的功能是发射和接收电磁波。

无线电发射机输出的射频信号功率通过馈线(电缆)输送到天线，由天线以电磁波形式辐射出去；电磁波到达接收地点后，由天线接收下来(仅仅接收到极小一部分功率)并通过馈线送到无线电接收机。

(2)无线天线类型

无线天线主要有室内和室外两种。

图 6-23　瘦 AP 产品

室内天线的优点是方便灵活，缺点是增益小，传输距离短。室内天线通常没有防水和防雷设计，一般不可用于室外。

室外天线的优点是传输距离远，比较适合远距离传输。

对于室内天线，建议不放在窗户附近，因为玻璃无法阻挡信号。最好将天线放在需要覆盖的区域的中心，尽量减少信号泄露到墙外。对于室外天线，应该选择安装在无线网络的中心区域的电线杆高处或者高层建筑楼顶或高塔之上。

(3)无线天线主要的性能参数

无线天线主要的性能参数包括：传播方向、工作频段、天线接口和天线增益。

①传播方向。根据传播方向的不同，无线天线主要分为室内或室外的全向天线与定向天线两种，如图 6-24、图 6-25 所示。

全向天线的辐射与接收在水平面上无最大方向，将信号均匀分布在中心点周围 360°全方位区域，通常用作点对多点通信的中心站。全向天线的外观通常呈棒状。

定向天线在水平面上具有最大辐射或接收方向，因此，能量集中,增益相对全向天线要高,适合于远距离点对点通信,同时由于具有方向性,抗干扰能力也比较强。通常定向天线的外观呈锅状或平板状。

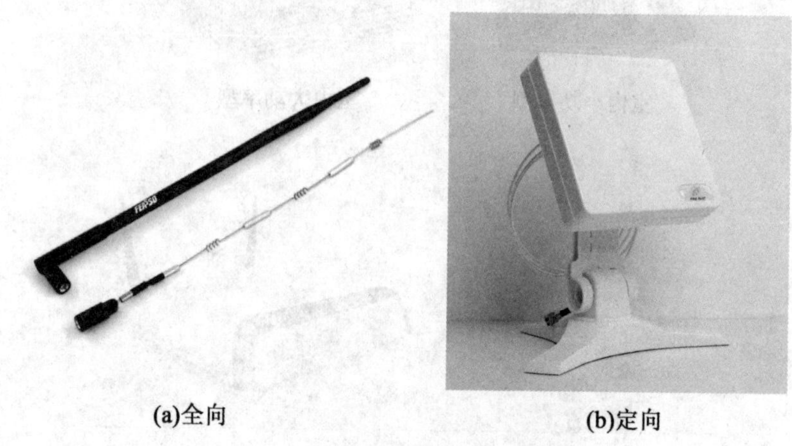

(a)全向　　(b)定向

图 6-24　室内全向与定向天线

(a)全向　　(b)定向

图 6-25　室外全向、定向天线

②工作频段。无线天线的工作频段应与无线基站的工作频段相同。

③天线接口。天线接口是指天线本身与无线设备之间的接口,只有二者类型匹配,天线才能顺利地安装到相应设备上。无线天线最常见的是 SMA 接口和 TNC 接口。

SMA 接口全称为 SMA 反极性公头,其特点是天线接头内部有螺纹和孔形触点,相对应的无线设备接口处则是外部有螺纹和针形触点,如图 6-26 所示。

图 6-26　SMA 接口

TNC 接口全称为 TNC 反极性公头，其外形比 SMA 要粗一些，天线接头的外部与内部触点之间有一层金属屏蔽，如图 6-27 所示。

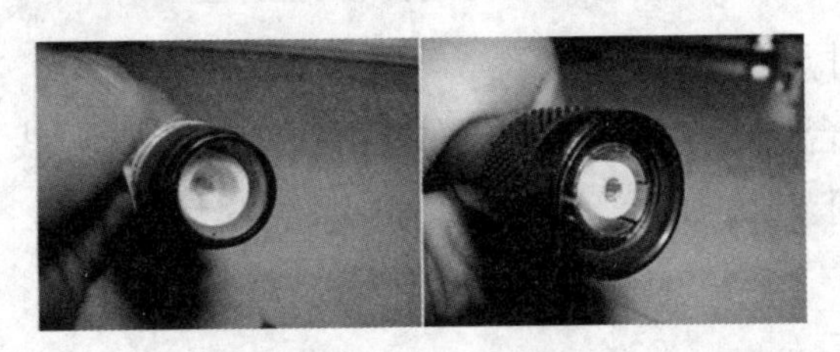

图 6-27　TNC 接口

④天线增益。天线增益表示天线对信号变形和在特定方向聚焦的能力。增益值越高，表示天线对信号的放大能力越强，传输质量就越好。

无线天线的增益被表示为一个相对值，如果以最坏的全方向天线为基准的话，天线增益的单位为 dBi。例如，一些普通的无线网卡比较简单的双极天线，其增益值约为 2.2dBi。单个双极天线每增加 6dBi 增益值才能使传输距离加倍。

有些无线产品配有两组天线，这对于改善传输质量很有好处，但其增益值并非是两组天线的累加。

4. 无线网桥

无线网桥是一种采用无线技术进行网络互连的特殊功能的 AP，主要用于无线或有线局域网之间的互连，如图 6-28 所示。

根据协议不同，无线网桥又可以分为工作在 2.4GHz 频段的 IEEE 802.11b/g 无线网桥以及工作在 5.8GHz 频段的 IEEE 802.1a 无线网桥等。

图 6-28　无线网桥(室外型)

(1)点对点连接

通过两台网桥户外定向天线将两个有线或无线局域网连接在一起,如图 6-29 所示。

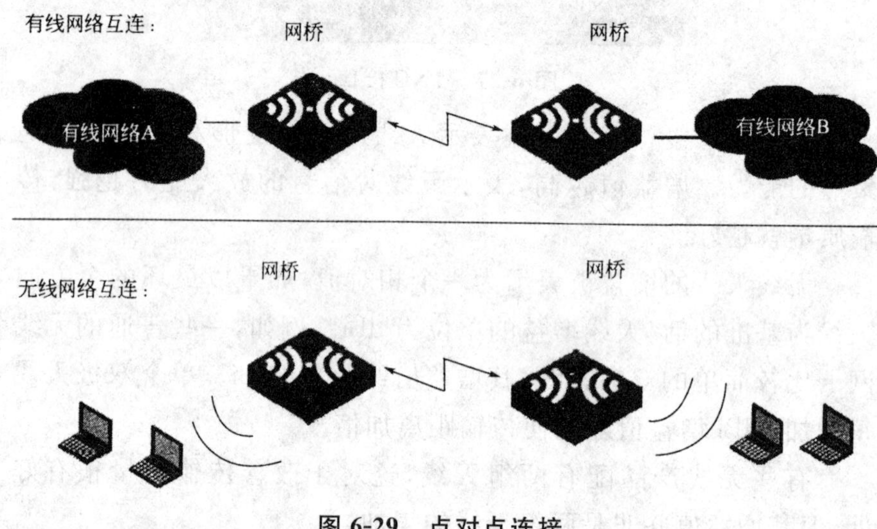

图 6-29　点对点连接

(2)多点之间的连接

以 A 有线网为中心点,外围有 B 网、C 网和 D 网。A 网分别以不同的频道与 B、C、D 三网建立连接,如图 6-30 所示。其中 A 网采用全向天线,B、C、D 网采用定向天线。

(3)传输距离

无线网桥一般不自带天线,需要配备抛物面天线实现长距离的点对点连接。无线网桥传输距离的远近取决于环境和天线。

在无高大障碍物（山峰或建筑）的条件下，一对 27dBi 的定向天线可以实现 10km 的点对点微波互连，一对 12dBi 的定向天线可以实现 2km 的点对点微波互连，最大距离为 50km。

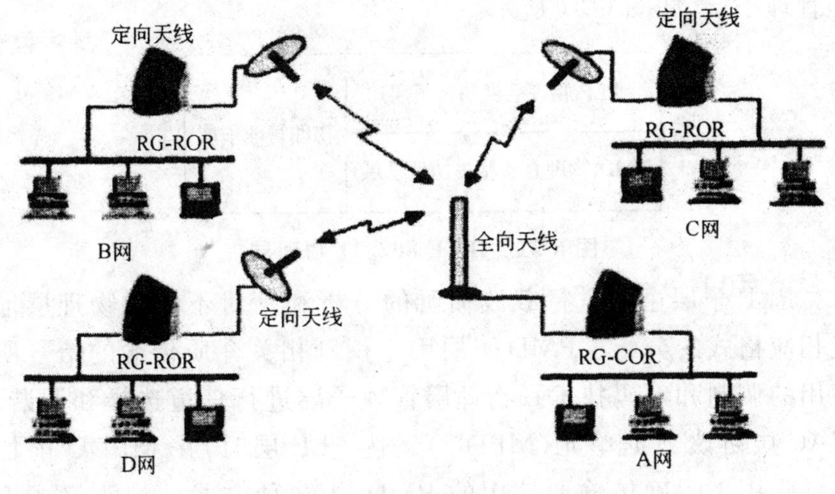

图 6-30　点之间同频多点连接

6.2　IEEE 802.11 PHY 层

物理层定义了通信设备与传输接口的机械、电气、功能和过程特性，用以建立、维持和释放物理连接。

IEEE 802.11 最初定义的三个物理层包括了 FHSS、DSSS 两个扩频技术和一个红外传输规范，扩频技术保证了 IEEE 802.11 的设备在这个频段上的可用性和可靠的吞吐量，这项技术还可以保证同其他使用同一频段的设备不互相影响。无线传输的频道定义在 2.4GHz 的 ISM 频段内，使用 IEEE 802.11 的客户端设备不需要任何无线许可。

ISM（Industrial Scientific Medical）频段由国际通信联盟无线电通信局 ITU-R（ITU Radio communication sector）定义。此频段主要是开放给工业、科学、医学三个主要机构使用，属于免许可证频段，无须授权就可以使用。只需要遵守一定的发射功率（一般低于1W),并且不对其他频段造成干扰即可。

为了更容易规范化,IEEE 802.11把WLAN的物理层分为了PLP(物理会聚协议子层)、PMD(物理介质相关协议子层)和物理管理子层,如图6-31所示。

PLP(物理会聚协议子层)	物理管理子层
PMD(物理介质相关协议子层)	

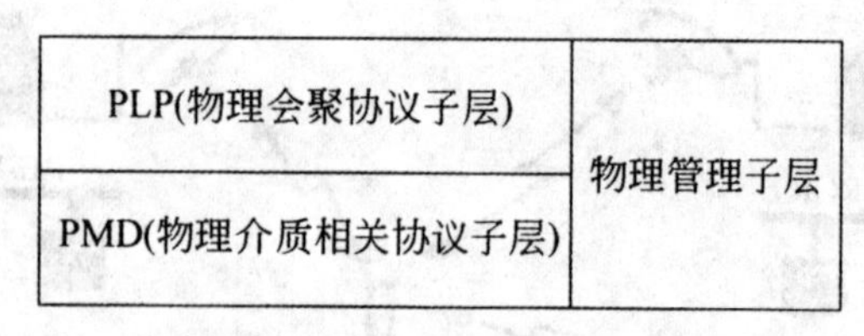

图6-31 IEEE 802.11 物理层

PLP子层主要进行载波侦听的分析和针对不同的物理层形成相应格式的分组。PMD子层用于识别相关介质传输的信号所使用的调制和编码技术。物理层管理子层进行信道选择和调谐。MAC层协议数据单元(MPDU)到达PLP层时,在MPDU前加上帧头用来明确传输要使用的PMD层,3种方式的帧头格式不同。PLP分组根据这3种信号传输技术的规范要求由PMD层传输,如图6-32所示。

前同步信号	帧头	MPDU

图6-32 3种传输方式的PLP帧格式

当前IEEE 802.11物理层按照采用的相关技术可分为FHSS、DSSS等相关类型,如图6-33所示。

高层协议				
802.11 FHSS	802.11 DSSS	802.11a OFDM	802.11b HR-DSSS	802.11g OFDM/DSSS

图6-33 IEEE 802.11 物理层技术

6.3 IEEE 802.11 MAC层

数据链路层实现实体间数据的可靠传输,利用物理层所建立起来的物理连接形成数据链路,将具有一定意义和结构的信息在实体间进行传输,同时为其上的网络层提供有效的服务。802.11 标准设计了独特的 MAC 层(图 6-34)。

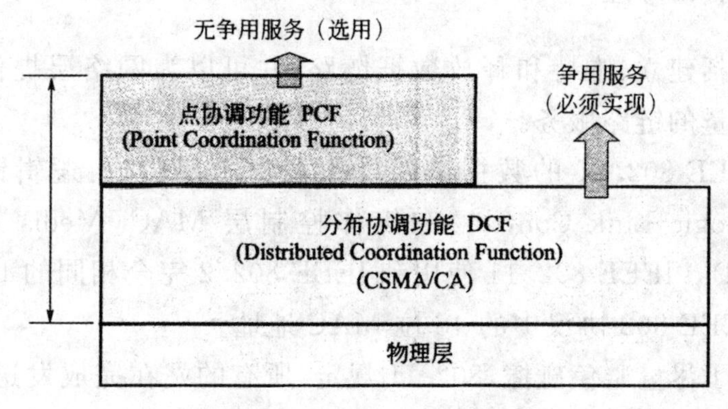

图 6-34　802.11MAC 层

6.3.1　MAC 层的功能

1. 成帧和同步

规定帧的具体格式和信息帧的类型(包括控制信息帧和数据信息帧等)。数据链路层要将比特流划分成具体的帧,同时确保帧的同步。数据链路层从网络层接收信息分组、分装成帧,然后传输给物理层,由物理层传输到对方的数据链路层。

2. 差错控制

为了使网络层无须了解物理层的特征就获得可靠数据单元传输,数据链路层应具备差错检测功能和校正功能,从而使相邻节点链路层之间无差错地传输数据单元。因此在信息帧中携带有校验信息,当接收方接收到信息帧时,按照选定的差错控制方法进行校验,以便发现错误并进行差错处理。

3. 流量控制

为可靠传输数据帧,防止节点链路层之间的缓冲器溢出或链路阻塞，数据链路层应具备流量控制功能，以协调发送端和接收端的数据流量。

4. 链路管理

包括建立、维持和释放数据链路，并可以为网络层提供几种不同质量的链路服务。

IEEE 802.11 的数据链路层由两个子层构成：逻辑链路层 LLC(Logic Link Control)和媒体控制层 MAC(Media Access Control)。IEEE 802.11 使用和 IEEE 802.2 完全相同的 LLC 子层和 IEEE 802 协议中的 48 位 MAC 地址。

为了尽量避免碰撞，802.11 规定：所有的站在完成发送(接收站完成接收)后，必须再等待一段很短的时间才能发送下一帧。这段时间的通称是帧间间隔 IFS(Interframe Space)，如图 6-35 所示。

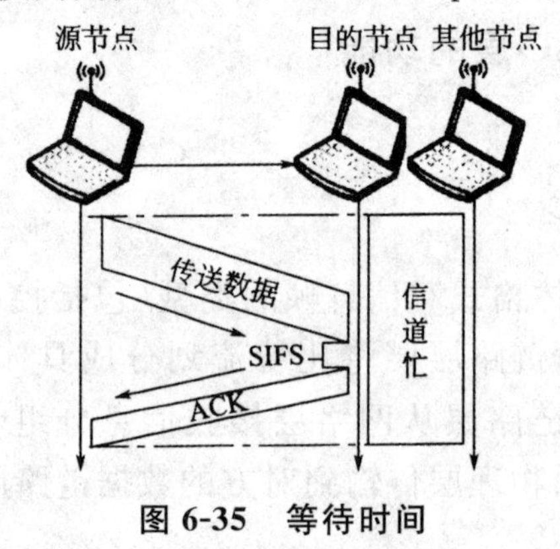

图 6-35　等待时间

6.3.2　IEEE 802.11 MAC 帧的格式

IEEE 802.11 的 MAC 帧的构成如图 6-36 所示。一个完整的 MAC 帧包括帧头和帧体两个部分。其中 MAC 帧头(MAC Header)包括 Frame Control (帧控制域)、Duration/ID (持续时间/标识)、Address(地址域)、Sequence Control(序列控制域)、QoS Control(服务质量控制)。Frame Body 域包含信息根据帧的类型有所不同，主要封装的是上层的数据单元，长度为 0～2312

个字节，IEEE 802.11 帧最大长度为 2346 个字节，FCS（校验域）包含 32 位循环冗余码。

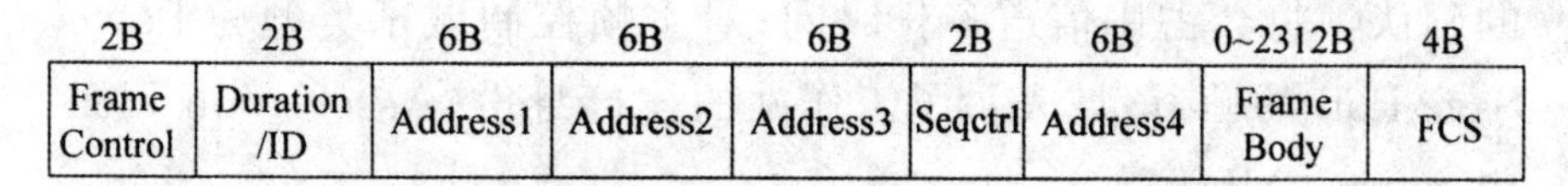

图 6-36　IEEE 802.11MAC 帧的构成

（1）帧控制域

控制域是 MAC 帧最主要的组成部分，IEEE 802.11MAC 帧控制域的构成如图 6-37 所示。

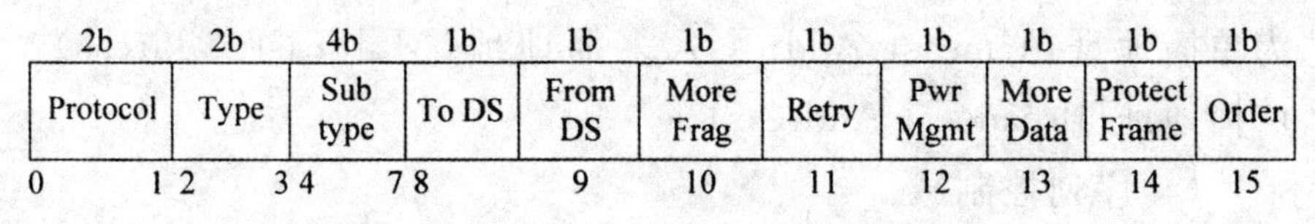

图 6-37　IEEE 802.11MAC 帧控制域

其中，Protocol 指的是协议版本，通常为 0；

Type 指的是类型域，Subtype 指的是子类型域，它们共同指出帧的类型；

To DS 表明该帧是 BSS 向 DS 发送的帧；

From DS 表明该帧是 DS 向 BSS 发送的帧；

More Frag 用于说明长帧被分段的情况，是否还有其他的帧；

Retry 指的是重传域，用于帧的重传，接收工作站利用该域消除重传帧；

Pwr Mgmt 指的是能量管理域，其值为 1 时，说明工作站处于省电（Power Save）模式，其值为 0 时，说明工作站处于激活（Active）模式；

More Data 指的是更多数据域，其值为 1 说明至少还有一个数据帧要发送给工作站；

Protect Frame 的值为 1，说明帧体部分包含被密钥套处理过的数据，否则就为 0；

Order 指的是序号域，其值为 1 说明长帧分段传输采用严格编号方式，否则为 0。

(2)持续时间/标识域

Duration/ID 指的是持续时间/标识域，它用于表明该帧和它的确认帧将会占用信道多长时间；对于帧控制域子类型为 Power Save-Poll 的帧，该域表示了工作站的连接身份(Association Identification，AID)。

(3)地址域

Address 指的是地址域，其中包括源地址(SA)、目的地址(DA)、传输工作站地址(TA)、接收工作站地址(RA)，其中 SA 与 DA 必不可少，后两个只对跨 BSS 的通信有用，而目的地址可以为单播地址(Unicast Address)、多播地址(Multicast Address)、广播地址(Broadcast Address)。

(4)序列控制域

Sequence Control 指的是序列控制域，它由代表 MSDU (MAC Server Data Unit)或者 MMSDU(MAC Management Server Data Unit)的 12 位序列号和表示 MSDU 与 MMSDU 的每一个片段的编号的 4 位片段号组成。

(5)帧类型

IEEE 802.11 中的 MAC 帧分为控制帧、管理帧和数据帧 3 类。控制帧用于竞争期间的握手通信和正向确认、结束非竞争期等；数据帧主要用于 STA 与 AP 之间协商、关系的控制，如关联、认证、同步等；管理帧用于在竞争期和非竞争期传输数据。

帧控制域(Frame Control)中的类型域(Type)和子类型域(Subtype)共同指出帧的类型，当 Type 域为 00 时，表示该帧为管理帧；为 01 时表示该帧为控制帧；为 10 时表示该帧为数据帧。

1)IEEE 802.11 数据帧

IEEE 802.11 数据帧负责在工作站之间传输数据，数据帧的基本格式如图 6-38 所示。

2B	2B	6B	6B	6B	2B	6B	0~2312B	4B
Frame Control	Duration /ID	Address1	Address2	Address3	Seqctrl	Address4	Frame Body	FCS

图 6-38　IEEE 802.11 数据帧的基本格式

在 IEEE 802.11 中,常见的数据帧如表 6-3 所示。

表 6-3 常见的数据帧

Type 代码	Subtype 代码	帧名称
10	0000	Data(数据)
10	0001	Data+F-ACK
10	0010	Data+F-Poll
10	0011	Data+F-ACK+F-Poll
10	0100	Null data(无数据:未传输数据)
10	0101	F-ACK(未传输数据)
10	0110	F-Poll(未传输数据)
10	0111	Data+F-ACK+F-Poll
10	1000	QoS Data
10	1001	QoS Data+F-ACK
10	1010	QoS Data+F-Poll
10	1011	Data+F-ACK+F-PoU
10	1100	QoS Null(未传输数据)
10	1101	QoS F-ACK(未传输数据)
10	1110	QoS F-Poll(未传输数据)
10	1111	QoS F-ACK+F-Poll(未传输数据)

2) IEEE 802.11 管理帧

管理帧负责监督,主要用来加入或退出无线网络以及处理接入点之间关联的转移事宜。

管理帧的基本格式如图 6-39 所示。

2B	2B	6B	6B	6B	2B	0~2312B	4B
Frame Control	Duration	DA	SA	BSSID	Seqctrl	Frame Body	FCS

图 6-39 管理帧的基本格式

在 IEEE 802.11 中,常见的管理帧如表 6-4 所示。

表 6-4　IEEE 802.11 管理帧

Type 代码	Subtype 代码	帧名称
00	0000	Association request(关联请求)
00	0001	Association request(关联响应)
00	0010	Reassociation request(重新关联请求)
00	0011	Reassociation response(重新关联响应)
00	0100	Probe request(探测请求)
00	0101	Probe response(探测响应)
00	1000	Beacon(信标)
00	1001	ATIM(通知传输指示消息)
00	1010	Disassociation(取消关联)
00	1011	Authentication(身份验证)
00	1100	Deauthentication(解除身份验证)

3)IEEE 802.11 控制帧

控制帧负责区域的清空、信道的取得以及载波监听的维护，并于收到数据时予以肯定确认，借此提高工作站之间数据传输的可靠性，在 IEEE 802.11 中，常见的控制帧如表 6-5 所示。

表 6-5　IEEE 802.11 控制帧

Type 代码	Subtype 代码	帧名称
01	1010	Power Save(PS)-Poll (省电-轮询)
01	1011	RTS(请求发送)
01	1100	CTS(清除发送)
01	1101	ACK(确认)
01	1110	F-End(无竞争周期结束)
01	1111	F-End(无竞争周期结束)+F-ACK(无竞争周期确认)

6.4　新一代 WLAN 标准

802.11ad 是新一代 WLAN 标准。在整合 802.11s 和 802.11z

的基础上，802.11ad 完全可以用来实现设备之间的文件传输和数据同步，速度将比第二代蓝牙技术快 1000 倍以上。当然，802.11ad 最主要的用途还是用来实现高清信号的传输。

6.5　蓝牙技术概述

就目前来看，支持 Bluetooth 的设备越来越多，蓝牙不需要任何电缆、不需更改配置、不需进行故障诊断即可建立连接，因此具有很强的移植性，可用于多种通信场合，如无线应用协议（Wireless Application Protocol，WAP）、全球移动通信系统（Global System of Mobilecommunication，GSM）、数字增强无线通信（Digital Enhanced Cordless Telecommunications，DECT）等，引入身份识别后 Bluetooth 可以灵活地实现漫游。

6.6　蓝牙协议规范

协议是实现互联设备间交换信息所应遵循的规则。任何类型的网络拓扑，都有一套结构协议或规则来详细定义消息如何在链路上传输，蓝牙技术标准也不例外。蓝牙协议的目的就是使应用程序能够实现互操作，而且不同的应用程序将使用不同的协议栈。完整的蓝牙规范可以从蓝牙 SIG 官方网站 http://www.bluetooth.com 下载。

6.6.1　蓝牙标准文档构成

蓝牙标准被分为两组——核心和概要。核心规范（Core Specifications）描述了从无线电接口到链路控制的不同层次蓝牙协议结构的细节，它包含了相关的主题，诸如相关技术的互操作性、检验需求和对不同的蓝牙计时器及其相关值的定义。

概要规范（Profile Specifications）考虑使用蓝牙技术支持不同的应用。每个概要规范讨论在核心规范中定义的技术，以实现特定的应用模型。概要规范包括对核心规范各方面的描述，它可分为强制的、可选的和不适用的。概要规范的目的是定义互操作性的标准，使得来源于不同厂家、声称能支持给定应用模型的产品能一起工作，就一般术语而言，概要规范可被划分为两类：电缆替代或无线音频。作为电缆替代的概要规范为邻近设备的逻辑连接和数据交换提供了一个便利的方法。例如，当两个设备首次进入对方的范围时，它们能基于公用的概要规范自动相互询问。接着，这可能导致设备的最终用户相互注意，或导致一些数据交换的自动发生。无线音频概要规范考虑建立短途的语音连接。

6.6.2　蓝牙协议体系结构

蓝牙协议被定义为分层协议结构，如图 6-40 所示。蓝牙协议栈的组成有多种不同的分类方法，按照与现有协议的亲疏关系，蓝牙协议栈中的协议可以分为 3 类。

第 1 类是核心协议（Core Protocol），是由蓝牙 SIG 专门对蓝牙而开发的核心专用标准协议，形成由下列成分组成的 5 层栈：

①无线电（Radio）。

②基带（BaseBand，BB）。

③链路管理器协议（Link Manager Protocol，LMP）。

④逻辑链路控制和自适应协议（Logical Link Control and Adaptation Protocol，L2CAP）。

⑤服务发现协议（Service Discovery Protocol，SDP）。

第 2 类也是蓝牙 SIG 开发的协议，但它们是基于现有的协议开发而来的，包括串口仿真协议（RFCOMM）和电话控制协议

(Telephony Control protocol Specification, TCS)。

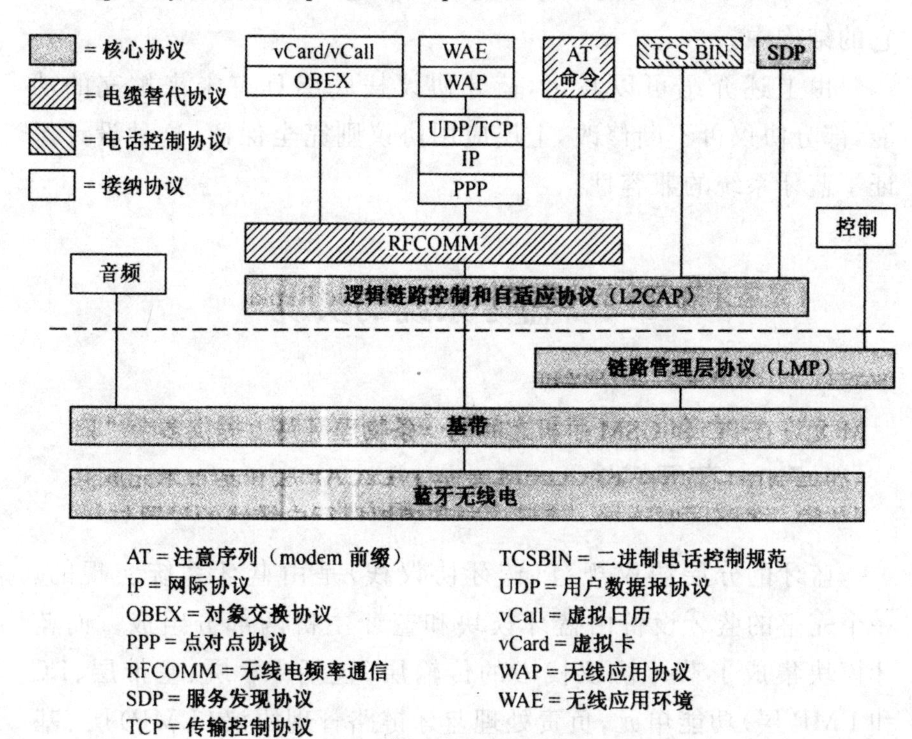

图 6-40 蓝牙的协议栈

第3类是接纳协议(Adopted Protocols),是在由其他标准制定组织发布的规范中定义的,并被纳入总体的蓝牙结构。蓝牙战略是发明必需的协议,尽量使用现有的标准。接纳协议包括以下内容:

①PPP:点对点协议是在点对点链路上传输IP数据报的因特网标准协议。

②TCP/UDP/IP是TCP/IP协议簇的基础协议。

③OBEX:对象交换协议是为了交换对象,由红外数据协会(Infrared Data Association, IrDA)开发的会话层协议。OBEX提供的功能与HTTP相似,但更为简单。它也提供了一个表示物体和操作的模型,OBEX所做的内容格式转换的例子是vCard和vCalendar。它们分别提供了电子业务卡和个人日历记载的条目及进度信息。

④WAE/WAP:蓝牙将无线应用环境和无线应用协议包含到它的结构中。

由上述介绍可以看出,蓝牙协议栈底层具有未来扩充的功能,部分协议可不断修改,上层应用协议则完全保留,这种设计保证了蓝牙系统的兼容性。

6.7 蓝牙系统的实现

6.7.1 蓝牙模块

蓝牙的分层协议规范(蓝牙协议栈)是由蓝牙系统实现的。一个完整的蓝牙设备由蓝牙模块和蓝牙主机两部分组成。而蓝牙模块集成了蓝牙协议栈中的传输层(包括 RF 层、基带层、LC 和 LMP 层)功能单元,负责处理蓝牙链路管理协议(LMP)层、基带层与 RF 层的协议,为高层的应用程序提供数据和语音的无线传输接口,使底层的 RF 系统和物理链路控制等对于高层用户来说是透明的,开发者只需关心如何编写应用程序来实现其产品的蓝牙功能。蓝牙模块是所有蓝牙产品都必须包含的底层核心模块,蓝牙模块向蓝牙产品的开发者提供了底层的硬件支持。蓝牙技术能否被广泛应用,并不断开发出新的产品从而进入寻常百姓家中,蓝牙模块的体积和价格是最主要的决定因素。

蓝牙模块一般是以蓝牙芯片为核心,加上一些外部元件(如晶体谐振器、电源、基准电阻器及电容器等)构成的。蓝牙模块的复杂度和外部元件的数量一般取决于蓝牙芯片的集成度和该蓝牙系统所实现的功能。蓝牙芯片的集成度越高,所开发的蓝牙系统功能越简单,则所需要的外围器件越少。自 2000 年第一代蓝牙芯片组(即 RF 收发器和基带控制器等分别用不同芯片实现,没有集成在一个芯片中)问世以来,目前已经发展到第二代产品,甚至第三代产品也已经问世,发展速度非常迅猛。与第一代产品相比,第二代或第三代蓝牙芯片一般都是在一个芯片内集成了 RF 收发器、LC、LM、HCI 低层驱动以及蓝牙协议栈的低层协议的单芯片,芯片体积、功耗和价格在不断降低。

按照蓝牙芯片的发展过程,可以把蓝牙芯片分成两种基本类型:蓝牙芯片组和蓝牙单芯片。

①蓝牙芯片组:即把蓝牙的 RF 收发器、蓝牙基带控制器和存储器(如闪存)等分别设计在多个独立的芯片中,所以称为芯片组。每个芯片各司其职,如 RF 收发器主要负责收发射频信号、基带控制器用于进行基带信号与 RF 信号的转换、链路的控制和管理以及频率管理等。存储单元主要用于存储高层应用程序,主要用于不需主机控制的终端设备。由于采用多个芯片,需要将各个芯片连接起来才能协同工作,因此这种蓝牙芯片组的体积较大,不适合嵌入到小型化设备中,而且开发较为复杂。早期的第一代蓝牙芯片产品多是这种蓝牙芯片组形式。

②蓝牙单芯片:随着设备小型化的需要以及微电子技术的进步,人们需要一种能够集成蓝牙低层各部分功能(至少应包括 RF 收发器、基带控制器和 LM)的单芯片解决方案,这样可以有效缩小蓝牙芯片的体积,便于集成到一些小型化的设备中,如手机、PDA 和耳机中。目前出现的大多数第二代和第三代蓝牙芯片一般都是采用这种单芯片的解决方案。而且随着微电子技术的发展,一个蓝牙单芯片中集成的部件也越来越多。例如,除了射频模块、基带和蓝牙协议栈的低层协议外,还可以集成微控制器、Flash 存储器和 SDRAM、语音 CODEC 以及测试模块等。

图 6-41 为一个典型的蓝牙单芯片的结构示意图。它由 RF 收发器、基带控制器、微处理器、SRAM、闪存(Flash 存储器)、UART、USB、语音编/解码器(CODEC)以及外围接口电路组成。需要注意的是,并不是所有的蓝牙单芯片都必须包括以上所有的

这些部件,只有RF收发器、基带控制器、微处理器和外围接口电路是必须集成到蓝牙单芯片中的,其他部件是可选的。语音处理单元主要完成对数字语音信号的编解码功能。外围接口电路提供了蓝牙芯片与蓝牙主机的通信接口,常见的接口形式是RS-232、UART和USB,有的芯片还提供其他形式的接口(如通用可编程输入输出端EI GPIO)。

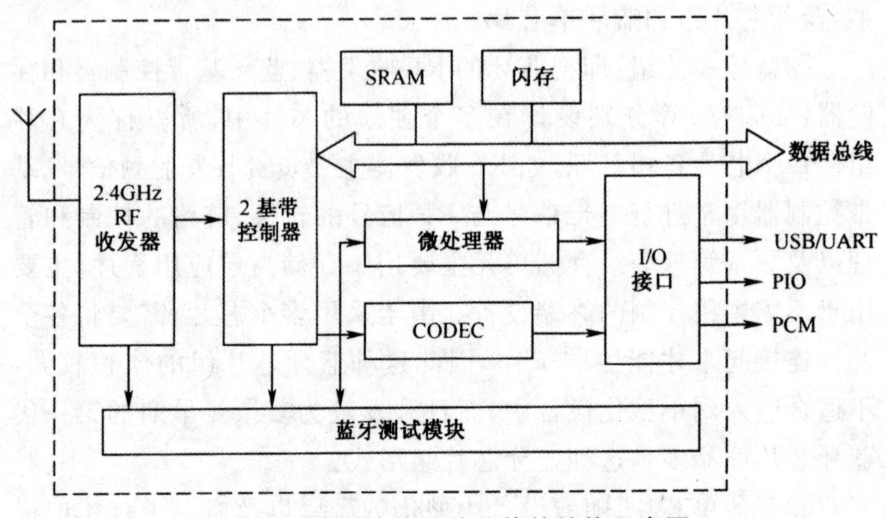

图 6-41 典型的蓝牙单芯片的结构示意图

6.7.2 蓝牙系统的实现方式

蓝牙技术标准定义了模块与主机相连接的接口可以为USB、UART或RS232,当蓝牙模块以上任何一种接口与主机相连接时,主机控制器接口(HCI)上层的通信协议由主机负责处理,HCI接口下层的通信协议则由模块内的基带层芯片与RF芯片负责,如图6-42所示。

当厂商希望推出一个内含蓝牙功能的信息设备时,就直接将蓝牙模块内嵌在设备的电路板上,不需要HCI接口的功能,如图6-43所示。

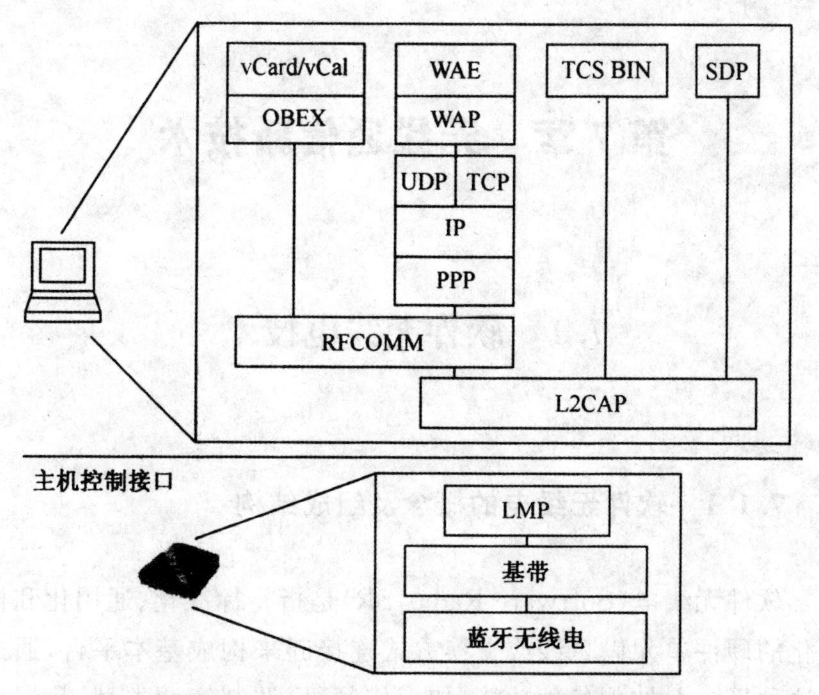

图 6-42　蓝牙模块以 HCI 接口与主机相连接

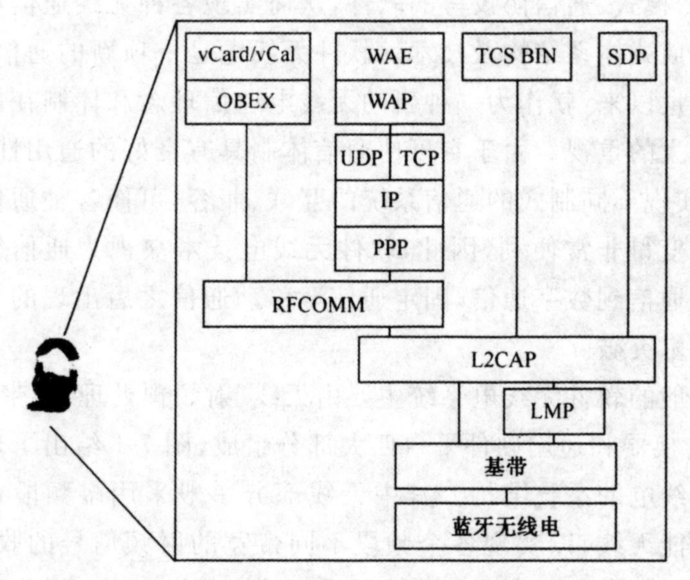

图 6-43　蓝牙模块直接内嵌在主机的硬件内

第7章　无线通信新技术

7.1　软件无线电技术

7.1.1　软件无线电的概念及组成结构

软件无线电(Software Radio,SR)是指将标准化、通用化和模块化的硬件单元以总线或交换方式连接起来构成基本平台,通过在这种平台上加载各种功能,如工作频段、调制解调类型、数据格式、加密模式、通信协议等的软件,从而实现各种无线通信功能的一种开放式体系结构及技术。软件无线电是一项新的通信技术,它自问世以来,就作为一种新的无线电通信理念和体制在国内外受到极大的重视。由于它可使通信体制具有良好的通用性、灵活性,可实现不同制式的通信系统的互联、兼容,可使各种通信系统的升级变得非常便利,因此,软件无线电技术被视为通信领域内继模拟通信到数字通信,固定通信至移动通信之后出现的又一次重大技术突破。

一般的软件无线电系统主要由天线、射频预处理、宽带A/D、D/A转换器和通用硬件平台四大部分组成,图7-1给出了理想的软件无线电的系统结构。其中天线部分一般采用多频段宽带天线或智能天线,以实现各个频段不同带宽的射频信号的收发;射频预处理部分主要完成低噪声放大、功率放大和双工操作等无法用数字化方法完成的功能;宽带A/D、D/A转换器部分主要完成射频信号与数字信号之间的转换功能;通用硬件平台由高速实时可编程处理的 DSP、FPGA 或通用处理器等组成，实现系统绝大部分的信号处理和系统控制功能，支持各个功能模块采用软件化方法达到目的，从而使整个系统具有充分的灵活性，以实现不同通信体制之间的兼容和灵活切换。

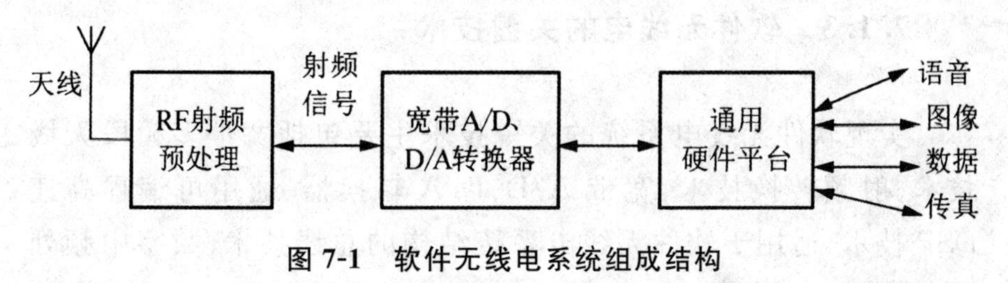

图 7-1　软件无线电系统组成结构

7.1.2　软件无线电的特点

软件无线电主要有如下特点：

①完全可编程性。软件无线电可通过软件编程的方式来改变通信过程中的各项参数，如射频频段和带宽、信道接入方式、传输速率、接口类型、业务种类及加密方法等。

②完全数字化。软件无线电力图从通信系统的基带信号直至中频、射频频段进行数字化处理，它是一种比目前任何一个数字通信系统的数字化程度都要高得多的全数字化通信系统。

③通用性、灵活性。可以任意改变信道接入方式、改变调制方式或接收不同系统的信号。

④集中性。多个信道共享射频前端与宽带 A/D、D/A 转换器，以获得每个信道相对廉价的信号处理功能。

⑤多频段、多功能通信能力。软件无线电可以通过增加软件模块，很容易地增加新的功能。它可以与其他任何体制电台实现空中接口，进行不同制式间的通信，并可以作为其他电台的射频中继；可以通过无线加载来改变软件模块或更新软件；可以根据所需功能的强弱，取舍选择软件模块，降低系统成本，节约费用开支。

⑥软、硬件间的联系减弱，系统升级便捷、系统功能的扩充性较强。对产品制造商的依赖程度降低，对软件升级时，硬件无须

改动,产品投入市场的时间和升级将会更快速。

⑦运营商拓展业务更快捷、廉价,并可以自行开发业务软件。

⑧可实现无缝连接、全球漫游。

7.1.3 软件无线电的关键技术

实现软件无线电系统的关键技术主要包括宽带多频段天线技术、射频转换技术、宽带 A/D、D/A 转换器、通用可编程高速 DSP 技术、适用于软件无线电系统结构的总线技术、数字中频处理、数字上/下变频(DUC、DDC)以及直接数字频率合成(DDS)技术、基带和比特流处理技术等。

1. 宽带多频段天线技术

理想的软件无线电系统的天线部分应该能覆盖全部无线通信频段,能用程序控制的方法对其参数及功能进行设置。对于第三代移动通信,一般认为其覆盖的频段为 2～2000MHz。目前,对于大多数系统只是覆盖不同频段的几个窗口,而不是覆盖全部频段,而利用多频段天线,采用将 2～2000MHz 频段分为 2～30MHz、30～500MHz、500～2000MHz 这 3 个波段的天线的组合,可以实现全部频段的覆盖。此外,软件无线电对天线设备的要求也很严格,包括放大器的线性要求,对邻道的隔离要求以及避免基带处理器的时钟频率调谐进入射频的模拟电路中去,在商用的移动通信系统中,天线应该在超高频(UHF)波段内具有相同的方向图形状和极低的损耗。

2. 射频转换技术

射频转换部分包括产生输出功率、接收信号的预放大、射频信号和中频信号的转换等。射频频段具有频率高、带宽宽两大特点,并具有接入多个波段甚至覆盖全波段的功能。射频转换技术主要包括模块化通用化的收发双工技术、多倍频宽带低噪声接收放大器技术、线性高功率放大器技术、宽带上/下变频器技术。图 7-2 是可编程器件构成的软件无线电接收机射频模块功能结构图。

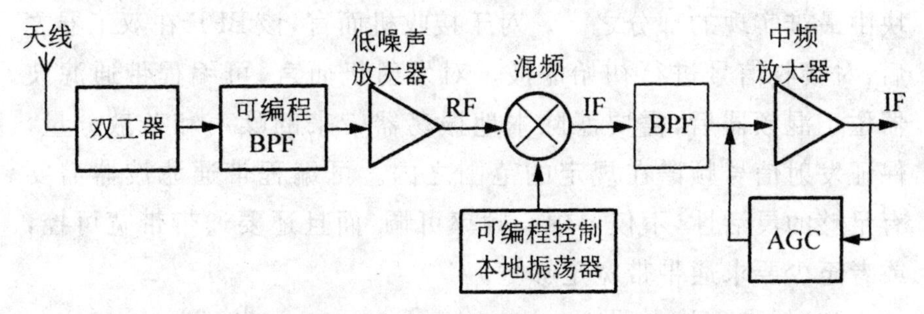

图 7-2 可编程器件构成的软件无线电接收机射频模块功能结构

(1)双工器

软件无线电系统需要兼容多种通信体制,其双工器应该支持频分双工(FDD)和时分双工(TDD)两种双工方式,一般采用二者组合的方式来实现对 FDD 和 TDD 两种双工方式的支持。图 7-3 是一个典型的 TDD 双工器和 FDD 双工器的组合方式,其中由开关控制 TDD 双工器,控制信号一般由统一硬件平台提供。两种双工器的信号输入、输出方向根据实际应用确定。在软件无线电系统兼容的通信体制中,有多种体制使用 FDD 双工方式时,要求 FDD 双工器能工作在不同的频段,支持不同的频率隔离度,为了解决这一问题,通常采用由不同的 FDD 双工器组成阵列,由多路选择器根据需要对其进行选择而实现。

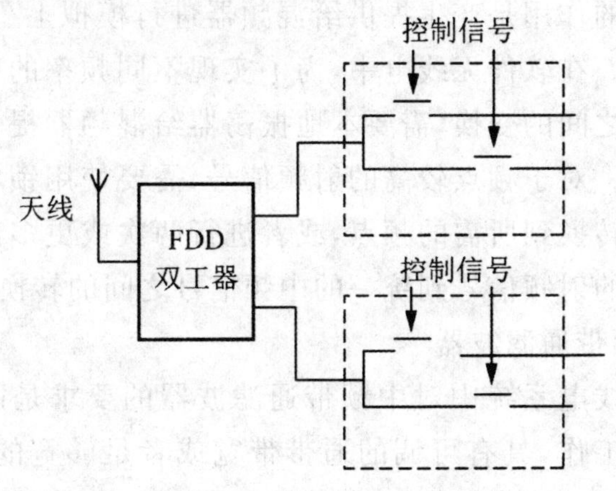

图 7-3 FDD 和 TDD 双工器的组合

（2）可编程带通滤波器

可编程带通滤波器（BPF）工作在射频频段，是可编程射频模块中最难实现的部分之一。对于接收机而言，该BPF在双工器之后，对接收信号进行初始滤波。对发射机而言，可编程带通滤波器位于混频器后，需要滤除本地振荡器带来的噪声和杂散分量，保证发射信号频谱在规定的范围之内。可编程带通滤波器需要有足够的灵活性，不仅要中心频率可调，而且还要通带带宽可控，或者至少要求通带带宽足够宽。

（3）低噪声放大器

由于软件无线电工作带宽非常宽，这就降低了对噪声系数的要求，因而应该选择工作范围宽的低噪声放大器。

（4）混频器

混频器是软件无线电系统中实现信号上/下变频的关键部件。对于接收端，它将接收端经过带通滤波和低噪声放大处理后的射频信号与本地振荡器的输出相乘，把不同频段的射频信号转换为统一中心频点的中频信号。对于发射端，它将发射端的中频信号与本地振荡器的输出相乘，得到所期望的各个频段的射频信号。混频器最基本的要求是有足够宽的工作频率范围。

（5）振荡器

振荡器的作用是产生提供给混频器进行模拟上/下变频所需的本地信号。在软件无线电中，为了实现不同频率的射频信号与统一的中频之间的变换，需要本地振荡器给混频器提供不同频率的本振信号。对于频点较高的射频信号，需要使用锁相环将该振荡器的输出转换到所需的频点，或者进行两次或更多次混频来实现不同频段的射频信号到统一的中频信号之间的转换。

（6）中频带通滤波器

软件无线电系统中对中频带通滤波器的要求是能够在固定的中心频点工作，具有可调的通带带宽或者足够宽的通带范围。为了得到更好的滤波性能，中频带通滤波器一般选用声表面波滤波器实现。

(7)中频放大器

软件无线电系统的接收机和发射机都要求中频放大器能在特定的频点工作、具有足够的工作带宽以及放大器增益可调等。对于接收机而言,由于接收到的信号强弱范围变化很大,所以要求接收机具有自动增益控制(AGC)功能。对于发射机而言,根据发射机结构和功率控制功能实现方式的不同,中频放大器可以只对混频后的信号进行放大,或者需要同时实现发射机的输出功率控制功能。

(8)宽带功率放大器

宽带功率放大器是软件无线电系统发射机的重要组成部分,它的功能是将待发射的射频信号放大到合适的功率电平,高效地输出大功率信号。在软件无线电系统中,对功率放大器的要求有两方面:一方面是要求工作频率范围足够宽,如一个能支持主流移动通信体制和宽带接入体制的软件无线电系统,要求功率放大器能在800～2500MHz之间工作;另一方面是当发射机的功率控制功能由功率放大器实现时,要求功率放大器同时具有增益可调的功能。

3. 宽带A/D、D/A转换技术

软件无线电的前端是安装在天线上或靠近天线的特定部分电路,电路把信号以中频的形式传送给后端,根据各部分传递信号类型的不同,将前端进一步分为模拟前端和数字前端,软件无线电前端结构划分如图7-4所示。A/D、D/A转换器处于模拟前端和数字前端之间,是沟通模拟前端和数字前端的桥梁,起到数字信号和模拟信号的转换作用。

4. 总线技术

软件无线电系统的硬件平台是将不同的功能模块互联起来,

组成一个开放的、可扩展的硬件平台,因此,软件无线电需要进行大量的数据传输。目前技术最成熟、通用性最好且得到最广泛支持的是 VME 总线。

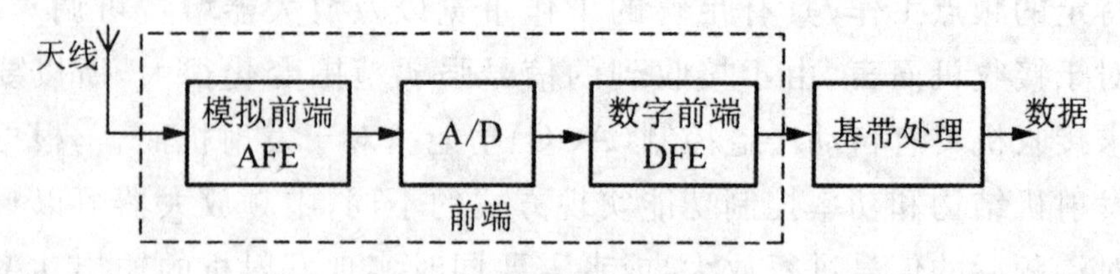

图 7-4　软件无线电前端结构

最早的 VME 总线是由 Motorola 公司提出的基于微处理器系统的 16 或 32 位总线,其前身称为 VERSA 总线,传输速率为 40Mbps,带宽也由 32 位过渡到目前的 64 位。VME 总线功能结构可分为四类,即数据传输总线、优先中断总线、DTB 仲裁总线和共用总线。在相应控制机理作用下,该功能模块协调完成所需任务,其原理如图 7-5 所示。

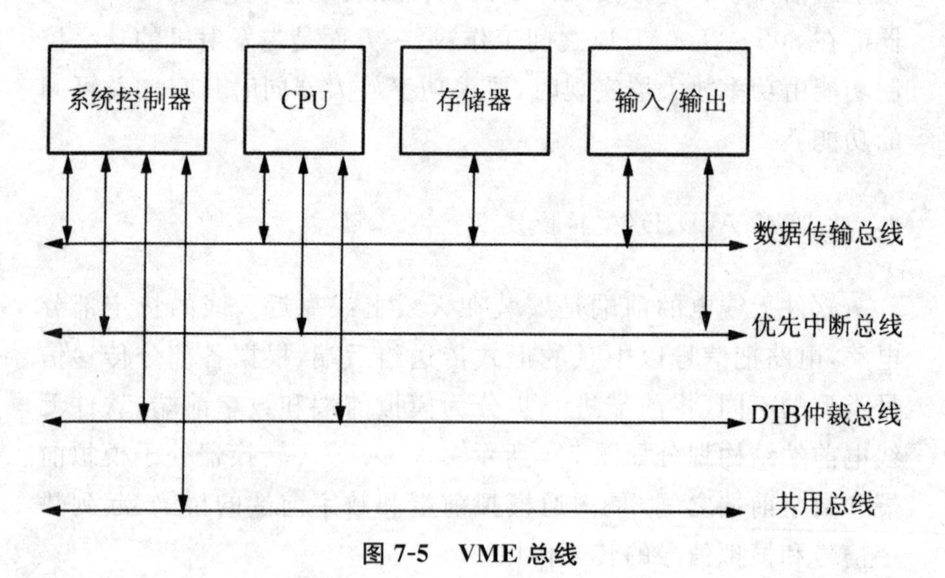

图 7-5　VME 总线

7.2　卫星网络

7.2.1　概述

1. 卫星网络的概念

卫星通信[①]是宇宙无线电通信的形式之一，是在空间技术、微波通信技术等基础上发展起来的。卫星网络是以人造地球通信卫星为中继站的微波通信系统。卫星通信是地面微波中继通信的发展，是微波中继通信向太空的延伸。通信卫星是太空中的无人值守的微波中继站，各地球站之间的通信都通过其转发而实现，图 7-6 所示为一个典型的卫星网络。

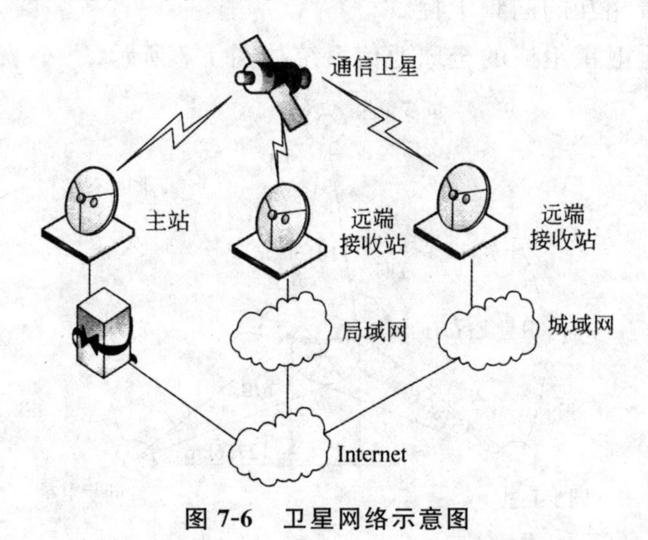

图 7-6　卫星网络示意图

① 卫星通信是指利用人造地球卫星作为中继站，转发两个或多个地球站之间进行通信的无线电信号。这里的地球站指位于地球表面（陆地、水上和低层大气中）的无线电通信站，而转发地球站信号的人造卫星称为通信卫星。

2. 卫星网络的特点

作为现代化的通信手段之一，卫星网络在无线通信中占据了重要地位，与其他通信方式相比，卫星网络通信具有以下特点：

①通信距离远，覆盖面积大。

②机动灵活。

③通信频带宽，传输容量大。

④便于实现多址连接通信。

⑤通信线路稳定可靠，传输质量高。

由于卫星通信具有上述优点而得到了长足发展。应用范围极其广泛，可用于传输电话、传真、数据、广播电视等，还广泛用于气象、导航、军事、侦察、预警及科研等领域。

此外，静止卫星通信系统在地球高纬度地区的通信效果不好，两极地区存在通信盲区，地面微波系统与卫星通信系统之间还存在着相互的同频干扰。

静止卫星组成的全球通信系统如图 7-7 所示。

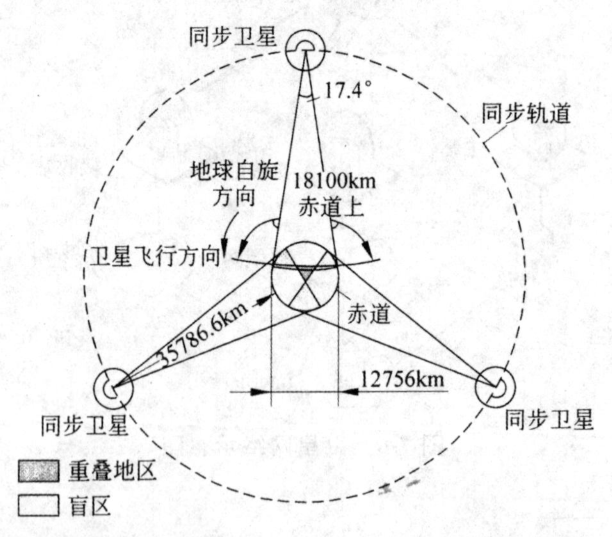

图 7-7　利用静止卫星建立全球卫星通信系统

3. 卫星网络的分类

目前全球已建成数以百计的卫星通信网络，卫星网络按不同的分类方式有不同的分类：

- 按卫星制式
  - 静止卫星网络
  - 随机轨道卫星网络
  - 低轨道卫星网络
- 按通信覆盖范围
  - 国际卫星网络
  - 国内卫星网络
  - 区域卫星网络
- 按用户性质
  - 公用卫星网络
  - 专用卫星网络
  - 军用卫星网络
- 按业务范围
  - 固定业务卫星网络
  - 移动业务卫星网络
  - 广播业务卫星网络
  - 科学实验卫星网络
- 按基带信号体制
  - 模拟制式卫星网络
  - 数字制式卫星网络

4. 卫星网络的拓扑与组网

(1)卫星星座拓扑结构

由于卫星节点不断运动，卫星网络的拓扑结构随时间不断变化，这使得卫星网络与其他通信网络有较大的区别。

这里仅对卫星星座拓扑分类进行简单说明，介绍 3 种基本拓扑结构。

①星型拓扑结构。通常由一颗卫星为中心节点，其他卫星通过中心进行通信。

②环形拓扑结构。同一轨道面内的每颗卫星都和相邻卫星相连，构成一个封闭环型网络。

③网状型拓扑结构。每颗卫星至少和两颗以上其他卫星连接。

(2)卫星网络组网方式

确定拓扑结构后，进而可确定卫星网络的组网方式。有两种方法可供选择。

①基于地面的组网方式。网络功能主要由地面网络提供。在商业卫星系统中，这种方式有全球星、ICO等。

②基于空间的组网方式。网络功能主要由卫星网络提供。空间组网方式中，卫星之间可以直接进行网络互联，减少了星地之间的通信量，而星地间通信所依赖的信道资源往往很有限。

图7-8所示为著名的LEO/MEO卫星网络，由低轨道和中轨道卫星组成。

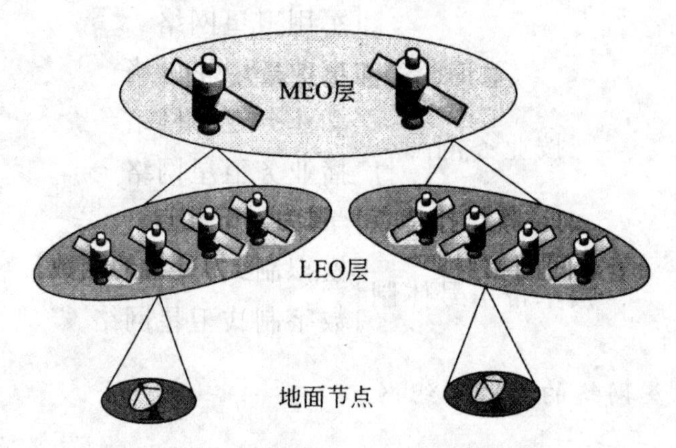

图7-8 LEO/MEO卫星网络结构

7.2.2 卫星网络原理

1. 卫星轨道

卫星轨道的形状和高度是确定覆盖全球所需卫星数量和系统特性的重要因素。目前，卫星通信系统采用的轨道从空间形状上看分两种，即椭圆轨道和圆轨道。若按轨道高度分类，则有：

轨道高度
- 低地球轨道(LEO)
- 中地球轨道(MEO)
- 静止轨道(GEO)
- 高椭圆轨道(HEO)

图 7-9 给出了各种轨道的高度比较示意图。

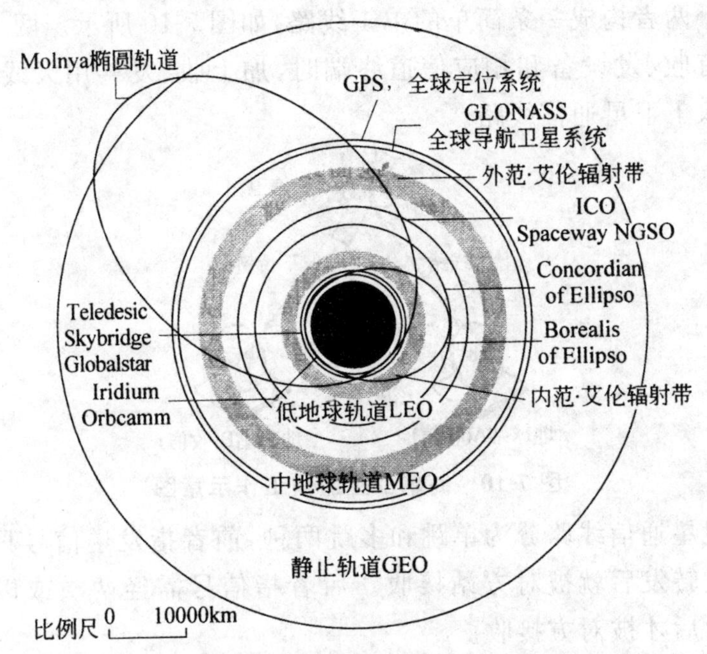

图 7-9　卫星轨道高度的比较示意图

各种轨道的参数对比见表 7-1。

表 7-1　各种轨道的参数对比

项目	低轨道	中轨道	高轨道
轨道高度/km	700～1200	8000～13000	35800
波束数	6～48	19～150	58～200
天线直径	约 1m	19～150	8m 以上
卫星信道数	500～1500	19～150	3000～8000
射频功率/W	50～200	200～600	600～900
卫星成本合计	高	低	中

静止轨道卫星通信技术目前使用广泛，技术成熟。

2. 卫星网络工作过程

一个卫星通信系统中，各地球站经过卫星转发可组成多条通信线路。通信即利用这些线路完成。通信线路中从发信地球站到卫星这一段称上行链路，而从卫星到收信地球站这一段称下行链路。两者构成一条简单的单工线路，如图 7-10 所示。两个地球站都有收、发设备和相应信道终端时，加上收、发共用天线，便可组成双工卫星通信线路。

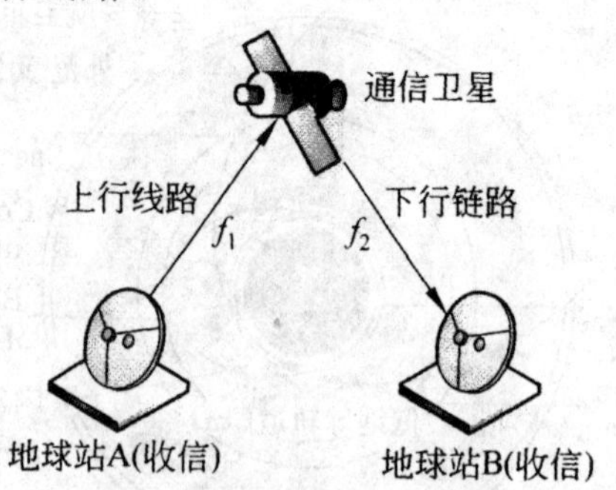

图 7-10　简单卫星通信工作示意图

卫星通信线路分为单跳和多跳两种，前者指发送信号只经一次卫星转发后就被对方站接收。后者指信号需经两次或以上卫星转发后才被对方接收。

3. 卫星链路

图 7-11 所示为典型卫星通信链路各部分的组成。由于卫星到地面距离很远，电磁波传播路径很长，衰减很大，无论是卫星还是地面站收到的信号都十分微弱，所以其噪声影响非常突出。卫星链路重点考虑接收的输入端载波与噪声功率的比值。模拟卫星通信系统的载噪比决定了输出端的信噪比，数字卫星通信系统的载噪比决定了输出端的误码率。

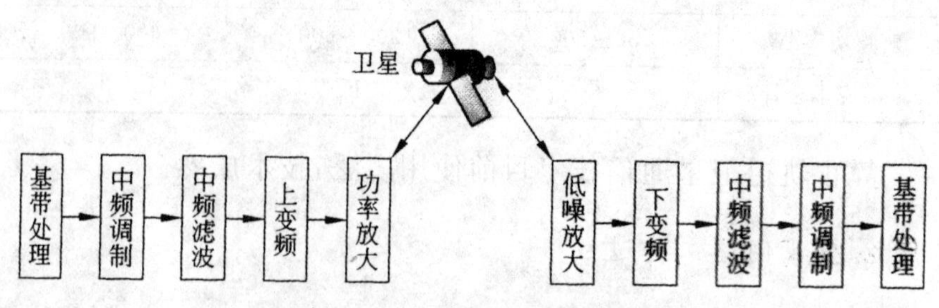

图 7-11　卫星通信的链路构成

典型的卫星链路包括以下 3 种类型的全双工链路，如图 7-12 所示。

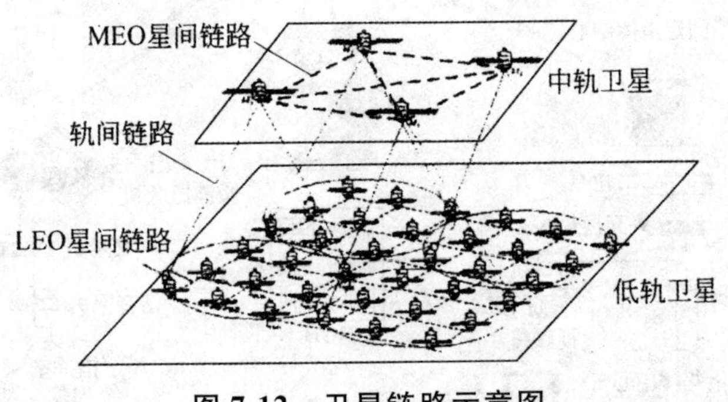

图 7-12　卫星链路示意图

星际链路的使用使得诸如铱星系统能成为一个不依赖地面通信网络的自主全球移动通信系统，能支持全球任何位置两个用户间的实时通信。

7.2.3　典型的卫星网络应用

这里介绍一个具体的卫星网络应用实例。某林业局需要建立一个卫星通信的指挥系统，其中包括通信指挥车。方案要求利用卫星网络连接通信指挥车和林业局，实现通信指挥车与林业局本部的双向视频、语音和数据的交互。

该系统由多个通信指挥车和远端卫星基站组成，其中通信指挥车上安装车载卫星远端站，林业局本部安装了固定卫星远端站。车载卫星远端站和固定卫星远端站采用相同的卫星室内终端、话音终端和视频终端。车载站采用具有自动对星和跟踪功能的天线和伺服设备，固定站使用固定安装的天线。系统组成结构如图 7-13 所示。

卫星通信的全面覆盖，加上车载设备机动灵活的特点，可使通信指挥车在任何时间、任何地点开通并投入使用，满足用户处理紧急突发事件的需要。该系统的设计充分利用了卫星网络的优势，满足了用户的需求。

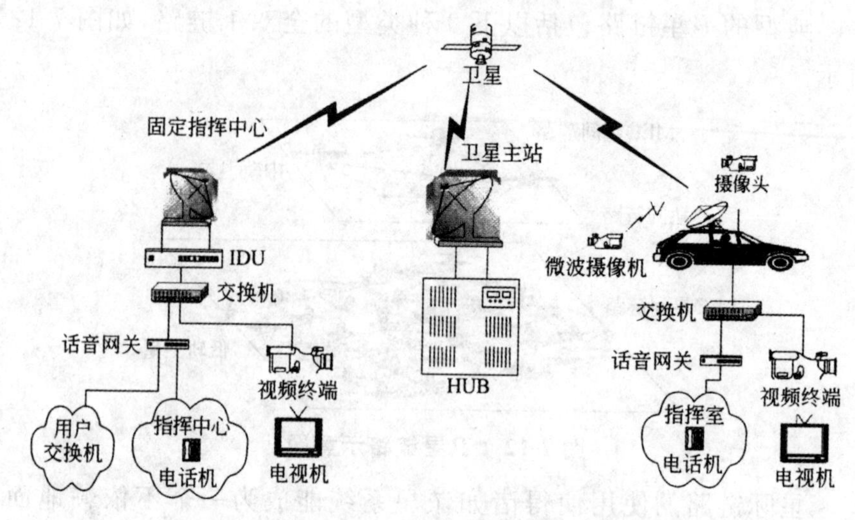

图 7-13　某林业局的卫星通信指挥系统示意图

7.3　大规模 MIMO 技术

多输入多输出(MIMO)无线通信利用 RF 传播的多径特点,利用发射机到接收机之间的多个路径,传输多个数据流来达到较高的数据容量,如图 7-14 所示。传播路径的数学模型,利用每个传输数据包中的信道校验周期,在接收机端识别和合并不同的信号路径和数据流。

空分复用(SDM)与时域的频分复用(FDM)相似,但与 FDM 用不同频率同时并行传送数据不同,SDM 用不同的空间路径并行传送数据。

在同一带宽上高效地同时创建多个通信路径,如果这些路径同样健壮并且能理想地分离,通信信道的整个容量会随着独立路径的数量增加而线性增长。假设一个系统有 M 个发射机、N 个接收机,独立路径的数目就是 M 和 N 的最小值。

实际上,所有的路径不可能同样健壮,也不可能完全分离,其性能由被称为独特值的系数决定,该独特值表征了发射与接收天线之间每条路径的特征,并由报头中包含短“训练周期”的数据包决定，数据包则从各个天线发射的已知不同信号获得。这些信号提供传输信道的信息，称为信道状态信息(Channel State Information，CSI)，利用这些信息，接收机可以计算出奇异值，用来解码数据包的其余部分。

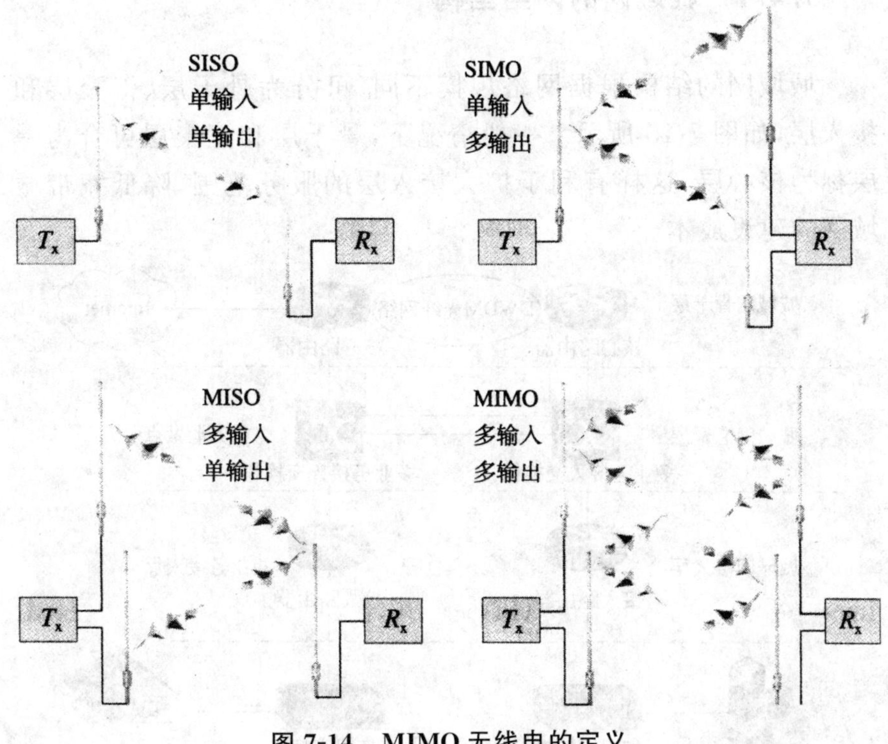

图 7-14　MIMO 无线电的定义

MIMO 无线通信增加的容量可以用来提高数据速率，或者在给定数据速率下提高链路鲁棒性或链路传输范围。IEEE 802.11n 规范利用 MIMO 将 IEEE 802.11a/g 的物理层数据容量从 54Mbps 提高到超过 200Mbps。

空时分组码(Space Time Block Code，STBC)结合空间分集和时间分集技术提高 RF 链路的鲁棒性或传输范围。STBC 将传输数据分成块，从每个发射天线到接收天线传输数据的每个分块的多个时移副本。尽管多接收天线可以进一步提高性能，但 STBC 是一种多输入单输出技术。

7.4 WiMAX技术

7.4.1 城域网的网络结构

城域网的结构根据网络规模不同,可分为骨干层、汇聚层和接入层,如图7-15所示。一般情况下,骨干层和汇聚层可合为一层称为核心层,这样有利于扩大接入层的服务范围,降低宽带城域网的建设成本。

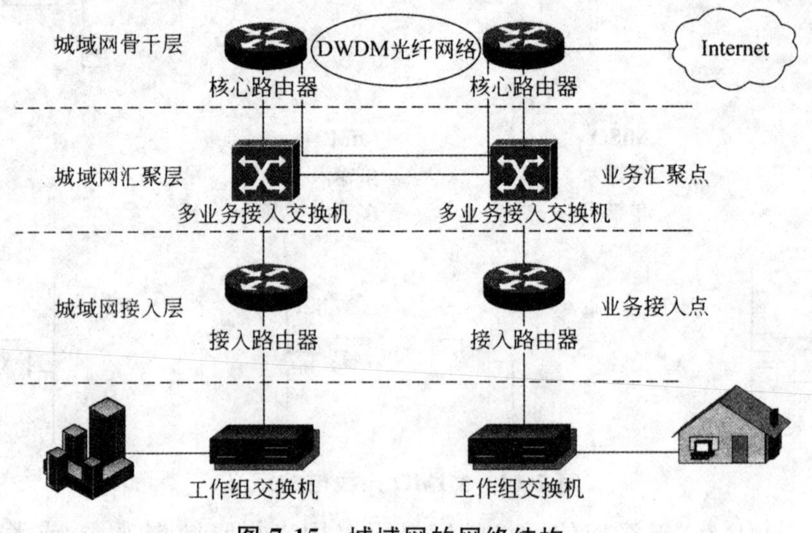

图7-15 城域网的网络结构

7.4.2 城域网的基本技术

1. ATM技术

ATM(Asynchronous Transfer Mode)①,它采用定长分组,能

① ATM(Asynchronous Transfer Mode)是异步传送模式的简称。它是一种建立在电路交换和分组交换基础上的一种面向连接的快速分组交换技术。

够较好地对宽带信息进行交换。它与帧中继的区别在于帧中继中分组的长度是可变的，而 ATM 分组的长度是固定的。

ATM 技术是在分析、总结传统电话网络的电路交换和数据网络的分组交换技术优缺点的基础上而发展起来的。ATM 技术融合了两者的优点，即面向连接以保证服务质量和采用统计时分复用以实现高的带宽利用率。它采用固定长度的短分组（称为信元）在网络中传送各种通信信息，便于硬件的高速处理，实现高速、大容量的宽带交换。

ATM 传送信息的基本载体是 ATM 信元。ATM 信元是定长的，长度较小，只有 53 字节，分成首部和有效载荷两部分。其中信元首部 5 字节，信元有效载荷 48 字节。ATM 帧的基本格式如图 7-16 所示。

首部(5字节)	有效载荷(48字节)

图 7-16　信元的基本构成

ATM 免除了差错控制和流量控制，大大简化了网络控制，简化了信头功能。由于其简单的信头，使信头处理速度快，处理时延小；ATM 具有的灵活性和适应性，使其成为 B-ISDN 的理想交换传送方式。

采用 ATM 技术组建 IP 城域网，能充分利用 ATM 技术的优点，灵活组网。传统电信运营商在组建城域网时大多都采用 IP over ATM 网络的技术。IP over ATM 是在 ATM-LAN 上传送 IP 数据包的一种技术。它规定了利用 ATM 网络在 ATM 终端间建立连接，特别是建立交换虚电路（Switched Virtual Circuit，SVC）进行 IP 数据通信的规范。

相对 IP 技术来说，采用 ATM 承载 IP 业务时，所有进入 ATM 网络的 IP 包都需要分割成固定长度的信元，造成开销大、传输效率低；无连接的 IP 网络同面向连接的 ATM 存在差异，要在一个面向连接的网络上承载一个无连接的业务，需解决呼叫建立时间、连接持续期等问题，造成协议和网络管理非常复杂。另外，ATM 是以 ATM 地址来寻址的，IP 通信是以 IP 地址来寻址的,IP 地址和 ATM 地址之间的映像是一个很大的难题。基于 ATM 实现 IP 网络的带宽受限于 ATM 网络技术本身,这对于超大规模的骨干网不太合适。

2. SONET/SDH 技术

同步光纤网(Synchronous Optical Network,SONET)的标准最早由 Bell 提出,现在是美国国家标准协会(ANSI)的一个光纤传输系统标准。SDH 是 CCITT 在 SONET 基础上制定的同步数字系列(Synchronous Digital Hierarchy,SDH)标准,它不仅适合光纤也适合微波和卫星传输的通用技术体制。

SDH/SONET 定义了一组在光纤上传输光信号的速率和格式,通常统称为光同步数字传输网,是宽带综合数字网 B-ISDN 的基础之一。SDH/SONET 都采用时分复用(Time Division Multiplexing,TDM)技术,是同步系统,由主时钟控制。SDH/SONET 都用于骨干网传输,SDH 多用于中国和欧洲,而 SONET 多用于北美和日本。

SONET 定义接口的标准位于 OSI 七层模型的物理层,这个标准定义了接口速率的层次,并且允许数据以多种不同的速率进行多路复用。SONET 和 SDH 之间有一些细微差别,主要是在基本的 SDH 和 SONET 帧格式中。

基本 SONET 信号的速率为 51.840Mbps,且被指定为 STS-1,STS-1 数据帧是 SONET 中传送的基本单元。SONET 体系达到 STS-48,即 48 路 STS-1 信号,能够传输 32256 路语音信号,容量为 2488.32Mbps,其中 STS 表示电信号接口,相应的光信号标准表示为 OC-1、OC-2 等。OC 是 Optical Carrier 的缩写,这是光纤传输的一种单位,最小的单位为 OC-1,其传输数据量约为 51.84Mbps。OC-1 等同于 STS-1。

基本 STM-1 的速率为 155.52Mbps,它是 SDH 信号的最基本模块。可以看到 STM-1 相当于三个 STS-1,即 STM-1 的速率和 STS-3 相同。

表 7-2 给出了常用的 OC-N 与 STM-M 值和对应关系。

表 7-2　常用的 SONET 和 SDH 传输速率

SONET 等级	电等级	线路速率/Mbps	相应的 SDH 等级
OC-1	STS-1	54.84	
OC-3	STS-3	155.52	STM-1
OC-12	STS-12	622.08	STM-4
OC-24	STS-24	1244.16	STM-8
OC-48	STS-48	2488.32	STM-16
OC-96	STS-96	4976.64	STM-32
OC-192	STS-192	9953.28	STM-64

SONET/SDH 核心将 ATM 信元映像成 SONET 或 SDH 帧格式传输到目的端，在数据接收时再提取为 ATM 信元。因为信元长度短而且固定，因此在每个网络节点交换时的延迟非常小。

POS(IP Over SONET/SDH)是一种利用 SONET/SDH 提供的高速传输通道直接传送 IP 数据包的技术。POS 技术支持光纤介质，它是一种高速、先进的广域网连接技术。POS 使用的链路层协议主要有 PPP 和 HDLC。POS 可以提供达 10Gbps 的最高传输速率。

3. 千兆以太网技术

千兆以太网是快速以太网的一种平滑、无缝升级。千兆以太网是 IEEE 802.3 标准的扩展，1998 年 6 月 IEEE 正式推出了千兆以太网标准 IEEE 802.3z。在保持与以太网和快速以太网设备兼容的同时，它提供 1000Mbps 的数据带宽。

7.4.3　WiMax 组网

1. WiMax 的组网结构

IEEE 802.16 协议中定义了点对多点(Point to Multi Point,

PMP)和网格(Mesh)两种网络结构。

(1)PMP 结构

PMP (点对多点)网络结构,是 WiMax 系统的基础组网结构。PMP 结构以基站为核心,采用点对多点的连接方式,构建星形结构的 WiMax 接入网络。PMP 网络拓扑结构描绘的是一个基站(Base Station,BS)服务多个用户站(Subscriher Station,SS),如图 7-17 所示。

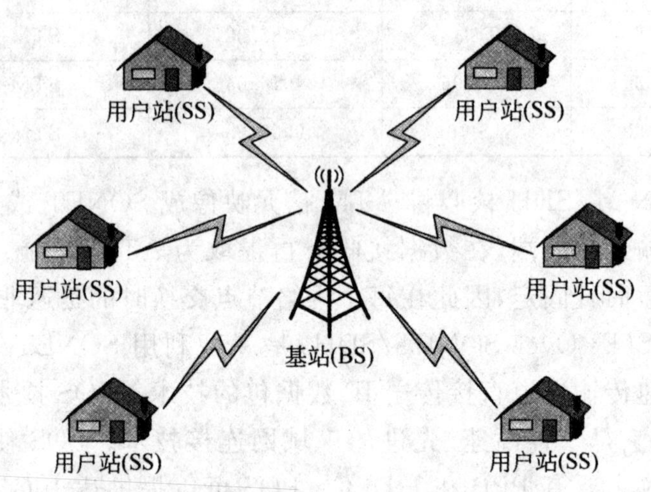

图 7-17 PMP 网络拓扑基本结构

(2)Mesh 结构

Mesh 结构采用多个基站以网状网方式扩大无线覆盖区。其中,有一个基站作为业务接入点与核心网相连,其余基站通过无线链路与该业务接入点相连,如图 7-18 所示。因此,作为 SAP 的基站既是业务的接入点又是接入的汇聚点,而其余基站并非简单的中继站(RS)功能,而是业务的接入点。图 7-18 所示的是 Mesh 网络的基本结构。

2. WiMax 组网的核心设备

WiMax 系统的网络结构包括 WiMax 终端、WiMax 无线接入网和 WiMax 核心网 3 部分,如图 7-19 所示。根据所采用的标准以及应用场景不同,WiMax 终端包括固定、便携和移动 3 种类型。WiMax 接入网主要指基站，需要支持无线资源管理等功能，有时为方便和其他网络互联互通，还需要包含认证和业务授权（ASA）服务器；而核心网主要用于解决用户认证、漫游等功能及作为与其他网络之间的接口。

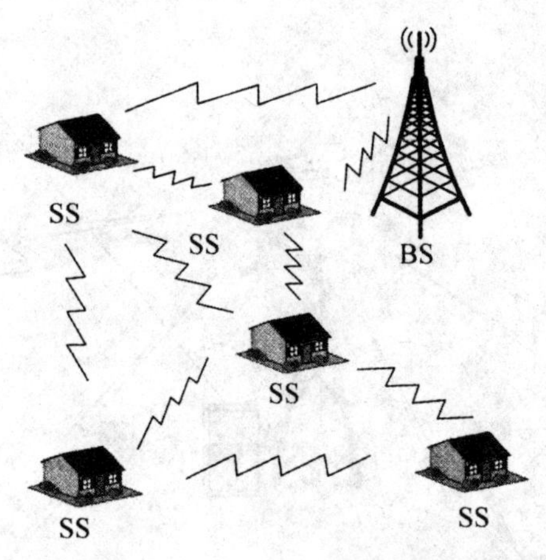

图 7-18　Mesh 网络结构

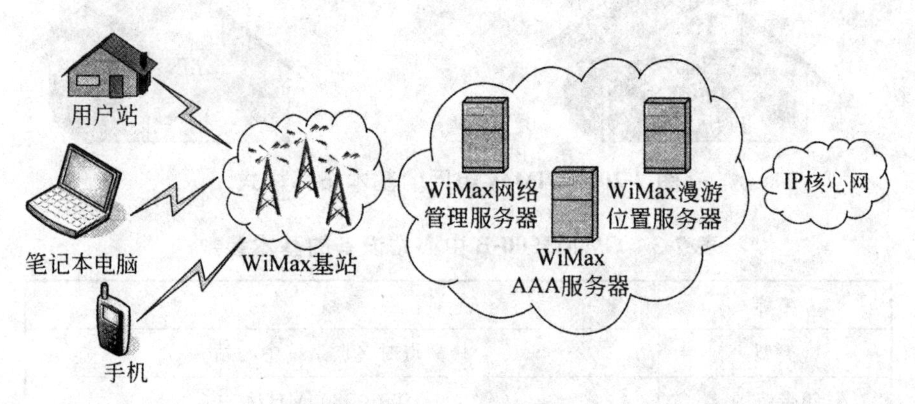

图 7-19　WiMax 网络基本结构

在 WiMax 无线网络的构建中，接入网的主要组网设备是基站。这些基站分为中心站和远端站。远端站根据实际的应用位置又分为室内远端站和室外远端站。图 7-20 所示的是 WiMax 组网的基本拓扑样式。

（1）中心站

中心站用于连接到核心网络，该设备一般处于 WiMax 网络的核心，通过光纤或者其他专线连接到核心网络，同时中心站通过无线连接到远端站。一般来说,中心站的天线一般放置在位置较高的一个基站塔上,应尽量选择较高的位置,使各远端站与中心站之间保持视距。表 7-3 列出了一款 GWM3500-B 中心站设备的基本参数。

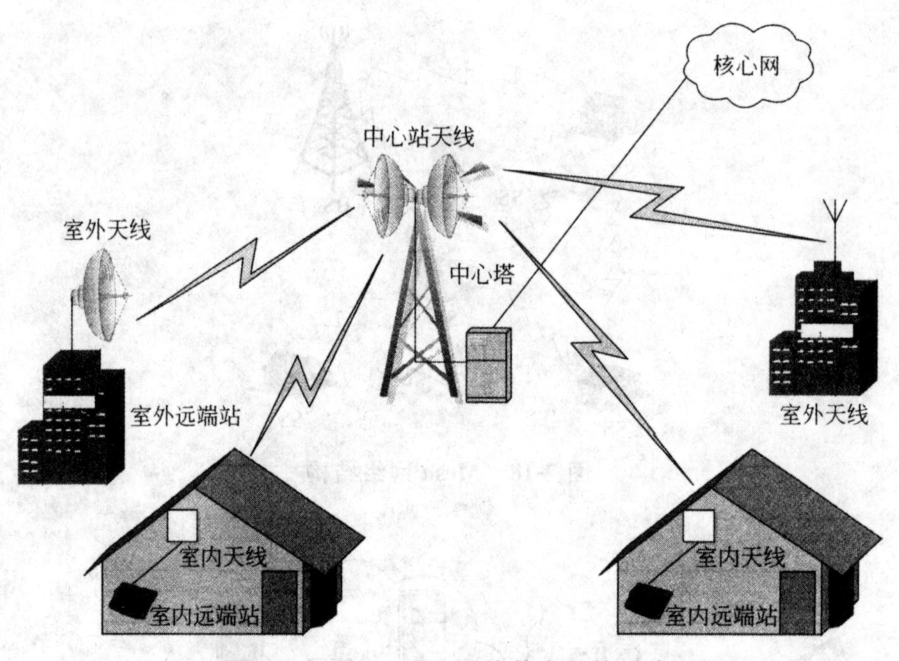

图 7-20 WiMax 组网的基本拓扑样式

表 7-3 GWM3500-B 中心站设备的基本参数

名称	参数
类型	蜂窝点对多点系统中心站
频带范围	3400～3600MHz
信道宽度	3.5MHz,5MHz,7MHz,10MHz
空中速率	最高 50Mbps
输出功率	最大 23dBm
传输距离	视距 45km,非视距 3km
网络属性	透明网桥 802.1QVLAN 802.IP,DHCP 客户端
调制/编码	BPSK,QPSK,16QAM,64QAM
空中加密	AES 及 DES

续表

名称	参数
复用技术	TDD FD-HDD
无线传输	256FFT OFDM
网络连接	10/100 以太网接口(RJ-45)
系统配置	WEB SNMP TFTP
网络管理	SNMP
天线	外置

(2)室外远端站

室外远端站主要用于实现和中心基站的通信,同时实现将客户端连接到远端站。室外远端站是实现远程客户端通信的网关。目前一般都将室外远端站通过线缆连接到内部客户端系统的交换机或者路由器。室外远端站可以连接较多数量的客户端,其天线一般安装在建筑物的顶端,实现和中心基站的视距时通信效果最好。室外远端站在安装时应该尽量使室外天线与中心站之间保持视距。如表 7-4 列出了一款室外点对多点远端站的基本参数。

表 7-4　室外点对多点远端站基本参数

名称	参数
类型	室外点对多点远端站
频带范围	3400～3600MHz
信道宽度	3.5MHz,5MHz,7MHz,10MHz
空中速率	最高 50Mbps
延迟	6～18ms
射频输出	最大 23dBm
传输距离	非视距 3km
网络属性	透明网桥 802.1QVLAN 802.IP,DHCP 客户端
调制/编码	BPSK,QPSK,16QAM,64QAM
编码率	1/2,2/3 及 3/4

续表

名称	参数
空中加密	AES 及 DES
名称	参数
复用技术	TDD FD-HDD
无线传输	256FFT OFDM
网络连接	10/100 以太网接口(RJ-45)
系统配置	WEB SNMP TFTP
网络管理	SNMP
天线	集成 15dBi 平板天线

(3)室内远端站

室内远端站是一种安装在建筑物内的远端站。此类设备一般用于距离中心站相对较近,信号质量相对较好的 WiMax 通信中。相比室外远端站,室内远端站的速率相对较低,但是免去了在建筑物外再安装天线的过程。室内远端站是即插即用的设备,安装相对简单。室内远端站一般连接的客户端也非常少。表 7-5 列出了一款室内天线一体化远端站的基本参数。

表 7-5 室内天线一体化远端站基本参数

名称	参数
类型	室内天线一体化远端站
频带范围	3400～3600MHz
信道宽度	3.5MHz,7MHz
空中速率	最高 35Mbps
输出功率	最大 20dBm
灵敏度	－90dBm
网络属性	透明网桥 802.1QVLAN 802.IP,DHCP 客户端
调制/编码	BPSK,QPSK,16QAM,64QAM
编码率	1/2,2/3 及 3/4
空中加密	AES 及 DES

续表

名称	参数
复用技术	TDD FD-HDD
无线传输	256FFT OFDM
网络连接	10/100 以太网接口(RJ-45)
系统配置	WEB SNMP TFTP
网络管理	SNMP
天线	内部集成

7.4.4　WiMAX 安全架构

1. 协议分层参考模型

IEEE 802.16 协议分层参考模型如图 7-21 所示。

汇聚子层			
ATM	IP	Ethernet	其他
MAC 公共子层			
接入控制	带宽关联	业务流管理	其他
安全子层			
密钥管理 PKMv1，PKMv2	安全关联（SA）		加密算法 AES，DES
物理层			
SC，SCa	OFDM	OFDMA	可升级的 OFDM

图 7-21　802.16 协议分层参考模型

其中 MAC 层由如下 3 个子层组成：

(1)特定业务汇聚子层

简单地说就是一个中间层，提供以下两者之间的转换和映射服务：

①从 CS SAP(Convergence Sublayer Service Access Point，汇聚子层业务接入点)收到的外网数据；

②从 MAC SAP(MAC Service Access Point，MAC 业务接入

点)收到的 MAC SDU(MAC Service Data Unit,MAC 层用户数据单元)。

(2)MAC 公共部分子层

该子层提供 MAC 层核心功能,包括系统接入、带宽分配、连接建立、连接维护等。MAC 公共部分子层通过 MAC SAP 从多个汇聚子层接收数据,并分类到特定 MAC 连接。

(3)安全子层

该子层提供认证授权、安全的密钥交换、加/解密处理等安全服务。对这一层的分析正是本节关注的主要内容。

安全子层通过加密移动用户台(Mobile Stations,MSS)和基站(Base Station,BS)之间传输的 MPDU(MAC 协议数据单元)为用户提供保密保护及认证服务,同时也可以防止非法用户盗用业务。安全子层采用客户端/服务器模式,其中 BS 作为服务器,控制向客户端 MSS 分发密钥材料的过程。安全子层包含 5 个实体:安全关联(Secure Association,SA)、X. 509 证书、PKM(Privacy and Key Management)认证、秘密密钥管理和加密。

当一个用户站关联于基站时,首先需要向基站进行认证,获取基站的访问授权,并索取与基站共享的授权密钥(Authorization Key,AK),可以衍生出加密密钥和完整性校验密钥。然后,可利用该授权密钥从基站处安全地获取会话密钥(TEK),可以衍生出会话加密密钥和完整性校验密钥,以进行保密通信。因此,安全子层包括两组安全协议:加密协议与密钥管理协议。密钥管理协议引入了基于数字证书的设备认证来加强基本安全机制。

2. 分组数据加密协议

加密协议用于保护宽带无线网络上传输的分组数据。802. 16d 协议规定了两种数据加密方式:CBC 模式的 DES 加密、CCM 模式的 AES 加密。

WiMAX 网络接入的总体过程简单描述如下:

①MSS 为 BS 扫描适当的下行(downlink)信号用于建立信道

参数。

②起始序列允许 MSS 设定正确的 PHY 数,建立基本的与 BS 连接的管理信道。这个信道作为通信容量的协商、授权和密钥的管理。

③PKM 协议完成由 BS 认证 MSS 的单向认证。

④MSS 发送请求信息给 BS 注册。BS 的回应中为再一次管理连接分配一个连接标识符。

⑤MSS 和 BS 使用 MAC_Createl_Connection 请求产生传送连接,它是一个创建动态连接的请求。

3. IEEE 802.16dPKM 协议

IEEE 802.16d 协议定义了基于 X.509 数字证书和 RSA 公钥加密算法的 PKM 协议(Privacy Key Management Protocol),该版 PKM 协议仅支持 BS 认证 MSS 的单向认证。随后发布的 802.16e 协议对 PKM 协议进行了重新定义。802.16e 将 802.16d 中的 PKM 协议规定为 PKMv1,同时定义了新的 PKMv2,该版本的 PKM 协议增加了基于 EAP 的认证方式及对组播密钥管理的规定,并支持 BS 和 MSS 双向认证。

PKM 认证协议执行后,会在 MSS 和 BS 之间建立起一个共享机密,称为授权密钥 AK。这个共享机密用于保护业务加密密钥 TEK 的安全交换。在初始授权交换过程中,MSS 会发送它的身份凭证,在 RSA 认证方式下是制造商签发的 X.509 数字证书,在 EA 认证方式下可能是运营商特定的凭证。在 AK 交换过程中,BS 决定一个客户端 MSS 的身份和该 MSS 被授权接入的业务。当 BS 把一个已认证的身份跟一个付费用户关联在一起时,用户就获得授权接入数据业务。PKM 的 TEK 管理采用客户机/服务器(C/S)模型,MSS 作为客户端请求密钥材料,BS 作为服务器对这些请求做出响应,并确保每个 MSS 只收到它被授权的密钥材料。上述各种 MSS 和 BS 之间的交互过程,都是使用 802.16 协议规定的 MAC 管理消息中的 PKM 消息簇来完成的。

第8章 无线接入技术

20世纪90年代以来，无线接入技术发展迅速，经历了由窄带到宽带、由固定到移动、由局域网到个域网和城域网、由话音业务向多媒体业务的转变。目前，除了IEEE 802委员会提出的系列无线接入网的国际标准外，世界上一些国家和组织也提出了不少区域性无线接入标准，其中包括中国大唐电信集团北京信威通信技术股份有限公司提出的SCDMA系列无线接入标准、韩国提出的WiBro(Wireless Broadband access service)宽带移动无线接入标准和欧洲电信标准协会(ETSI)的BRAN(宽带无线接入网络)研究组提出的HiperLAN系列的无线接入标准等。本章对这几种主要的区域性无线接入标准进行简介。

8.1 SCDMA无线接入技术

8.1.1 概述

SCDMA是由北京信威技术股份有限公司(隶属于大唐电信集团)自主研制开发的无线接入系统，它是一种无线接入标准，且拥有自己的知识产权。SCDMA系统采用的核心技术包括无线电、智能天线、同步码分多址、同步无线接入协议(SWAP)等，具有的技术优势包括频谱高、发射率低、通信保密性好、通信距离远等。低速数据传输的增值业务，如短消息服务、补充业务、基本电信业务等低速数据传输的增值业务都可采用SCDMA无线接入系统来构建提供。

SCDMA标准由信威公司(北京信威技术股份有限公司的简称)于1995年提出,并在同年该公司开始研制SCDMA系统、基站、手机终端。SCDMA产品的商用形式开始于1999年,商用产品作为商品出售是在2001年。SCDMA无线市话系统包括SWAN1800V和SWAN400V系统两类,它们的工作频段分别为1800MHz和400MHz。目前俗称"大灵通"的无线市话系统已投入商用。在农村电信"村村通"工程中,信威公司根据农村通信特点专门生产的400MHz频段的SCDMA无线接入系统(SCDMA400M)已经得到中国电信、中国联通、中国移动以及部分油田专网通信运营商的规模应用,并取得了良好的效果。

信威公司的SCDMA标准是个不断演进的标准。表8-1所示为SCDMA版本的演进情况。由表8-1可见,SCDMA R3版不仅能够提供基本语言业务,还能实现低速数据(64kbit/s)业务;SCDMA R4和R5版本又称为McWiLL(Multiple Carrier Wireless Loop),是SCDMA的宽带演进版,实现了由窄带无线接入向宽带无线接入的演进。其中,R4版本可提供单扇区容量可达15Mbit/s的移动数据业务,R5版本提供的移动业务包括数据和语音两类。McWiLL目前的版本也只是一个阶段性的版本,McWiLL下一代版本正在由信威公司规划,提升同频组网条件下的业务能力和频带利用率是下一代版本的主要方向。本节主要介绍R3版本的SCDMA无线接入技术。SCDMA R4和R5版本的McWiLL无线接入技术在本章下一节介绍。

表8-1 SCDMA版本的演进

版本	年代/年	网络结构	业务
SCDMA R1	1995—1998	无基站控制器	固定无线接入
SCDMA R2	1999—2001	有基站控制器,无本地交换控制中心	移动语音无线接入

续表

版本	年代/年	网络结构	业务
SCDMA R3	2002—2005	有基站控制器,有本地交换控制中心	64kbit/s 低速数据业务,移动语无线接入
SCDMA R4	2004—2006	有基站控制器,有本地交换控制中心	移动数据业务,每用户下行 2Mbit/s,上行 1Mbit/s。系统单扇区容量 15Mbit/s
SCDMA R5	2005—2007	有基站控制器,有本地交换控制中心	移动语音和数据业务,每用户下行 2Mbit/s,上行 1Mbit/s。系统单扇区容量 15Mbit/s

8.1.2 网络结构

在网络建设上,SWAN1800V 和 SWAN400V 两个 SCDMA 无线市话系统采用完全相同的组网技术。SCDMA 无线接入系统的网络结构如图 8-1 所示,包括核心网、无线接入网和用户终端 3 个部分。

1. SCDMA 核心网络部分

网际互联、多 BSC 组网、运营支撑、业务提供等是 SCDMA 无线市话系统的网络的核心功能。核心网设备包括位置归属寄存器(HLR)、本地移动控制中心(LMCC)、鉴权中心(AUC)、短消息中心(SMC)、核心网络管理系统(CNMS)等。

2. SCDMA 无线接入部分

基站系统(BS)、基站控制器(BSC)、无线网络管理系统(RNMS)和终端(UT)设备共同构成了 SCDMA 的无线接入部分。SCDMA 无线接入网络结构如图 8-2 所示。

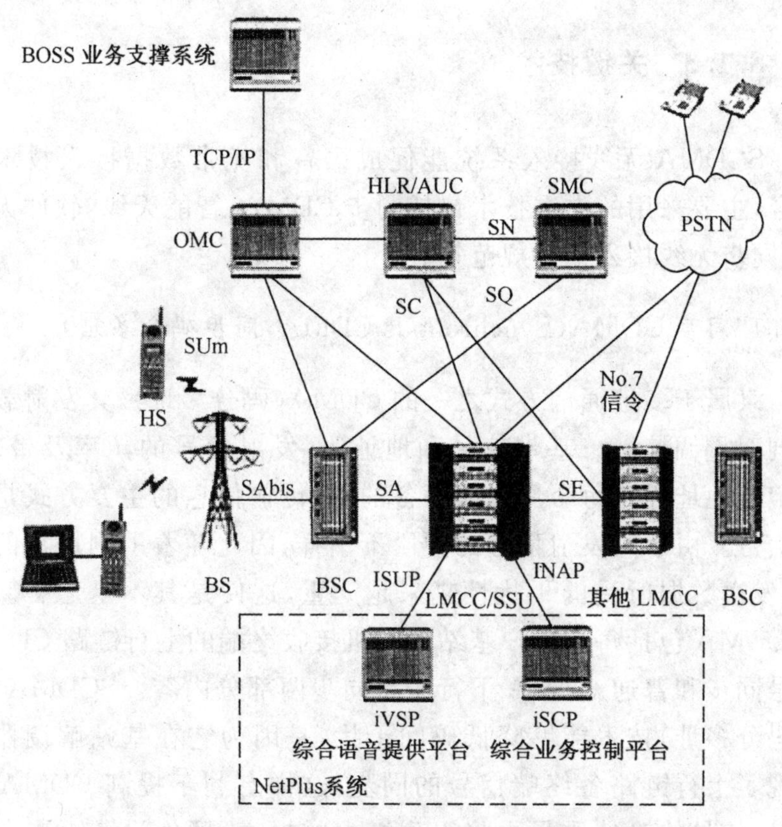

图 8-1　SCDMA 无线接入系统网络构成示意图

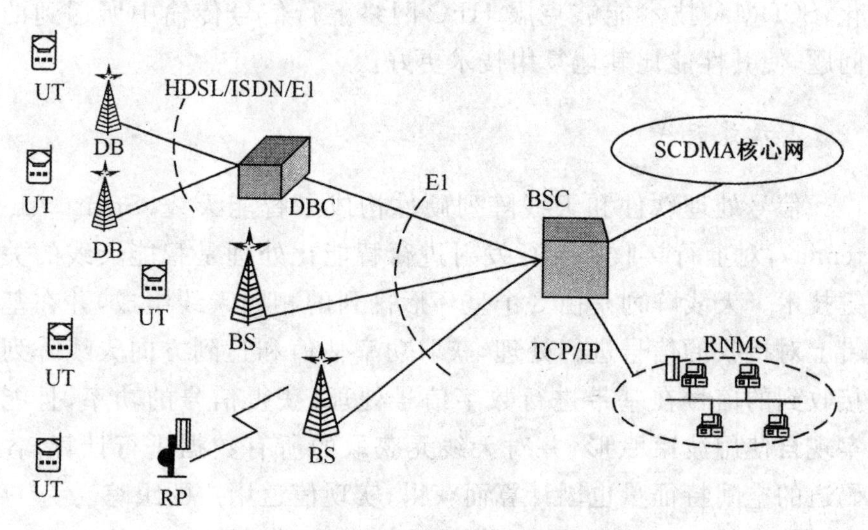

图 8-2　SCDMA 无线接入网络结构

8.1.3 关键技术

SCDMA 无线接入系统能促成语音和宽带数据接入技术的融合，主要采用的先进技术包括同步 CDMA、智能天线、软件无线电、同步无线接入信令规范等。

1. 同步 CDMA(Synchronous CDMA，同步码分多址)

隶属于多址通信方式之一的 CDMA(码分多址)，其发射载波受到双重调控——基带信号和地址码，发射信号的频率及带宽，特定的地址码是每个用户所必备的，其传输信息的主要方式是公共信号。由于其发射信号的频段不一样，因此随着上网用户的增多，发送数据所受的干扰性越来越严重，这便是其不足之一。同步 CDMA 包括每个用户基站接收机接收终端的上行链路 CDMA 信号同步和普通 CDMA 下行链路同步两部分内容。SCDMA(同步码分多址)技术能够降低码间干扰，是因为它在基站解调器内实现了上行链路各终端信号的同步，这样有利于提高 CDMA 的容量，信号传输的质量也将得到极大的提高，硬件设备也有所简化，SCDMA 技术能够克服 HFC 网络上行信号传输中所遇到的问题，使其性能比其他复用技术更好。

2. 智能天线

信号处理软件和天线阵列硬件构成了智能天线(Smart Antenna)，对上行接收和下行发射进行智能化处理是智能天线的关键技术。天线阵列是由 8 个呈环形排列的相同天线组成，并在基带上对接收的信号进行处理，获取功率估值和达到方向天线阵列接收到的信号在基带进行数字信号处理，获得信号的功率，且能实现自使用波束赋形，并对天线元获取的所有数据进行计算，各码道的空间特征量也因计算而获得，实现信道用户的跟踪。

3. 软件无线电

SCDMA系统中数字信号处理器(DSP)中用软件来完成无线基站、用户台中的全部基带信号处理。高速A/D或D/A转换器是SCDMA系统的用户台的射频收发信机、基站与基带电路的接口,数字信号处理器(DSP)中的软件来完成基带信号的处理。该系统具有强适应性、灵活性好、产品和技术更新速度快、产品升级和技术改变便捷、可靠性好、保密性强等特点。

4. 同步无线接入信令

ITU的Q.931建议是SCDMA系统的物理层设计所采用的,具有简单的接口、高的通信效率。具有CDMA系统的闭环功率控制功能,实现用户距离测定和CDMA的同步要求,仅使用一条接入码道便能实现信道的效率。

这使得SCDMA系统具有覆盖范围子、组网灵活性好、建设维护方便、拥有完整的自主知识产权和专门的频率等特点。

8.2 McWiLL无线接入技术

8.2.1 概述

由国内自主研发的移动宽带无线接入(BWA)系统——多载波无线信息本地环路(McWiLL,Multi-CaHier Wireless Information Local Loop),是SCDMA综合无线接入技术的演绎模板。知识产权由McWiLL信威公司所拥有。McWiLL无线宽带技术成为通信行业标准是2009年6月15日工业和信息化部批准《1800MHz SCDMA宽带无线接入系统空中接口技术要求》所确定的,该技术在2009年9月1日开始实施。

同步码分多址(SCDMA)技术为 McWiLL 技术的产生提供了基础支持,是 SCDMA 技术的演进和更新。早期 R1～R3 版本的 SCDMA 系统侧重于语音通信,还有低速率的数据业务属于窄带 SCDMA 技术体系,McWiLL 技术从 2003 年开始研发,R4 和 R5 是目前 McWiLL 系统所包含的两个版本,其中 R4 版本是针对高速传输的宽带数据业务,应用于固定无线接入系统,并获得相应的实验频段;R5 版本是 McWiLL 中的高速移动无线接入技术,支持高效语音和高速数据业务,具有 120km/h 的终端移动速度和漫游、切换等功能,并有针对性地专门定义了用于语音承载的物理信道和资源控制单元,其制定依据是我国现有的电信业务模式。

IP 分组交换的宽带无线系统是 McWiLL 系统的技术支持,所采用的网络结构为宏蜂网络结构,典型市内单基站覆盖半径 1～3km,其覆盖半径可达 10～50km,使得真正意义上的非视距传输得以实现。具有覆盖面积大,容量大,带宽高,支持移动,漫游和切换的特点。

8.2.2 网络结构

图 8-3 为 McWiLL 系统端到端网络结构示意图。全为 IP 架构,超大容量的语音业务和高带宽数据性能都可以由它来提供。无线系统、网元管理系统(EMS)以及终端设备共同构成了 McWiLL 系统。其中,用户端设备与无线网络的连接有 CPE、MIAD、PCMCIA 卡、宽带手机等终端完成,CPE 能保持与基站和 PC 或电话机间的通信。用户终端与骨干网络的连接由基站系统完成,大容量语音通信功能语音业务由 NGN 和汇聚网关(SAG)配合提供。无线系统中的站系统的设备管理、所有终端设备、权限管理、基系统监控、带宽分配等操作均由网元管理系统(EMS)来完成。

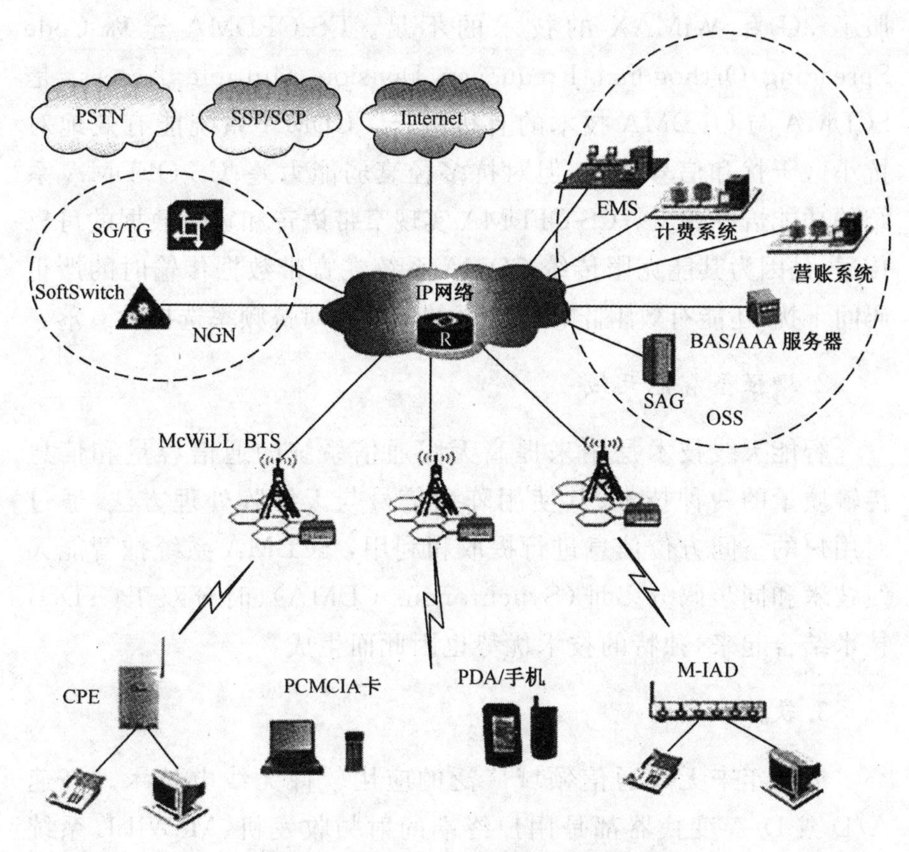

图 8-3 McWiLL 端到端的网络框架

8.2.3 关键技术

McWiLL 具有数据吞吐量高、覆盖范围广、1×1 同频组网、并发用户容量大等特点。采用了 CS-OFDMA、软件无线电、增强型智能天线、动态信道分配、多载波传输、自适应调制编码、安全和欺诈保护、先建后拆切换等关键技术。

1. CS-OFDMA

McWiLL 以 SCDMA 技术为基础对其进行了创新性研究，将 OFDMA 与 SCDMA 有机地、创造性地结合在一起，融合了 3G 和 WiMAX 的技术优势，提出了 CS-OFDMA 无线接入多址方式，克服了 3G 和 WiMAX 的技术的不足。CS-OFDMA 全称 Code Spreading Orthogonal Frequency Division Multiple Access，是 SCDMA 与 OFDMA 技术的有机融合。CDMA 系统能有效地对抗小区干扰和信号衰弱，但对抗多径衰弱能力差；CS-OFDMA 系统的功能恰好相反。CS-OFDMA 实现窄带语音和宽带数据的可靠传送，是因为其能克服传统 CDMA 系统在宽带数据传输时的严重码间干扰，还能有效阻止相邻小区的干扰和对抗频率选择性衰落。

2. 增强型智能天线

智能天线技术是用来提高无线通信系统的通信容量和信息传输质量的一种技术、其使用阵列信号与天线阵处理方法，通过对用户的空间方位信息进行提取和利用，SCDMA 系统把智能天线技术和同步码分多址（Synchronous CDMA）、时分双工（TDD）技术结合起来，独特的技术优势也因此而生成。

3. 软件无线电

近几年来无线通信领域广泛的应用软件无线电技术。高速 A/D 或 D/A 变换器都是用户终端的射频收发机、McWiLL 系统中基站与基带电路的接口，数字信号处理器中用软件来完成全部基带信号的处理。数字通信系统性能的提高的主要手段是软件无线电，产品和技术的开发速度也得到了加速、硬件的制造周期和费用也得到了大大的节约，且有一定的灵活性，适用于一切业务要求，产品与技术的升级换代也变得更加便利。

4. 自适应调制与编码

自适应调制方式被 McWiLL 系统所采用，信道质量能够自动检测，动态调整数据速率通过改变下行信道的调制方式来实现，以适应基站与用户之间的干扰波动和环境。McWiLL 采用了 Turbo 码、RS 码、LDPC 码等先进的编码技术，采用了 QPSK、8PSK、16QAM、64QAM 等调制方式，系统能够根据可用功率、干扰、信道条件、噪声水平等参数信道条件的变化，选取最佳调节方式,编码方式的选取要根据当前调制方式、可用功率、衰落余量、信道条件、干扰和噪声水平,功率效率和频谱效率也会因此而优化,使系统既能保证传输质量,又能达到最佳数据吞吐量。

5. 空中 SWAP+无线接口信令

自主开发的 SWAP+同步无线接入协议是 McWiLL 系统的空中接口所采用的,这一物理结构层的设计简单、高效,具有 CDMA 系统所需的闭环功率控制、满足用户距离测定的要求和实现同步 CDMA 的功能。信道的使用效率高是因为其仅有一条接入码道。

6. 多载波传输技术

McWiLL 技术将并行传输的 CDMA 技术和 OFDM 技术有效地结合起来,克服了两者之间的不足,具有对抗频率选择性衰弱的优点。在 McWiLL 系统中,使用了多载波,只有很小一部分载波受到干扰。频率的最佳利用能得以实现是因为系统会自动在 10 个子载波中选择信号效果最好的两个子载波(PCMCIA)或 4 个子载波(CPE)或进行信号传输。

另外,McWiLL 无线接入技术具有较高的频谱利用率与专用频段,较低的发射功率和较广的覆盖范围,较高的数据传输速率及系统容量,宽窄带业务的高效融合,灵活的网络架构,可用软件加载实现系统功能升级,拥有完整的知识产权、掌握全部核心技术等性能特点。

WiMAX 和 McWiLL 从传输速率、应用范围和服务对象的角度可以归为同一类,它们既有很多相似点,又存在差异。表 8-2 所示为 McWiLL 与 WiMAX 技术特征的比较。

表 8-2　McWiLL 与 WiMAX 技术特征的比较

类别	McWiLL(R5)	移动 WiMAX(802.16e)
净峰值速率	15Mbit/s(5MHz)	15Mbit/s(5MHz)

续表

类别	McWiLL(R5)	移动 WiMAX(802.16e)
信道带宽	1～20MHz	1.25～20MHz
使用频段	400MHz、1.8GHz、3.3GHz、未知频段	小于 6GHz
多址方式	SCDMA＋OFDMA	TDMA＋OFDMA
双工方式	TDD	TDD、FDD、HFDD
调制方式	QPSK、8PSK、16QAM、64QAM 支持 AMC	QPSK、8PSK、16QAM、64QAM 支持 AMC
编码方式	卷积码、RS 码、Turbo 码、LDPC 码	卷积码、卷积 Turbo 码、块 Turbo 码、LDPC 码
帧长(TDD)	帧长 5ms,上下行时隙比例可为 1∶7、2∶6、3∶5、4∶4、5∶3、6∶2,7∶1	帧长 2.5～20ms,且上下行子帧帧长比例可调
干扰抑制	干扰零陷算法,动态信道分配	动态频率选择
多天线支持	智能天线＋SCDMA	AAS、MIMO
切换机制	先建后切的快速硬切换	硬切换、宏分集切换、快速基站切换
典型覆盖范围	1～3km	1～5km
移动性支持	120km/h	120km/h
语音业务承载	VolP 方式,专用语音业务信道	VolP 方式

8.3 WiBro 无线接入技术

8.3.1 概述

WiBro(Wireless Broadband access service)是韩国提出的一项宽带移动无线接入国际标准,用于移动环境中随时随地提供高速率宽带数据通信服务。作为一项具有更高数据速率的无线宽带服务，WiBro在3G与4G之间，可提供比无线局域网（WLAN）更广泛的覆盖范围，在移动环境下提供远比3G快的传输速度。WiBro与WiMAX两者都是基于802.16标准的不同版本的IEEE 802.16系列技术标准的一部分，WiBro以移动WiMAX（IEEE 802.16e标准）技术为基础，与IEEE 802.16e标准完全兼容。

WiBro最初是由三星电子、韩国电子通信协会（ETRI）和韩国主要运营商一起开发高速便携式互联网（High speed Portable Internet，HPI）项目而发展起来的。WiBro技术方向在WiBro发展的初期，被韩国信息通信部所明确，完全符合802.16e标准，用802.16e标准进行协调，并将WiBro标准融合到802.16e标准之中。2005年年底，韩国开发的无线宽带网络技术“WiBro”（Wireles Broadband Internet）正式成为国际标准。

8.3.2　网络结构

WiBro的网络结构如图8-4所示。

WiBro系统由前端业务站（Personal Subscriber Station，PSS）、无线接入基站（Radio Access Station，RAS）、接入控制路由器（Access Control Router，ACR）、家乡代理（Home Agent，HA）服务器、身份认证鉴权和计费服务器（Authentication，Authorization and Accounting，AAA），以及运营商IP子网组成。WiBro基地台在术语上称为RAS，RAS后端的实线汇接处则是ACR，ACR为基站往上汇集骨干路由器，之后与信息应用系统整合，且与WLAN、3G等各种异质网络接轨。

子网的网络协议是IPv6，是WiBro系统的显著特征，由于IPv6是全IP的网络，因而支持WiBro数据链路层的有效移动管理与IP层的有效移动管理同样重要。在这种环境中，在ACR之间的切换需要基于IPv6无缝切换的移动管理。

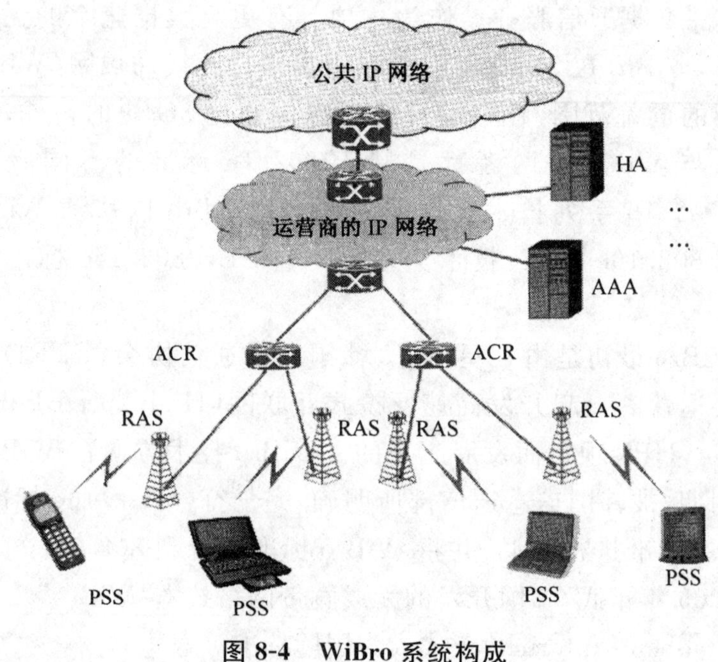

图 8-4 WiBro 系统构成

8.3.3 关键技术

1. 频谱分配

WiBro 的通信频段为 2.3～2.4GHz，如图 8-5 所示，在 2.4GHz ISM 频段之前的 100MHz 范围。将 100MHz 的范围划为 9 个通信信道，各信道并不像 IEEE 802.11b 一样的互叠，各信道间也不含全然保护频段(GuardBand,GB)，保护频段存在在每 3 个信道间，且各频段所占据的带宽各不相同，信道 1、2、3 与信道

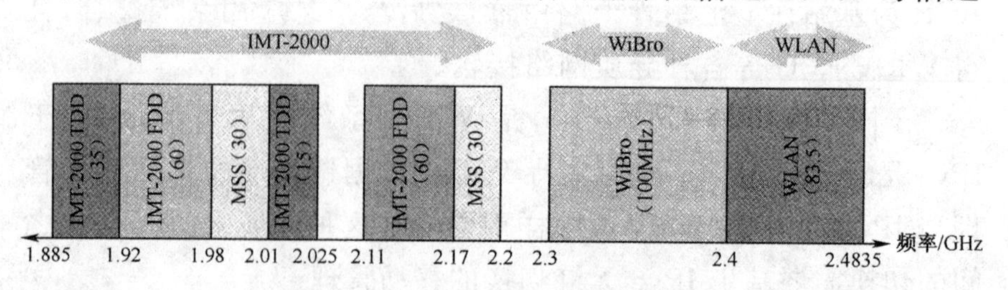

图 8-5 WiBro 系统的频谱

4、5、6 之间为 4.5MHz，信道 4、5、6 与信道 7、8、9 之间也是 4.5MHz，但信道 7、8、9 与 2.4GHz ISM 之间则有较大的保护距离为 10MHz，连续的 3 个信道不重叠，但紧邻。

2. 双工(Duplex)与多址(Multiple Access)方式

时分双工(TDD)模式是 WiBro 所采用的，在多址方式上，WiBro 采用正交频分多址(OFDMA)，事实上，WiMAX(IEEE 802.16d)与移动 WiMAX(IEEE 802.16e)技术也都支持 OFDMA。WiBro 选取了能将保护频段开销降到最小的 TDD 模式，频谱的利用率也被大大提高。WiBro 使用的 OFDMA 技术能最大限度地降低多径干扰(Multi-Path Interference)的影响，同时频谱效率也得了提高。

3. 调制与编码方式

WiBro 可采用 QPSK、16QAM 和 64QAM 三种调制模式，卷积 Turbo 码(Convolution Turbo Code，CTC)被应用于信道编码。WiMAX 的信道编码方式有 CTC、Turbo 码(BTC，Block Turbo Code)和相 RS(Reed-Solomon)码等多种类型。CTC 信道编码被选为 WiBro 信道编码的原因是其编码效率高，能降低传输选择的冗余(Overhead)，进而提高数据传输速率。

4. WiBro 的传输速率

WiBro 与非对称数字用户线(Asymmetric Digital Subscriber Line，ADSL)相似，其下行传输速率要比上行快，在单一信道中，WiBro 基站的最大上行数据速率可达 6Mbit/s；最大下行数据速率可达 18Mbit/s。当用户在其他网络系统(如 WLAN)进行或与 WiBro 系统不同蜂窝之间移动切换，如下数据速率可由 WiBro 提供：每个用户的最小数据速率为上行链路 128kbit/s，下行链路 512kbit/s；每个用户的最大数据速率为上行链路 1Mbit/s，下行链路 3Mbit/s。

5. WiBro 基地台覆盖范围

单一个 WiBro 基地台的业务覆盖区域设定为微微蜂窝(Pico)、微蜂窝(Micro)、宏蜂窝(Macro)三个等级。设计三个等级的目的在于基底的布建规划更灵活和更容易,其中 Pico 的覆盖范围为 100m,Micro 的覆盖范围为 400m,Macro 的覆盖范围为 1000m(即 1km)。

6. 服务质量(QoS)

WiBro 与 WiMAX 的 QoS 设计相近。WiMAX 主动授权业务(Unsolicited Grant Service, UGS)、实时轮询业务(real time Polling Service, rtPS)、非实时轮询业务(non real time Polling Service, nrtPS)和尽力而为(Best Effort, BE)业务四个等级。WiBro 将分组数据传输的优先权分为 rtPS、nrtPS 以及 BE 三个等级。WiBro 对 QoS 的要求比 WiMAX 更高,对传输的延时性要求苛刻。

WiBro 的性能特点是对 3G 与 WLAN 的有益补充,是对 WLAN 和 LAN 发展轴的延伸,增大了 WLAN 的传输距离,拓展了 WLAN 的覆盖范围,使 WLAN 的移动性更高,且能提供比 3G 高的数据传输率。图 8-6 给出了 WiBro、WLAN 和 3G 的性能的比较。

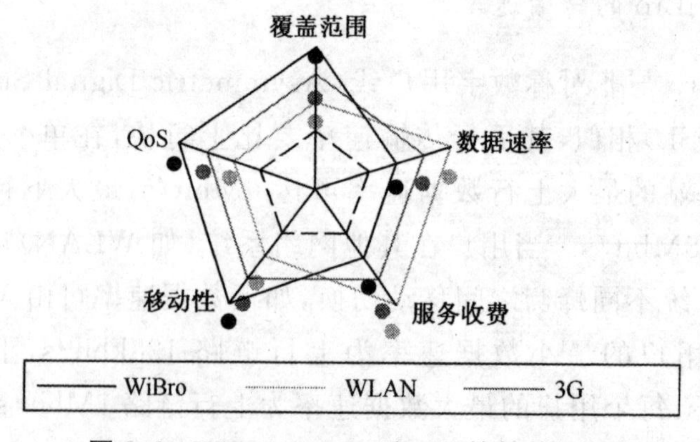

图 8-6 WiBro、WLAN 和 3G 的性能比较

8.4 HiperLAN/2 无线接入技术

8.4.1 概述

HiperLAN/2(High Performance Radio LAN Type 2)是欧洲电信标准协会(European Telecommunications Standards Institute,ETSI)的 BRAN(宽带无线接入网络)研究组 2000 年 2 月公布的一个 WLAN 标准。HiperLAN/2 相关标准有四个,分别为 HiperLAN/1、HiperLAN/2、HiperLink 和 HiperAccess。1997 年完成的 HiperLAN/1 标准对应 IEEE 802.11b,由于数据传输速率较低,没有流行推广,其后继版本为 HiperLAN/2,研制 HiperLAN/2 的目的是实现通信速度的更高化,其接入方式为 ATM 方式和 IP 方式兼容。其建立在 GSM 基础上,使用 5GHz 的频段。与 802.11a 几乎有相同的物理层,采用 OFDM 技术,通信距离达 30m,最大数据传输速率为 54Mbit/s。该技术更容易满足 QoS 的要求,是因为其具有面向连接的特征,一个指定的 QoS 分配给每个连接,用来确定该连接在延迟、拥塞、带宽、比特错误率等方面的要求。HiperLAN/2 标准在欧洲得到了广泛的支持和应用。

8.4.2 网络结构

HiperLAN/2 网络的典型拓扑结构如图 8-7 所示。移动终端(MT)通过无线基站(在 HiperLAN/2 中被称为接入点 AP)接入固定网络,每个 AP 与固定网络如 LAN 相连,MT 与 AP 之间的空中接口和协议由 HiperLAN/2 定义。每个 HiperLAN/2 子网网络都有典型的中心拓扑结构,采用集中网络访问控制方式,所有 MT 对网络的访问和通信均由 AP 控制。AP 负责网络资源的无线网络拓扑结构、自动分配的改变等,无须人工配置频率。随网络用户的增加,HiperLAN/2 网络对网络吞吐性能及延时性能影响很小,使其有更高的数据速率。每个 AP 所覆盖的区域称为一个小区,每个小区在室外覆盖 150m 的范围,在室内覆盖 30m 的范围。MT 用户可在该网络中自由移动,在某一特定的时刻,一个 MT 只与一个 AP 进行通信,HiperLAN/2 无线网络能够检测出不同移动范围的用户,并且能给用户在每一时刻提供最佳性能的 AP,与 AP 之间自动建立联系。

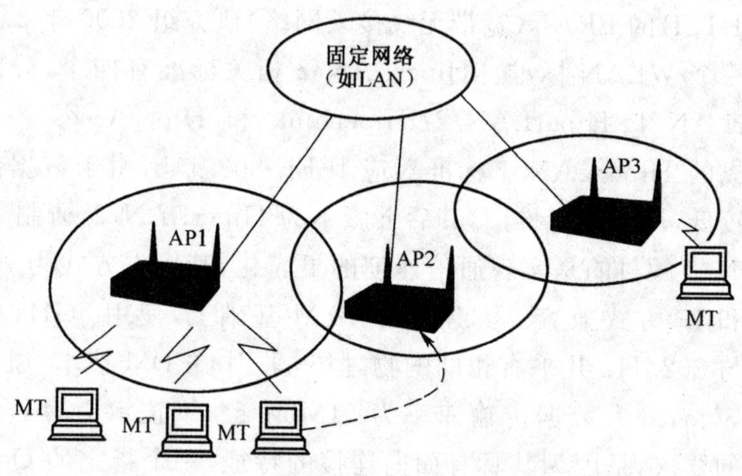

图 8-7　HiperLAN/2 网络结构

8.4.3　关键技术

HiperLAN/2 对准换信令和监测功能作了相关定义,其目的是支持不同无线网的功能,这些功能包括动态频率选择(DFS)、链路自适应、多束天线、无线信元转换和功率控制。

1. 动态频率选择

HiperLAN/2 无线网因含态频率选择功能(DFS)帮助每个 AP 实现自动分配频率。这是一个允许多个网络共享频谱的功能,在共享期间还能避免频率间的干扰。每个 AP 进行频率选择是通过 AP 以及和它相关的 MT 执行的干扰检测来实现的。

2. 链路自适应

HiperLAN/2 在信干比(C/I)方面,采用了一个链路自适应方案,其目的是满足各种无线传输服务质量的需要。根据 HiperLAN/2 系统部署的位置来确定 C/I 的变化范围,而且根据链路的质量计量它适应物理层的程度来制定链路自适应方案。因此,在每次传输 MAC 帧时,是动态选择物理层的,SCH(短传输信道)和 LCH(长传输信道)都可由网络可以动态发射的 MAC 帧选择。

3. 多束天线

HiperLAN/2 中支持多束天线,将有利于提高天线的性能,增加无线网络的 C/I 比。7 束天线可用于 HiperLAN/2 中的 MAC 帧结构和协议中。

4. 自动切换

切换方案是每个 MT 对其周围的 AP 进行必要的检测,来选择适合自己的 AP 通信。HiperLAN/2 标准中并未对切换所需的链路质量检测方法做出相关定义,因此,切换可以根据信号强度进行,也可根据其他标准质量进行。HiperLAN/2 标准中对必要的信令做了定义,其目的是完成切换。

5. 功率控制

HiperLAN/2 发射功率控制受 MT(上行链路)和 AP(下行链路)发射机的控制。简化 AP 接收机的设计是 MT 功率控制主要任务。

HiperLAN/2 技术的性能特点主要有:高传输速率、面向连接、QoS 支持、自动频率分配、安全支持、移动性支持、网络和应用独立、功耗低等。HiperLAN/2 提供了一个适用于小范围的(150m)和高速(54Mbit/s)的宽带可移动无线接入技术，虽然与蜂窝系统相比，它的户外移动性受到限制，HiperLAN/2 的应用领域非常广泛，可应用在诸如展览馆、飞机场、火车站等热点地区，也可用于办公室、家庭等普通地区，向用户提供高速、高性能的移动接入业务。表 8-3 所示为 HiperLAN/2 与 IEEE 802.11 主要性能的比较。

表 8-3　HiperLAN/2 与 IEEE 802.11 性能对比

类别	802.11b	802.11a	HiperLAN/2
频率	2.4GHz	5GHz	5GHz
物理层速率(最大)	11Mbit/s	54Mbit/s	54Mbit/s
网络层速率(最大)	5Mbit/s	32Mbit/s	32Mbit/s
频率管理	无	无	动态选择
MAC 协议	通过侦听(CSMMCA)	通过侦听(CSMA/CA)	集中控制(TDMA/TDD)
连接	无连接	无连接	面向连接
身份验证	无	无	NAI/IEEE 地址/X.509
加密	40bit RC4	40bit RC4	DES,3DES
QoS 支持	PCF	PCF	ATM/802.IP/RSVP
固定支撑层	以太网	以太网	以太网/ATM/UMTS/IP 等
无线链路质量控制	无	无	链路自适应

8.5　无线光接入技术

8.5.1　无线光用户接入网基本概念

1. 无线光用户接入网的定义

无线光用户接入网是运用现代无线光通信技术，实现用户接入的通信网络。无线光用户接入网是近年发展起来的一种先进的接入网,其采用的无线光通信技术是光纤通信和无线通信结合的产物,是利用高度聚焦的光束穿透大气空间作为信息的传输载体,而不是通过光纤传送信号的。

基于无线光通信技术的用户接入网,由于其信息的光载波是在大气传输介质中传输的,所以其工作波段可远超过光纤通信中使用的带宽。为了采用在光纤通信中已成功的经验,可以采用与光纤通信相同的工作带宽,即使其具有与光纤技术相同的带宽传输能力;也可以使用类似的工作频段、光学发射机和接收机,为了扩充容量甚至还可以使用在自由空间中实现的 WDMA 接入技术。无线光通信是一种新型无线光宽带接入方式,只要在收、发两个光端机之间存在无遮挡的视距路径或非视距路径和足够的光发射功率与光接收灵敏度,在允许的气候条件下就可以实现收发两个光端机之间的通信。

2. 无线光用户接入网的分类

无线光用户接入网的分类与无线光通信网络的分类相似,所不同的是无线光用户接入网仅限于接入用户的网络范围。因此,其网络规模较小些。

无线光用户接入网的系统配置通常也是指光发射机与光接收机及其之间使用的光信道安排。按无线光用户接入网络的基本系统配置进行分类可分为室内型和室外型两大类。按光信道类型进行分类,可分为视距信道和非视距发散漫射信道型及两者的混合型三大类。视距信道型无线光用户接入网也可再细分为宽视距信道型系统、具有跟踪装置的窄视距信道型系统、采用多光束分集的窄视距信道型系统;非视距发散漫射信道型无线光用户接入网又可细分为一般发散漫射信道裂无线光通信系统、准发散漫射信道型无线光通信系统等。

最近几年开始从材料和器件设备,考虑室内和室外无线光通信。为了增加无线光通信系统的工作速度,无线光用户接入网系统已经采用 MS 系统。然而,高于平均光功率正比于直流偏置,所以最小化偏置信号是重要的。这里讨论的是 MS 和 PC-MS 系统。并行组合多副载波系统不仅可减少直流偏置,而且还可以使其每个符号间隔比一般具有 n 个副载波的系统容纳更多的信息。

3. 无线光用户接入网工作频段的选择

无线光用户接入网由于是以大气作为传输介质,因而再不会像光纤通信那样受到光纤传输特性的约束,其工作频段仅依赖于大气的传输特性。大气应当是全透明的光通信窗口,因此,无线光通信应当有很宽的工作频段。例如,可工作在从紫外光到红外光(0.6～100μm)的整个宽广波段。

无线光用户接入网工作频段选择的依据主要是:①借助于光纤通信成功经验选择工作频段;②考虑气候对无线光接入网系统的影响;③考虑工作频段对于人类健康的影响。

4. 无线光用户接入网的安全保密性能

大量的理论和实践表明,无线光用户接入网在所有无线用户接入技术中是安全保密性能最好的接入网络。

大量的无线光用户接入网系统安装到企业、事业单位,更多地应用到军事基地或国家要害部门,并且在城域网中的需求也迅速发展。由于无线光系统发送和接收数据是通过远距离的大气,引起了有关方面对其安全保密性能的极大关注。网络工作者和管理者必然要涉及安全保密方面问题的考虑。

大量长期应用表明,无线光用户接入网系统是最安全保密的通信连接方案。无线光系统工作在可视频谱稍上的近红外波长区域内。所以,人们的眼睛不能看见传输的光束。用于无线光传输系统的光波长约为 1μm,与光纤通信系统使用的波长范围相同。1μm 对应的频率范围是若干百 THz,这比在微波通信系统使用的 40GHz 频率范围高 3～4 个量级。这种工作频率上的差别使得无线光通信系统是属于第一类光通信设备,而不是属于无线、RF 或微波传输方案的主要原因。

若窃听或截获通信信息，通常的途径是在信息传输信道或在信息的收发终端处窃听或截获通信信息。

8.5.2　WDM 技术简介

1. WDM 网络工作原理

初期的 WDM 网络波的波长大都在 16 个以下，道数较少，波道间隔一般在 200GHz（$\Delta\lambda=1.6$nm）以上，现在通常称为稀疏波分复用(CWDM)系统，或 WWDM 系统。随着网络技术的发展，现在 WDM 系统的波长波道数有的将超过 100，间隔一般在 100GHz（$\Delta\lambda=1.6$nm）以下，将这样的系统称为 DWDM 系统，有的波道的间隔比 50GHz 还要低。在 WDM 光纤通信网络中发信端将不同波长、独立信息载荷的若干光载在经过 WDM 合波器被汇集耦合的一条光纤道路后传向远方；光载波在收信端，首先用 WDM 分波器不同波长的信道分开，并且对原调制信号给予复原。网络情况不同，加入的光部件各不相同。图 8-8 给出了 WDM 网络系统的一框图，该 WDM 光缆系统是由 $m+n$ 个波道双向传输而实现，m 个波道在同向，n 个波道在反向。取 $m-n$，则可组成有 n 个波道的全双工系统。图 8-9 是有 n 个波道的 WDM 网络。

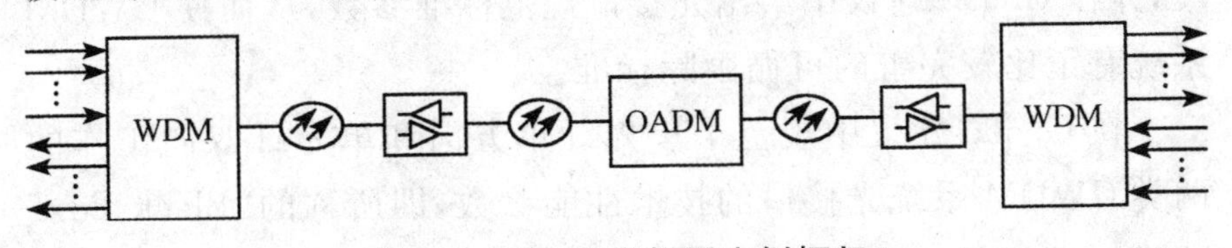

图 8-8　WDM 光纤网实例框架

2. WDM 网络组成

从图 8-9 中可以看到 WDM 光纤网络的基本组成，其光纤链路可采用的光纤为 G. 652、G. 653、G. 655 单模光纤。网络中采用的设备主要有多波长发射机、多波长接收机、光纤放大器、OADM

以及 ODXC 等,在后面将分别做扼要介绍。WDM 光纤网络通常分为 CWDM 系统和 DWDM 系统两类,简述如下。

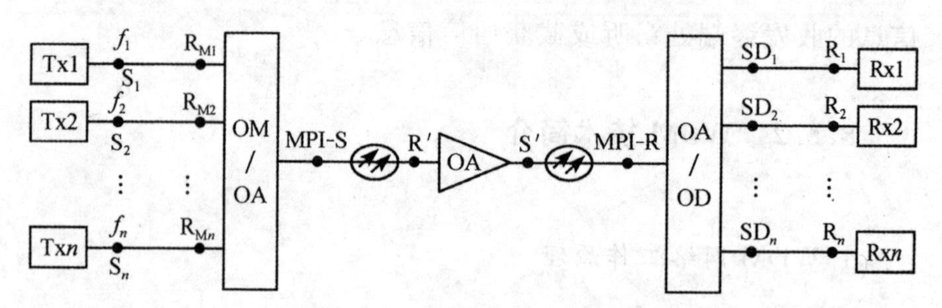

图 8-9 有 n 个波道的 WDM 网络基本系统

OM. 光复接器(合波器);OD. 光解复器(分波器);OA. 光纤放大器;MPI. 多波道接口

(1)CWDM 系统

CWDM 系统通常是指波道间隔大于或等于 20nm、复用波道数低于 20 个的 WDM 光纤系统。以下就其主要性能特点、采用的标准和发展趋势做扼要说明。

1)CWDM 技术性能标准

在 ITU-T 标准中,对 CWDM 的波道数、波道间隔、工作波长范围都作出了明确规定,并在总结实际应用意见的基础上进一步得到完善。G. 694. 2 建议给出其复用波道数为 18、波道间隔为 20nm、工作波长范围在 1270～1610nm 之间,其各波道的标准中心波长为 1271nm、1290nm、…、1610nm 的规范 CWDM 系统方案,并在 G. 695 建议中给出光接口规范标准参数,从而使 CWDM 系统有了比较完善的可循国际标准。

在 G. 695 建议中规范了单光纤单方向和单光纤双向工作的两类 CWDM 系统光接口的技术性能参数,即所称的“Black Box”和“Black Link”两种工作方式。在“Black Box”工作方式中,CWDM 网元包括一对发射机和合波器,或者包括一对接收机和分波器。这种工作方式仅对 CWDM 网元的多路光接口(MPI-S、MPI-R)和对外支路光接 E1(Ss、Rs)进行规范,从而确保 CWDM 网元的多路光接口和对外支路光接口的横向兼容性。在“Black Link”工作方式中,仅包括一个合波单元,或者包括一个分波单元。这种工作方式中要求合波单元和分波单元来自于一个制造商，而发射机和接收机可以来自另外的制造商。这样，要求 RPs RP_R、Ss、Rs 各光接口都进行标准化。图 8-10 是单纤单向“Black Box”方式框图，图 8-11 是单纤单向“Black Link”方式框图，图 8-12 是单纤双向“Black Box”方式框图，图 8-13 是单纤双向“Black Link”方式框图。

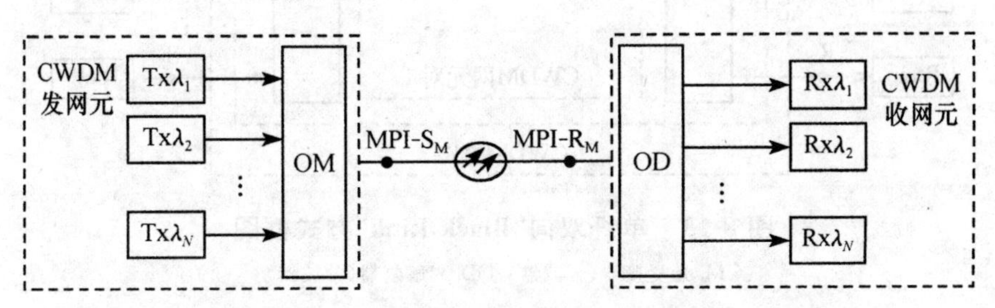

图 8-10　单纤单向“Black Box”方式框图

OM. 光复接器(合波器)；OD. 光解复器(分波器)；MPI. 多波道接口

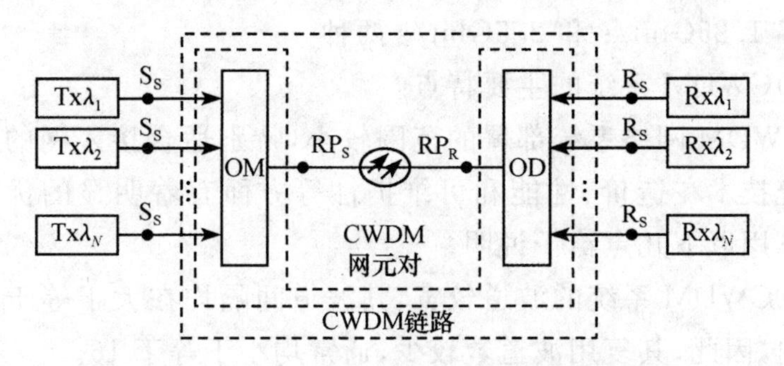

图 8-11　单纤单向“Black Link”方式框图

OM. 光复接器(合波器)；OD. 光解复器(分波器)；MPI. 多波道接口

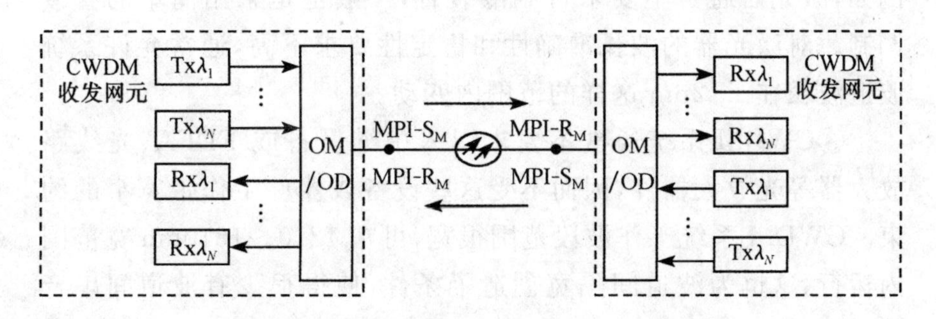

图 8-12　单纤双向“Black Box”方式框图

OM. 光复接器(合波器)；OD. 光解复器(分波器)；MPI. 多波道接口

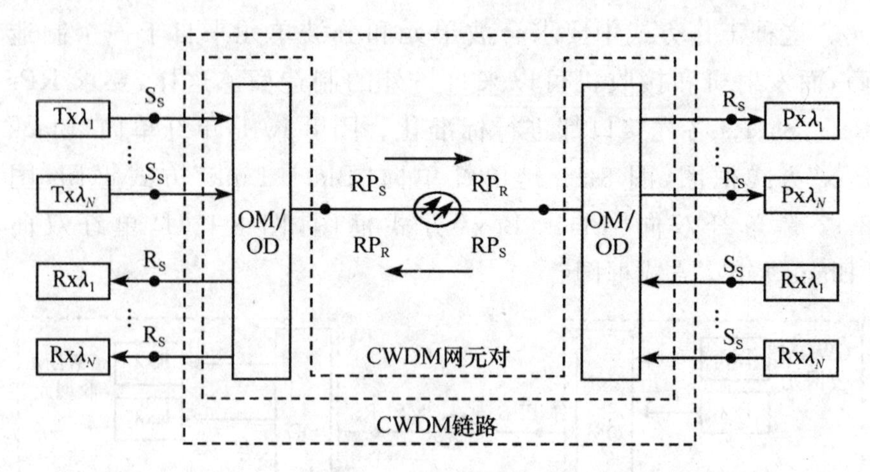

图 8-13　单纤双向"Black Link"方式框图

OM. 光复接器（合波器）；OD. 光解复器（分波器）

在 G. 695 建议中，对 CWDM 系统的各种应用代码规范了物理层的光接口参数，定义了 18 个波道系统，其每个波道传输速率规范了 1. 25Gbit/s 和 2. 5Gbit/s 两种。

2）CWDM 系统的主要特点

CWDM 网络系统部署的范围较小，特别适合接入网的要求，其系统技术在造价、性能和可维护性等方面有着明显的优势，其特点可用以下几点给予说明。

①CWDM 系统的波道较宽，其波道间隔均在大于等于 20nm 范围内，因此，其复用波道数较少，通常均小于等于 16。

②CWDM 系统使用的光源、波分复用器等的性能要求较低。例如，激光器通常不要求带制冷装置，一般也是采用简单的直接调制。对激光器的波长准确性和稳定性要求不高，通常允许系统波道波长在±12nm 这样的范围内变动。

③CWDM 系统通常不要求引入中继设备或 EDFA、光线路放大器等光放大器件，因而不受这些设备或器件工作带宽窄的约束。CWDM 系统工作波段范围很宽，可在 1270～1610nm 宽范围内运行，这也为波道间隔宽创造了条件，使得很少有波道间串音的出现。

④CWDM 网络系统造价低廉。CWDM 网络系统使用的元

器件要求的性能较低,不需要激光器制冷、波长锁定和精确的镀膜等复杂技术。使用的复用器波道间隔宽,复用的波道数少。另外,不需要使用光放大器和中继设备,系统使用光纤无特别要求,一般常规光纤就可以。这一切使得CWDM网络系统使用的元器件价格都比较低,从而导致系统的造价低廉。

⑤要求的供电系统功耗低。CWDM网络系统使用的激光器无耗电大的制冷装置,控制电路简单,并无光放大器和中继设备,从而导致系统设备结构紧凑,便于安装与维护,并要求供电系统功耗较低。

⑥支持多种业务,并方便用户扩容。CWDM网络系统在各波道可以传输IP、SDH、PDH、以太网等多种业务,并且用户可方便扩容,不需要对光缆线路作任何改动。

(2)DWDM系统

DWDM系统是波道间隔≤0.8nm(100GHz)的WDM系统,WDM系统的波长波道数甚至超过100个以上,其波道间隔远低于50GHz。

1)DWDM技术性能标准

根据ITU-T标准的G.692建议,DWDM系统应是在波长1552.52nm(对应光频193.1THz)波段1350～1560nm范围内,选择密集的多路光载波信道各自载入高速信息后复接成一个在一根光纤上传输的光信号。目前,DWDM系统传输的信号速率已可超过1000Gbit/s大关。

DWDM系统的DWDM器件除了应包括一般光无源器件要求的性能参数(插入损耗、偏振相关损耗、回波损耗工作温度等)之外,还应包括表征DWDM器件主要特性的参数,如精确而稳定的中心波长、波道间隔和邻道间的高隔离度、波道宽度和带内平坦度、偏振相关波长和模色散、器件的插入损耗和各种参数的温度稳定性等。

2)DWDM系统的特点

①通常运用于高速长途传输,因此,要求有中继设备或光放

大器。并且，对其采用的设备与器件要求较高。例如，通常要求采用工作在C+L波段（1530～1610nm）的G.655.B/C光纤；要求使用的激光器必须有制冷装置，其波长容差要求在±0.1nm范围内；为满足高速传输的要求，通常采用外调制技术等。DWDM系统可运用到横跨大洲与海底长途光缆系统。

②要求的技术水平很高，面临许多技术难题需要解决处理。例如，在系统设计中对损耗的管理、色散的管理和光纤的非线性效应等问题都需要精心策划。

③系统的造价高，需要复杂的管理与维护技术。目前，DWDM系统技术主要运用在干线网。当然，随着技术的迅猛发展和设备与器件价格的迅速降低，其系统技术也会广泛地应用于光纤接入网中。DWDM系统技术与CWDM系统技术相比，是有很多不能替代的优越性的。

DWDM技术被公认为是兴建和扩建长途、高速光缆网络的最有效的技术。在海底跨洋光缆中均采用长途、高速DWDM自愈环路网。近几年来，随着技术的飞速发展，使系统中的关键器件得到不断更新和完善，从而使得DWDM自愈环路网更加稳定可靠，也使其技术推向局域网，甚至于推向光纤接入网。DWDM系统中的关键器件包括激光光源、光放大器和光滤波器等，这些器件的共同要求是满足系统的性能指标，例如，工作波段和温度稳定性等。

④DWDM系统中使用的激光光源的性能必须满足系统要求，即工作在系统要求的波段，有稳定而准确的工作波长、输出光功率、适合于信号的高速调制等。近来多波长、可调谐和适合集成已成为DWDM光源的发展趋势，其调谐宽度已达到100nm，而多波长集成光源已实现将140个不同波长的分布反馈激光器集成在一个基片上，运用半导体增益介质和滤波器件构成的多波长激光器已完成有168个波长输出的激光器。

⑤DWDM系统中使用的光放大器必须满足系统工作波段的要求。对于工作在1550nm波段的系统，其光放大器也应工作于

此波段。1550nm 波段可细分为 S 波段(短波段,1450～1520nm)、C 波段(常规波段,1530～1560nm)和 L 波段(长波段,1570～1610nm)。C 波段 EDFA 在 DWDM 系统中已得到广泛的应用,其性能指标主要包括工作波段、带内的增益与增益平坦度、输出光功率和噪声指数及动态增益控制功能等。目前,EDFA 的一个重要研究课题是扩大工作波段,即研制 C+L 波段 EDFA,以适应 C+L 波段 DWDM 系统的需要。

⑥光滤波器是 DWDM 系统的关键器件之一,其完成的功能涵盖波分复用器、光上/下路、光交叉连接、增益平坦滤波、色散补偿、泵浦合波、动态增益均衡和波长锁定等。目前,采用的滤波技术包括多层薄膜干涉滤波、阵列波导光栅(Arrayed Waveguide Grating,AWG)、光纤布拉格光栅、熔融拉锥器件、奇偶交错滤波、声光可调谐滤波、全息光栅、全光纤马赫-曾德尔干涉仪滤波及全光纤法布里-珀罗腔滤波等。

目前,薄膜滤波器在应用市场上是工艺最成熟、性能最稳定的产品。在大于 16 个信道的 DWDM 系统中,阵列波导光栅滤波器占的市场份额最大,而在小于 16 个信道的 DWDM 系统中,薄膜滤波器在应用市场上占的份额最大(约占 65%)。奇偶交错滤波特别适合于 DWDM 系统波道间隔越来越小的发展趋势,因此是很有前途的一类滤波技术。一般认为,应用传统的光学滤波技术制造波道间隔在 E100GHz 以下的滤波器工艺难度很大,因此造价昂贵;而采用奇偶交错滤波技术可方便实现波道间隔很窄的滤波器,其间隔可在 0.4nm(25GHz)以下。现在已有晶体双折射型交错复用器、迈克耳孙干涉仪+G-T 干涉仪型(MGTI)交错复用器、光纤光栅型交错复用器、光纤光栅组合型交错复用器、阵列波导光栅型交错复用器和光纤法布里-珀罗型交错复用器等多种类型奇偶交错复用器。奇偶交错复用技术的基本原理是:通过两个中心波长交错取值而波道间隔均为目标间隔(即 DWDM 系统实际要求的波道间隔)两倍的普通波分复用器的波道交错复接组合成奇偶交错波分复用器。这里,一个普通波分复用器专门被分配成为奇偶交错波分复用器的“偶波道”取值,而另一个则被分配成为“奇波道”的取值。这样,得到的奇偶交错波分复用器的波道间隔仅为原一个普通波分复用器波道间隔的1/2。

图8-14是一种光纤光栅组合型奇偶交错波分复用器的原理框图。奇偶交错波分复用器由熔融拉锥耦合器、环行器、光纤布拉格光栅和介质薄膜滤波器组成,其波道间隔为0.4nm(25GHz)。

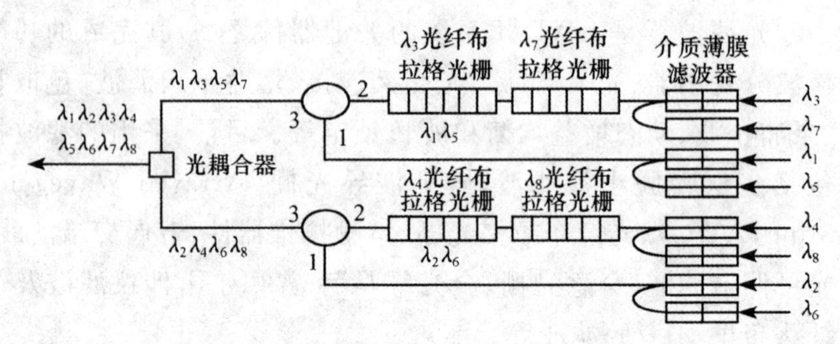

图8-14 有8个波道的光纤光栅组合型奇偶交错波分复用器的原理框图

3.WDM光网络中的关键光部件

(1)多波长光发射机

多波长阵列发射机和可调谐多波长发射机都是多波长光发射。激光源、调制器、光复接器共同构成了发射机,图8-15是其组成框图。

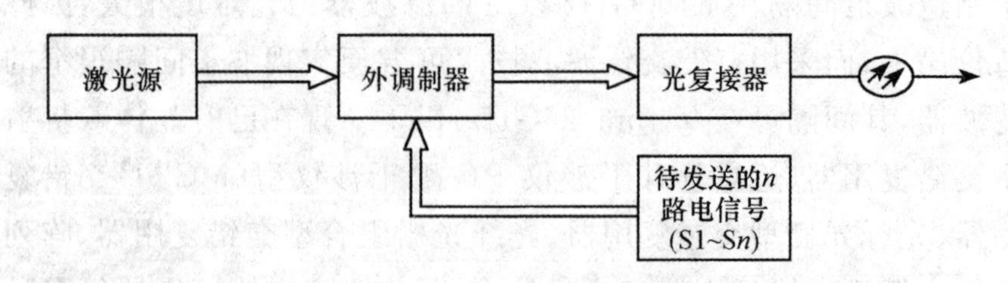

图8-15 多波长发射机组成框图

①激光源。可以是可调谐激光源或多波长激光光源,可调谐激光源用于调谐光发射机,多波长光源用于多波长阵列发射机。

②调制器。直接调制方法被用于速率低的调节。当调制速率≥2.50bit/s 时,则采用外调制方法。通常,采用电吸收外调制器或马赫-曾德尔调制器,后者调制速率可超过 10Gbit/s。

③光波分复用器。光波分复用器又称为光合波/分波器或光波复用/解复用器。光波分复用器实际主要是光学波段滤波器,其将不同波长的光信号在频率域和空间域分开(分波器的功能),或将其合成一个光信号(合波器的功能)。光波分复用器种类繁多,根据制作应用的技术主要可分为以下五类:多腔介质模滤波器、阵列波导光栅、光纤布拉格光栅、全光纤熔融拉锥型耦合器件和奇偶交错复用器。此外,最近几年集成光学型和全光型波分复用器也相继问世。

光波分复用器经常采用光纤布拉格光栅和阵列波导光栅方法实现上百个波道的复用。图 8-16 是采用光纤布拉格光栅实现光波分复用器的原理框图。

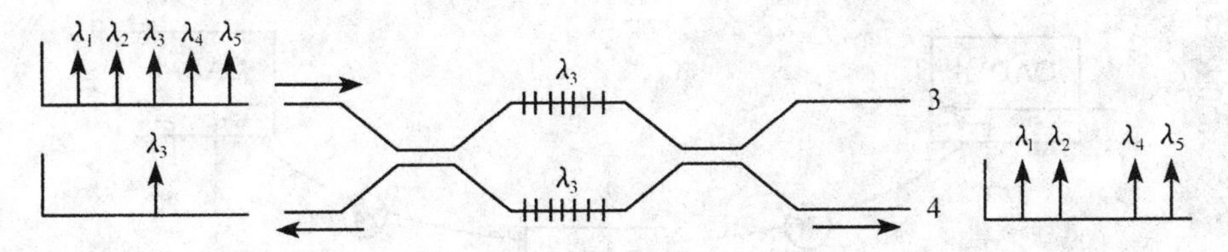

(a) 马赫-增德尔干涉仪光纤布拉格光栅实现方法

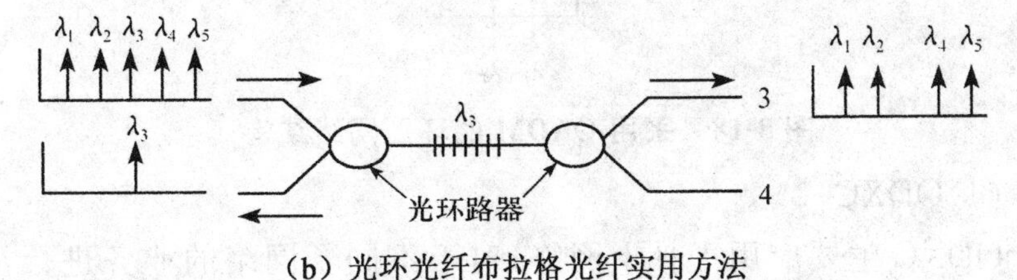

(b) 光环光纤布拉格光纤实用方法

图 8-16　光纤布拉格光栅光波复用器

(2)光放大器

光纤网络中的一个重要的组成部件为放大器,放大器的种类繁多,常用的有常规放大器、掺杂光纤放大器和半导体放大器几类,其中最适于 WDM 网络要求的为掺杂光纤放大器。

(3)OADM

OADM 可以应用到点到点和环型等各种拓扑光网络中,图 8-17 和图 8-18 分别是 OADM 在点到点和环型拓扑光网络中的应用情况。

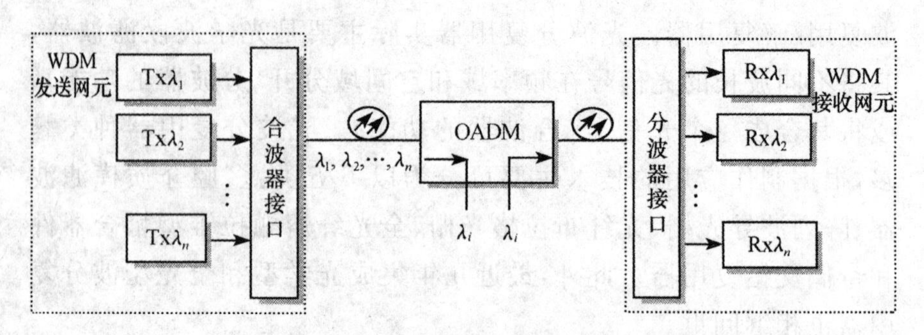

图 8-17　采用 OADM 的点到点光网络框架

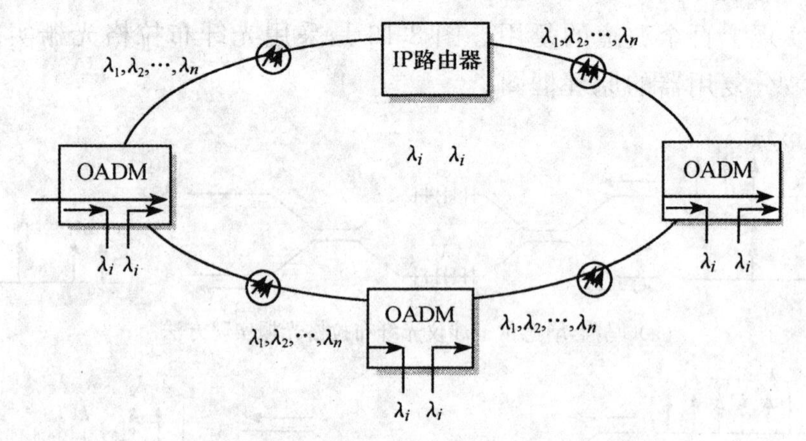

图 8-18　采用 OADM 的环型网络结构

(4)ODXC

ODXC 主要应用于骨干网络,对于不同子网络的业务进行汇聚和交换。在 OADM 中,使用光开关的目的是使 ODXC 具有动态分配交换业务和支持保护切换功能,并在光层支持波长路由的分配和动态路由选择。

(5)多波长接收机

可调谐多波长接收机和阵列多波长接收机都属于多波长接收机。多波长接收机可用于有/无光源调谐滤波器的两种方案的实现。有光源调谐滤波器是从 WDM 网络的所有输入信道（λ_1，λ_2，…，λ_n）中选择要求接收的波道 λ_i 信号输出；无光源调谐滤波器将全部输入 WDM 光波长复解成，波道信号分为 n 个并行的信道，并用电子学进行处理。多波长接收机的安排方案见图 8-19。

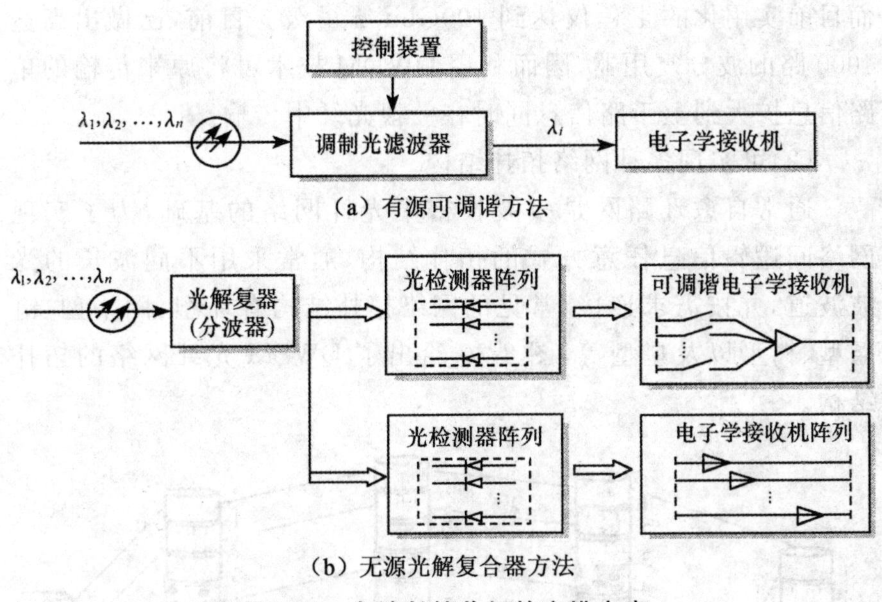

图 8-19　多波长接收机的安排方案

（6）波长转换器

波长转换器也经常称为波长变换器。从广义来看，可将波长变换器看作是传输介质变换器的一个特例。一般，介质变换器主要是按物理介质相关子层要求完成不同介质网络接口之间的信号变换。就变换介质而言，可分为电缆介质变换器、光缆介质变换器（单模/多模光纤变换器、波长变换器）、电缆/光缆变换器、以及各种速率之间的变换器等。

（7）光开关

在光网络中，光开关作为一类很关键的技术有着广泛的应用。在 WDM 传输系统中，可用于波长适配、再生和时钟提取；在 OTDM 传输系统中，可作为解复器使用；在全光交换系统中，光开关是 ODXC 的关键器件，也是波长变换的重要器件。

4. WDM 光纤网络的主要特点

(1)可进一步挖掘光纤的巨大带宽资源

通常认为一根光纤至少可传输高达 1000Tbit/s 量级的信息，而目前实用化的工程仅达到 100Gbit/s 量级。目前，已做出高达 4000 路的波分复用器，因而利用 DWDM 技术可将原来传输的单路信息扩大到上千路信息同时在一根光纤中传输。

(2)可实现多种网络拓扑结构

通常自愈环路网是多波长密集光纤网络的基础，为了实现网络间逻辑信息任意方式的拓扑结构，通常采用不同波长的光波波道，并按需求连接，常见的网络拓扑结构有环型、网格型、链条型、树型以及星型等，图 8-20 给出了 DWSM 光纤网络的拓扑结构。

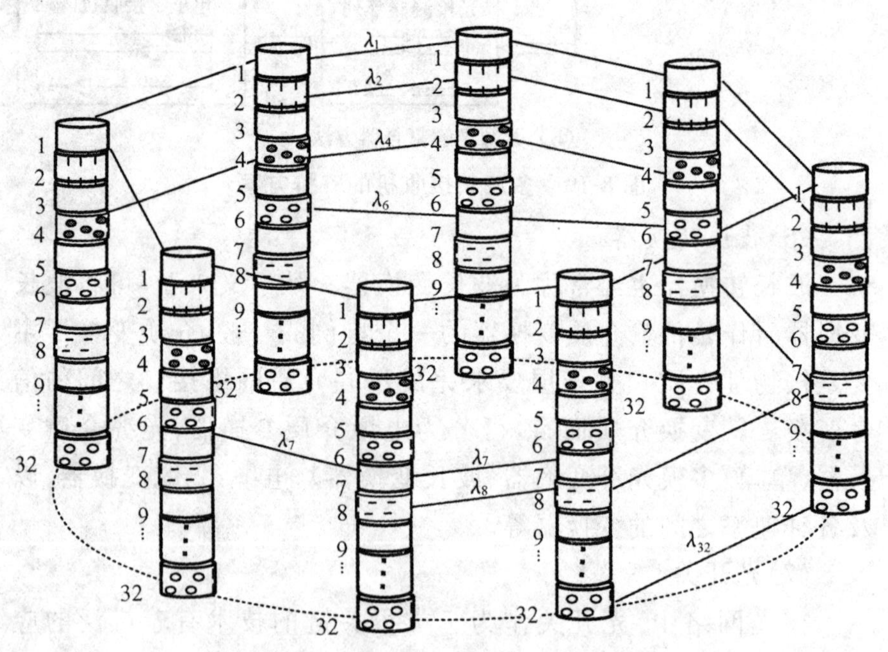

图 8-20　DWSM 光纤网络的拓扑结构

(3)实现多层保护

DWDM 多波长光纤网络通常采用 2 纤或 4 纤双向自愈环路基本结构。当双向传输光缆断裂或设备故障造成双向传输中断，环路工作可自动恢复。DWDM 技术可在每根光纤中安排 N 个波长波道工作，每个波道都具有 1∶N 波道保护，使双层保护得以实现，具体见图 8-21 所示。

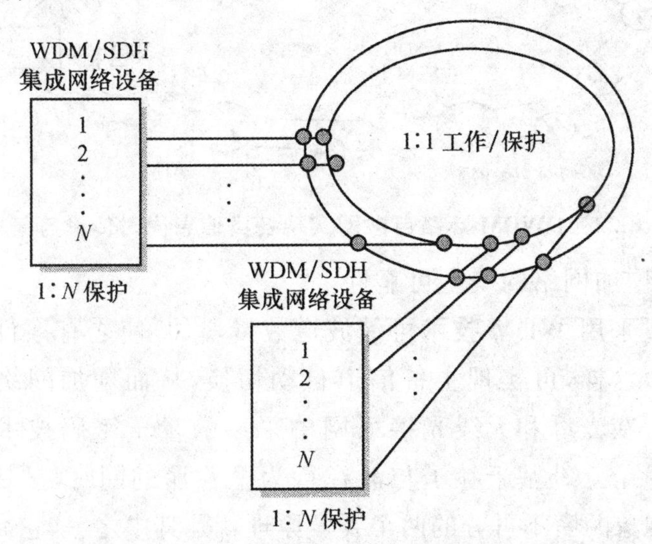

图 8-21　采用 WDM/SDH 集成网络设备实现 1∶1 和 1∶N 保护

(4)满足种类繁多的业务和变化莫测的服务要求

DWDM 多波长光纤网络波道数甚至可超过 100 个，可以承担种类繁多的业务需求，即便是业务量爆炸式的增长也能应付自如。其原因是它利用率传输速率和规格不同的波道来传输不同的信号。多种多样的媒体形式可以同一时期在网络独立进行，包括模拟、电话、数字、数据、广播电视等。因此，采用 DWDM 技术可将多种网络结构融为一体，用来应付冗余波长波道设置更便于处理突发事件。图 8-22 给出了一个应用实例。

(5)便于网络扩容

在通信不断发展中，要求扩大通信容量是经常会发生的。WDM 技术是扩容最理想的手段，在网络中通过增加 WDM 的波道数便可使通信容量成倍增大。这样，增加新业务而网络光缆线路可仍然保持原来的状态，不必重新敷设光缆线路。

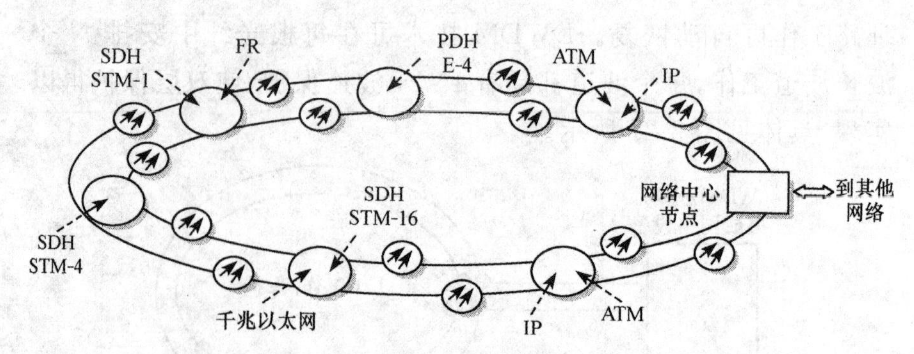

图 8-22　DWDM 环路自愈网实现各类信息同时传输与集中

(6)增加网络的安全可靠性

通过采用 WDM 技术可使波道数量增加,使之有条件设计备用信道。这样,可实现主备信道自动切换,从而增加网络的安全可靠性。在光纤和无线光接入网中采用的量子密码技术使用最基本的量子互补基于粒子与波在行为上互斥的同时,又是完全描述一种现象的密不可分的两个要素原理就是其中之一,它允许相距较远的两个用户使用共享的随机比特序列作为密码通信的密匙。

光网络中通道的不均衡性可严重恶化网络性能,因此,通道的均衡性是光网络性能好坏的重要依据,目前已经提出了许多均衡方案,这些方案都是利用光无源器件(如可调衰减器)以及有源器件(如半导体光放大器)等来实现通道级功率均衡的。一种方法是在终端机上的 OMUX 盘对输入的多路光信号进行中断检测,这一消息被监控系统处理后,将通过监控信道通知到全线各站点,控制各站光放大器的输出动率。另一种方法是在各种光放大器盘上均设计有输入、输出光信号监视点,通过监控子架,实现对线路信号中各波长通道的集中监视和分析,即从光放大器盘的光监视点引入光信号,进行在线分析,可获知任一波长通道的工作状态,如光功率大小、光波长值、光通路的信噪比等重要参数。当功率监测点位于 ODXC/OADM 中功放 EDFA 之前,监测并调整各个信道中的信号功率或信号与噪声的总功率时,这种方案对于各个通道的不均匀性具有很好的均衡效果。但是,如果整个复用段的光功率发生波动,会导致所有受影响的通过都进行相应的调整，这不仅增加了调整时间，还使调节过程复杂化。链路支持的波长数目增多时，情况尤为突出。此外，在特定情况下（若通过均衡能力已经达到极限），仅靠通道级均衡无法实现功率均衡。因此，为适应网络配置、网络重构对各个光通道的影响，WDM 光网络中光功率均衡是重要研究内容。

参考文献

[1]张炜.无线通信基础[M].北京:科学出版社,2014.

[2]阎毅.无线通信与移动通信技术[M].北京:清华大学出版社,2014.

[3]林基明.现代无线通信原理[M].北京:科学出版社,2015.

[4]魏崇毓.无线通信基础及应用[M].西安:西安电子科技大学出版社,2009.

[5]许晓丽,赵明涛.无线通信原理[M].北京:北京大学出版社,2014.

[6]啜钢.移动通信原理与系统(第3版)[M].北京:北京邮电大学出版社,2015.

[7]石明卫,莎柯雪.无线通信原理与应用[M].北京:人民邮电出版社,2014.

[8]孙学康,刘勇.无线传输与接入技术[M].北京:人民邮电出版社,2010.

[9]姚美菱,王丽娜.无线接入技术[M].北京:化工大学出版社,2014.

[10]杨槐.无线通信技术[M].重庆:重庆大学出版社,2015.

[11]潘焱.无线通信系统与技术[M].北京:人民邮电出版社,2011.

[12]孙弋.短距离无线通信及组网技术[M].西安:西安电子科技大学出版社,2012.

[13]陈灿峰.低功耗蓝牙技术原理与应用[M].北京:北京航空航天大学出版社,2013.

[14]黄玉兰.射频识(RFID)核心技术详解(第2版)[M].北京:人民邮电出版社,2012.

[15]Jiangzhou Wang.高速无线通信——UWB、LTE与4G[M].北京:人民邮电出版社,2010.

[16]张瑞生.无线局域网搭建与管理[M].北京:电子工业出版社,2013.

[17]董健.物联网与短距离无线通信技术[M].北京:电子工业出版社,2012.

[18]孙友伟.现代移动通信网络技术[M].北京:人民邮电出版社,2012.

[19]张晓红.红外通信IrDA标准与应用[J].光电子技术,2003(4).

[20]Laurence T. Yang.宽带移动多媒体技术与应用[M].北京:电子工业出版社,2009.

[21]沈嘉,索士强等.3GPP长期演进(LTE)技术原理与系统设计[M].北京:人民邮电出版社,2008.

[22]郎为民,刘波.WiMax技术原理与应用[M].北京:机械工业出版社,2008.

[23]周恩,张兴等.上一代宽带无线通信OFDM与MIMO技术[M].北京:人民邮电出版社,2008.